"博学而笃志，切问而近思。"

(《论语》)

博晓古今，可立一家之说；
学贯中西，或成经国之才。

作 者 简 介

王勇，男，1964年出生。任教于复旦大学信息科学与工程学院电子工程系，曾担任教育部电子信息与电气信息类基础课教学指导分委员会委员。曾获得上海市教学成果二等奖。编著有《模拟电子学基础学习指导与习题解答》、《模拟电子学基础与数字逻辑基础学习指南》。

孔庆生，男，1961年出生。任教于复旦大学信息科学与工程学院电子工程系。长期从事电子信息类课程的教学工作，以及电子系统设计、过程控制等科研工作，曾获得上海市科技进步三等奖。

宋万年，男，1946年出生。任教于复旦大学信息科学与工程学院电子工程系。长期从事教学与科研工作，参加了上海市重点项目——雷达接收机的研制等。主要进行实验教学，曾获得上海市教学成果二等奖。编著有《模拟电子线路实验》。

电子学基础系列
ELECTRONICS

模拟与数字电路实验

MONI YU SHUZI DIANLU SHIYAN MONI YU SHUZI DIANLU SHIYAN

王 勇 主编

復旦大學出版社

内容提要

本书是在已出版的实验教材《模拟与数字电路实验》基础上经过修订、补充而成。全书以设计性硬件实验为主，注重提高学生综合设计能力，实验内容包括低频模拟电路、数字电路和高频电路。模拟电路部分包含：二级负反馈分立元件放大器设计实验、典型的三运放测量放大器及有源滤波器实验、晶体管输出特性曲线测量电路实验、高频LC振荡器实验、调幅与检波实验、模拟集成锁相环应用实验、宽带放大器及AGC实验、大功率音频功率放大器实验。数字电路部分包含：用FPGA器件实现一些数字系统（如洗衣机控制器、密码锁、数字频率计、出租车计价器、音乐播放、电梯控制器、交通灯控制器等）、脉冲电路实验和综合实验。综合实验部分包含：抢答器、四路彩灯、数字频率计、模拟信号六位频率计、六位ADC、直流数字电压表、射频应答器、D类功率放大器等。

前　言

复旦大学电子信息教学实验中心主任俞承芳教授约我为该中心编写的系列实验教材作序，我欣然同意，原因是我从切身经历中体会到实验课程的重要。

1956年，我考进复旦大学物理系。大学课程与中学课程最为不同的要算普通物理实验课了，它最难学。难在要自学实验讲义，要写预习报告，要做实验，要写实验报告。每个环节以前都未学过，实验老师对我们的要求又特别严格，我们要花费很多时间去学实验课。也就是这个实验课，使我感到收获最大，受用一生。它培养了我的自学能力、动手能力和严谨的科学态度。当年我们的系主任王福山教授十分重视实验教学。他是理论物理出身，曾与大名鼎鼎的理论物理学家海森堡(Wemer Karl Heisenberg，于1932年获诺贝尔物理学奖)共事过。1956年党发出向科学进军的号召，可惜不久就被千万不要忘记阶级斗争的口号声所淹没。即使在“左”占统治地位的年代里，也是在说重实践，要动手。众所周知物质第一性，实践是检验真理的标准。科学实验是人们认识自然、建设社会、创造财富中一个很重要的环节，电子信息实验课在当前日新月异的电子科学与技术教学中更占重要地位。历年来，实验教学一直是复旦大学教学方面的一个强项，一个特色。

为培养具有创新精神的高素质人才，适应电子信息技术飞跃发展对学生知识结构和能力的要求，复旦大学电子信息教学实验中心的教师积极开展实验教学研究，改革和整合实验课程及其教学内容。经过多年的努力，中心开设了以EDA软件教学为主的《模拟与数字电路基础实验》，以硬件电路设计为主的《模拟与数字电路实验》、《微机原理与接口实验》，以系统设计能力培养为主的《电子系统设计》和以新的电子技术应用为主的《近代无线电实验》等实验课程。这些实验在基础实验阶段要求学生能了解问题，在电路设计阶段要求学生能发现问题，在系统设计阶段要求学生能提出和解决问题。从基础知识的掌握到电路设计的训练，从电子新技术的应用到系统设计能力的培养，对学生业务能力的提高起了很大的作用。

在总结教学改革经验的基础上，该实验中心编写了一系列的实验教材，这套教材既保持了实验课程自身的体系与特色，又与相应的理论课程相衔接。在教材内容上，这套教材取材新颖，知识面宽，既将EDA融合在实验教学中，又强调了硬件电路和系统的设计与实现。

复旦大学电子工程系的电子学教学实验室经历赵梓光、叶君平、陈瑞涛、蓝鸿翔、吴皖光、陆廷璋等老师主持实验教学的六十、七十、八十年代，到今天在211工程、985工程和世界银行贷款资助下，在校、院、系领导的大力支持下，俞承芳等教授领导的电子信息教学实验中心得到了更大的发展、充实和提高。此系列教材是实验中心全体人员努力工作的结晶，是一项很好的教学成果。

中国工程院院士、复旦大学首席教授

王威琪

2004年6月

目　录

第一单元　分立元件放大电路实验

本单元为基本电路实验，是复杂放大电路的基础。通过选做实验，能够更好地理解掌握模拟电路的工作原理、设计和测试方法。

1.1　放大器的设计考虑

1.1.1　放大器静态工作点的选择原则

选择放大器静态工作点的原则是保证输出波形不产生非线性失真，并使放大器有较大的增益。放大器的输出波形是否产生非线性失真，主要取决于晶体管在外加信号输入后，其工作点的变化范围是否进入到晶体管的非线性区域。图 1-1 为晶体管的输入和输出特性曲线。由图可见，非线性失真的大小与晶体管的特性曲线有关，与输入信号幅度及静态工作点 $Q(I_{cQ}, V_{ceQ})$ 亦有关。

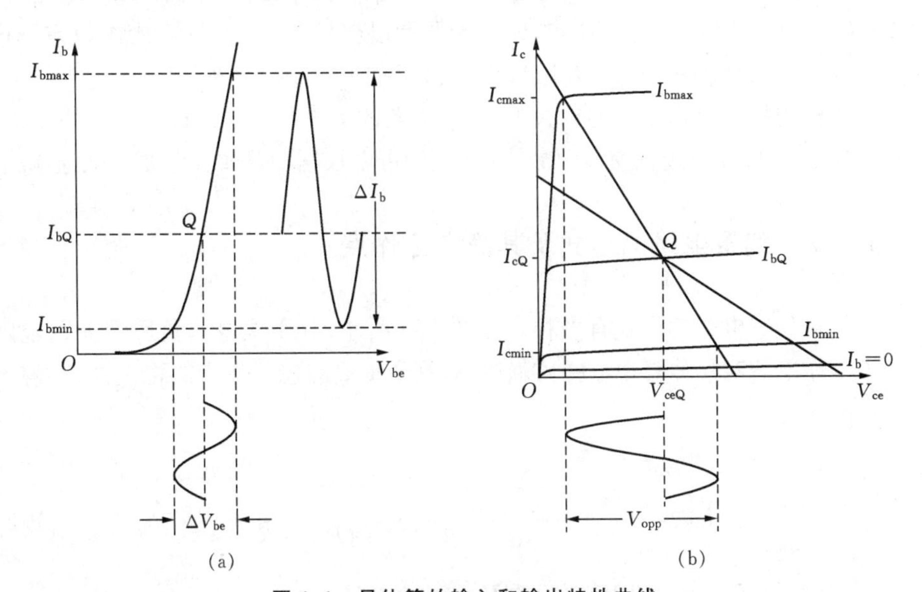

图 1-1　晶体管的输入和输出特性曲线

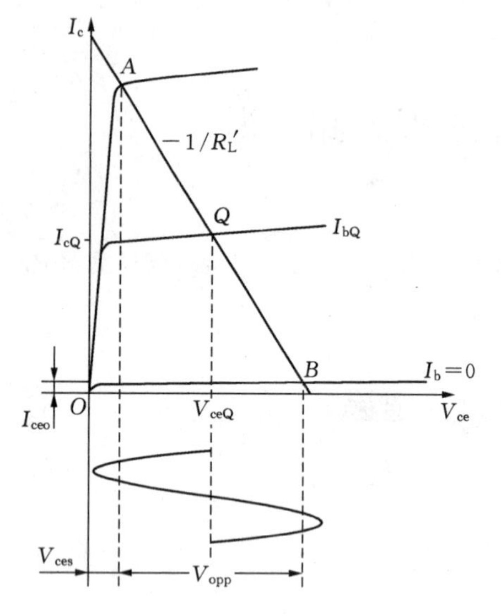

图 1-2 晶体管放大器的限幅失真与动态范围

如图 1-2 所示,若输入信号幅度增大致使工作点的变化范围超过交流负载线的 A 点和 B 点(即晶体管进入饱和区或截止区),放大器输出波形将产生平顶限幅失真。A 点和 B 点所对应的集电极电压变化范围,是该放大器输出电压的最大摆动幅度 V_{opp}。

由图 1-2 可见,若放大器要获得较大的 V_{opp},为了充分利用放大器的摆动范围,放大器的静态工作点 Q 应选在交流负载线的中点,即应使

$$V_{ceQ}-V_{ces}=(I_{cQ}-I_{ceo})\cdot R_L'=\frac{1}{2}V_{opp} \tag{1-1}$$

上式中,V_{ces}、I_{ceo}是晶体管 ce 间饱和压降(约 1 V)与穿透电流(可忽略),R_L'为放大器等效负载。

若 Q 点选得太高,$V_{ceQ}-V_{ces}<(I_{cQ}-I_{ceo})\cdot R_L'$,即 Q 点接近 A 点,则当输入信号使 I_c 加大时,就很容易进入到饱和区。反之,若 Q 点选得太低,$V_{ceQ}-V_{ces}>(I_{cQ}-I_{ceo})\cdot R_L'$,即 Q 点接近 B 点,则放大器就很容易进入截止区。所以 Q 点选得太高或太低都会使输出波形产生限幅失真,如图 1-2 所示。

对于输出摆幅要求不高的放大单元,放大器的动态范围不是设计考虑的重点,静态工作点 Q 可以不选在交流负载线的中点,可以根据增益或其他要求来选择。

1.1.2 偏置电路的形式及其静态工作点

晶体管偏置电路的形式有多种。如图 1-3 所示,分压式电流负反馈偏置电路减小了工作电流对晶体管参数的依赖性,有利于提高静态工作点的稳定性,其静态工作点电流为

$$I_{cQ}=\beta\frac{\dfrac{R_{b1}/\!/R_{b2}}{R_{b1}}E_c-V_{beQ}}{R_{b1}/\!/R_{b2}+(\beta+1)\cdot(R_{e1}+R_{e2})} \tag{1-2}$$

上式中,硅管的 $V_{beQ}\approx0.7$ V,锗管的 $V_{beQ}\approx0.3$ V。

偏置电路元件的计算一般可用工程估算的方法，元件值一般应取系列值。为提高电路工作点的稳定性，减小工作点对晶体管参数β、V_{beQ}的依赖性，元件值的选取一般宜满足

$$\begin{cases} R_{b1} \mathbin{/\!/} R_{b2} \gg \dfrac{V_{beQ}}{E_c} \cdot R_{b1} \\ R_{b1} \mathbin{/\!/} R_{b2} \ll (\beta+1) \cdot (R_{e1} + R_{e2}) \end{cases} \tag{1-3}$$

因此，静态工作点电流近似为

$$I_{cQ} \approx \frac{\dfrac{R_{b1} \mathbin{/\!/} R_{b2}}{R_{b1}} E_c}{R_{e1} + R_{e2}} \tag{1-4}$$

另外，在许多场合还应该兼顾$R_{b1} \mathbin{/\!/} R_{b2}$对放大器输入阻抗$R_i$的影响，

$$R_i = R_{b1} \mathbin{/\!/} R_{b2} \mathbin{/\!/} [r_{be} + (\beta+1) \cdot R_{e1}] \tag{1-5}$$

1.1.3　放大器电压放大倍数

多级放大器的放大倍数应等于各级放大倍数的乘积。在计算各单级放大倍数时，可以把后级的输入电阻看成前级的负载，也可以把前级的输出电阻看成后级信号源的内阻。对于单级放大器(如图 1-3 所示)而言，其电压放大倍数的绝对值为

$$A_V = \frac{\beta \cdot R'_L}{r_{be} + (\beta+1) \cdot R_{e1}} \tag{1-6}$$

式中r_{be}是晶体管的共射输入阻抗，表示为$r_{be} = r_{bb'} + r_{b'e}$，$r_{bb'}$是晶体管基区体电阻。对于高频大功率管，$r_{bb'} = 1 \sim 5\,\Omega$；对于高频小功率管，$r_{bb'} = 10 \sim 300\,\Omega$；对于低频小功率管，$r_{bb'} = 50 \sim 500\,\Omega$。$r_{b'e}$是发射结动态电阻，随工作电流不同而异，常温($T = 300\,\text{K}$)下，有

$$r_{b'e} = \beta \frac{k \cdot T/q}{I_{cQ}} \approx \beta \frac{26\,\text{mV}}{I_{cQ}} \gg r_{bb'} \tag{1-7}$$

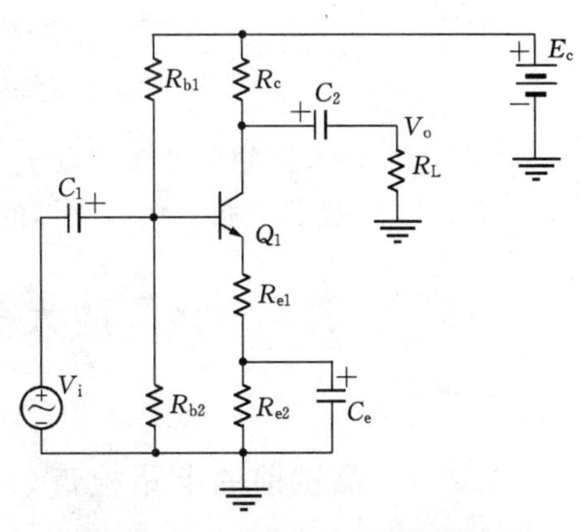

图 1-3　分压式电流负反馈偏置电路

因此，放大倍数近似为

$$A_V \approx \frac{R'_L}{\frac{26\ \mathrm{mV}}{I_{cQ}} + R_{e1}} \tag{1-8}$$

由此可见,静态工作点不仅影响放大器输出波形的非线性失真和最大摆幅,而且还影响放大器的放大倍数和输入阻抗。选择静态工作点时需根据电路要求,兼顾各方面情况。

1.1.4 频率响应特性

任何放大电路总有各种电容元件,这是影响放大电路频率特性的主要因素。限制放大器高频特性的主要因素是晶体管的结电容及电路的分布电容,高半功率点频率 f_H 的计算将在高频电路实验中涉及。影响放大器低频特性的主要原因是耦合电容和射极旁路电容。

对于单级共射放大器(如图 1-3),低半功率点频率 f_L 主要由射极旁路电容 C_e 决定,即

$$f_L = \frac{1}{2\pi \cdot R_{e2} \mathbin{/\!/} \left(R_{e1} + \frac{r_{be}}{\beta+1}\right) \cdot C_e} \tag{1-9}$$

对于多级放大器,若每一级放大器的电路形式相同,且半功率点相等,则多级放大器总的半功率点 f_H(或 f_L)与每一级放大器的半功率点 f'_H(或 f'_L)的关系为

$$f_L = \frac{f'_L}{\sqrt{\sqrt[n]{2} - 1}} \tag{1-10}$$

$$f_H = f'_H \sqrt{\sqrt[n]{2} - 1} \tag{1-11}$$

显然多级放大器的低半功率点 f_L 要高于每一级放大器的低半功率点 f'_L。而高半功率点 f_H 要低于每一级放大器的高半功率点 f'_H,级数 n 越大,则降低越多。

1.2 放大器的调整与测试

1.2.1 测试前的电路检查

任何一个电子线路安装之后,在接通电源之前必须对电路进行如下检查:

(1) 应仔细检查电路中各元件引脚、连接线是否接触良好，如实验面包板插孔不可太松(对于焊接实验板，应检查是否有假焊、虚焊)，元件是否接错，尤其是电解电容的极性是否正确，晶体管的管脚顺序是否正确。

(2) 用万用表电阻档测量电路的电源进线端对地的电阻，看是否有短路现象。若有短路现象或阻值太小，则应查出原因，排除故障后才能接入电源。

1.2.2　静态工作点的测试和调整

静态工作点是通过 I_{cQ}、V_{ceQ}、I_{bQ}来描述的，一般只需测 I_{cQ}、V_{ceQ}。在具体测试过程中需注意以下几点：

(1) 凡是使用机壳接地的电子仪器时，仪器的接地端应和放大器的接地线连接在一起，否则仪器机壳引入的干扰不仅会使放大器的工作状态发生变化，而且会使测试结果不可靠。

(2) 由于测电压较测电流方便，因此测 I_{cQ}时，一般可用电压表(或示波器直流耦合)测出 R_c 两端的电压差，然后求出 I_{cQ}。

(3) 电压测量仪器的输入阻抗应远远大于被测点的等效阻抗，否则将使测试结果产生很大的误差。

(4) 测静态工作点应该是在没有输入信号的情况下测试，而且还应防止外界的干扰信号混入放大器以及放大器本身产生自激振荡。为此，测工作点时最好使输入端短路(对交流而言)。此外，也可用示波器 DC 输入来测工作点，这样可以及时发现放大器中是否有干扰和自激，从而避免各种错误的测试结果。

测试结果若 I_{cQ}不正常，可改变 R_{b1}、R_{b2}或 R_e。若 V_{ceQ}不正常，可改变 R_c。

1.2.3　最大动态范围 V_{opp}的测试

将信号源的输出端接到放大器的输入端，放大器的输出端接到示波器的 Y 轴输入端。然后逐步加大(或减小)信号源的输出幅度，当示波器显示屏上的波形刚出现平顶限幅(失真)时的幅度，就是放大器的最大动态范围 V_{opp}。

1.2.4　放大器输入电阻 R_i 的测试

R_i 的测试采用串联电阻方法。在被测放大器与信号源之间串入一个已知标准电阻 R_n，通过分别测出放大器的输入电压 V_i 和已知标准电阻 R_n 上的电压，来确定放

大器的输入电流 I_i 进而求出被测放大器的输入阻抗 R_i。其原理如图 1-4 所示。

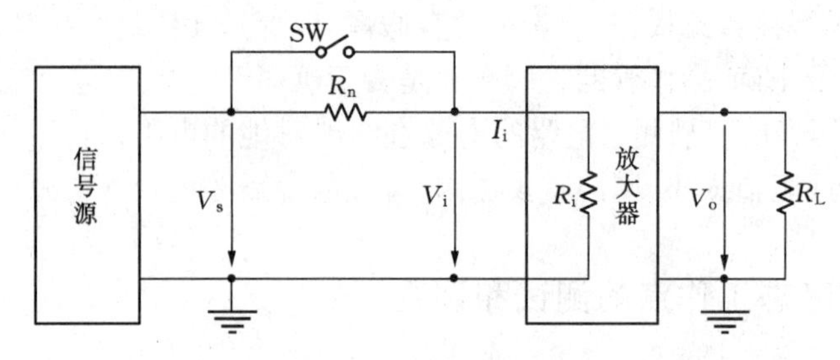

图 1-4 R_i 的测试方法

由于标准电阻 R_n 两端都不接地,使测试仪器和被测电路没有公共地线,因此直接用示波器准确测试 R_n 两端的电压比较困难。另外,由于受被测放大器输出最大动态范围的限制,当被测放大器的增益较大时,信号源输出电压波形的允许峰峰值非常小,因此放大器的输入电压 V_i 过小以至难以准确测量。为此,通常是采用直接在放大器输出端测量电压波形的方法,求得被测放大器的输入阻抗 R_i。

如图 1-4 所示的开关 SW 闭合时,在放大器输出端测得放大器输出电压 V_{o1},SW 断开时,在放大器输出端测得输出电压 V_{o2}。由于 $V_{o1} = A_V \cdot V_s$、$V_{o2} = A_V \cdot V_i$,其中 A_V 为放大器电压增益,V_s 为信号源输出电压,V_i 为放大器输入电压。因此 R_i 可由(1-12)式求得:

$$R_i = \frac{V_i}{V_s - V_i} \cdot R_n = \frac{\frac{V_{o2}}{A_V}}{\frac{V_{o1}}{A_V} - \frac{V_{o2}}{A_V}} = \frac{V_{o2}}{V_{o1} - V_{o2}} \cdot R_n \tag{1-12}$$

只要保证晶体管工作在线性区域,并且信号源内阻 $R_s \ll R_n$,那么在放大器输出端测得的 R_i 与直接在放大器输入端测试所得的 R_i 是一致的。

在具体测试过程中还必须注意下列几点:

(1) 已知标准电阻 R_n 要选取适当。若 R_n 太大,则 V_{o2} 太小,将使测试误差加大;若 R_n 太小,则 V_{o1} 与 V_{o2} 十分接近,两者相减的结果使 R_i 有效数据长度不足,也使 R_i 测试误差大大增加。通常应使 $R_n \approx R_i$ 为宜。为了测试方便,也可用电位器代替 R_n,测试时调节电位器使 $V_{o2} = 0.5V_{o1}$,则电位器之值就是被测输入电阻 R_i。

(2) 如果被测输入电阻 R_i 很大(在数百千欧姆以上),在测试过程中放大器输入端呈现高阻抗,容易引起各种干扰。在这种情况下,放大器输入端应置于屏蔽盒内。

(3) V_s 不应取得太大，否则将使晶体管工作在非线性状态。应该用示波器监视放大器的输出波形，使之在不失真的条件下测试。

(4) 测试过程中输入信号幅度必须保持不变，信号频率应选在所需工作频率上。

1.2.5 放大器输出电阻 R_o 的测试

放大器输出端可以等效成一个理想电压源 V_o 和输出电阻 R_o 相串联，如图 1-5所示。输出电阻 R_o 的大小反映了放大器带负载的能力，因此也可以通过测量放大器接入负载前后的电压变化来求出输出电阻 R_o。为此在放大器输入端加入一个固定电压，先不接入负载电阻 R_L，测出放大器的输出电压 V_L'(开路电压)，然后接入适当的负载电阻 R_L，再测出输出电压V_L''，由此求出输出电阻 R_o，

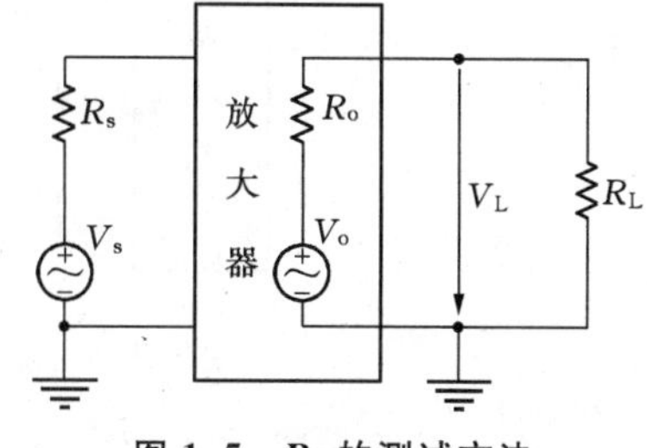

图 1-5　R_o 的测试方法

$$R_o = \frac{V_L' - V_L''}{V_L''} \cdot R_n \tag{1-13}$$

在测试中必须注意以下几点：

(1) 为减小测试误差，仍应以选取 $R_L \approx R_o$ 为宜。也可用电位器来代替 R_L，调节电位器使 $V_L'' = 0.5V_L'$，则电位器之值就是被测的输出电阻 R_o 值。

(2) 应该用示波器监视放大器输出波形，保证在 R_L 接入前后都不失真的条件下测试。如果接入 R_L 后放大器输出波形产生失真，则应减小输入信号幅度。

(3) 测试过程中输入信号幅度必须保持不变，信号频率应选在所需工作频率上。

1.2.6 放大倍数的测试

一般情况下，只要测出输出、输入信号的幅度峰峰值大小，即可求出放大器的放大倍数。测试时需注意：

(1) 输入信号幅度不可太大，必须在输出波形不失真的条件下测试。

(2) 测多级放大器增益时，为使输出波形不失真，其输入信号一般都要小到毫伏级或微伏级。输入信号的测试必须有高灵敏度的电压表。如果不具备条件，也

可以在信号源放大器之间接入一个分压器，如图 1-6 所示，其分压系数可由已知电阻 R_1、R_2 求得，即

$$K = \frac{R_2}{R_1 + R_2} \tag{1-14}$$

这样就可以通过直接测量 V_o、V_s 来计算放大倍数：

$$A_V = \frac{R_1 + R_2}{R_2} \cdot \frac{V_o}{V_s} \tag{1-15}$$

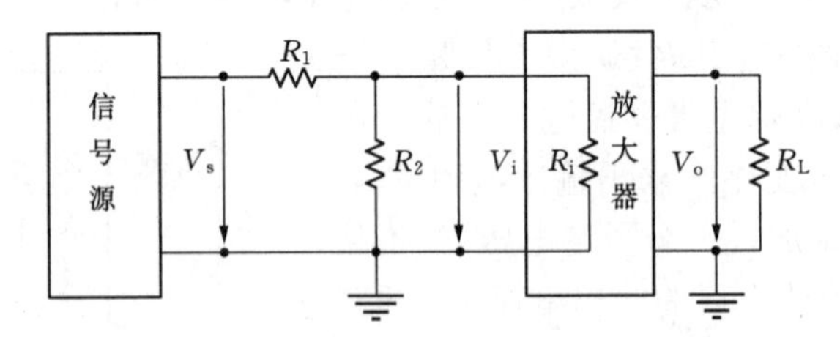

图 1-6　放大倍数的测试——分压系数方法

为了保证测试精度，R_1、R_2 应选择精密电阻，并且应使 $R_2 \ll R_i$，否则 R_i 将影响分压系数 K 的精度。通常 R_2 在数十欧姆以下。至于分压系数 K 可根据放大器增益而定，以保证 V_s 测试方便为宜。为了保证设计时所取的 R_s 值与测试时一致，也可在信号源和放大器之间接入一个阻抗变换网络，如图 1-7 所示。图中除了 R_1、R_2 组成的分压器外，还多了一个电阻 R_3，适当选取 R_3 值，使其满足

$$[(R_1 + R_s) /\!/ R_2 + R_3] = R'_s$$

上式中，R'_s为设计时给定的信号源内阻，通常 R_2 值选取得很小，满足 $(R_1 + R_s) \gg R_2$，因此只要取 $R_2 + R_3 = R'_s$ 即可。分压系数为：

$$K = \frac{R_2 /\!/ (R_3 + R_i)}{R_1 + R_2 /\!/ (R_3 + R_i)} \approx \frac{R_2}{R_1 + R_2} \tag{1-16}$$

因此，图 1-7 所示电路既可达到分压的目的，又可实现阻抗变换。

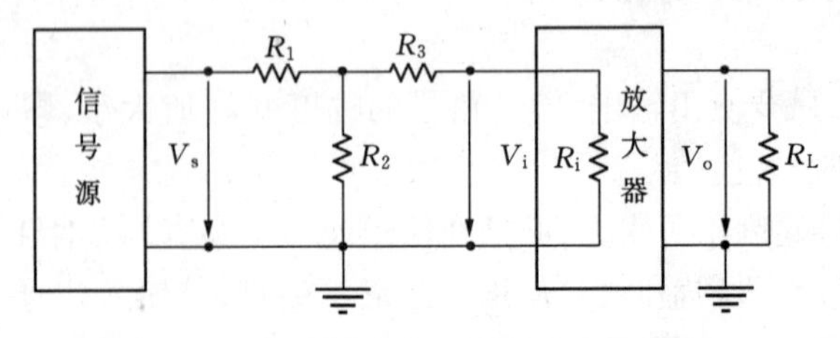

图 1-7　放大倍数的测试——阻抗变换方法

1.2.7　放大器幅频特性的测试

放大器的幅频曲线采用扫频逐点测试方法,以正弦信号为输入信号,测出不同频率时的放大倍数。在测试中应注意如下几点:

(1) 幅频曲线应在输出波形不失真的条件下测试。

(2) 幅频曲线的横坐标一般是对数坐标,因此在测试时应以指数规律选择信号源频率。

(3) 幅频曲线的纵坐标常用相对变化量 $A_V(\omega)/A_{V0}$ 来标度(式中 A_{V0} 为放大器的中频电压增益)。因此在测试时,应采用示波器来监视信号源输出幅度并使其保持为某一固定值(如果在改变频率时,信号输出幅度发生变化,应做适当调整)。这样也可用 $V_o(\omega)$ 曲线来代替 $A_V(\omega)$ 曲线,从而大大简化了测试。

1.3　放大器中的寄生反馈

在放大器中,除了为改善放大器性能人为接入负反馈外,在一般的多级放大器中,总会产生各种类型的寄生反馈。这些寄生反馈将给放大器的工作带来意料不到的影响。严重时甚至会破坏放大器的正常工作。因此,尽量避免和克服各种寄生反馈是电路设计中的一项十分重要的工作。

1.3.1　通过直流电源内阻的寄生反馈

图 1-8 所示的是一个两级阻容耦合放大器。任何一个直流电源都有一定的内阻 R_o,可以等效成一个理想的电压源 E_c 和这个内阻 R_o 串联,如图所示。当输入信号 V_s 加入后, Q_2 的集电极将产生一个输出电流 I_{c2},其方向如图中虚线所示。I_{c2} 在 R_o 上产生一个反馈电压 $V_f = I_{c2}R_o$, V_f 又会通过 R_{b1}、R_{b2}, E_c 形成一个反馈电流 I_{f1}、I_{f2}。根据图中的极性, I_{f2} 是并联负反馈,其作用是使 Q_2 放大倍数下降,稳定性提高,但 I_{f1} 是并联正反馈,其作用与负反馈正好相反,是使放大倍数升高、稳定性下降、通频带变窄及非线性失真加大。显然这是所不希望的结果。而且,如果寄生正反馈足够强,当满足 $A_oF \geqslant 1$ 时,放大器就会产生自激振荡,这更是放大器所不能允许的。

要减小这种寄生反馈,主要有两个方法:

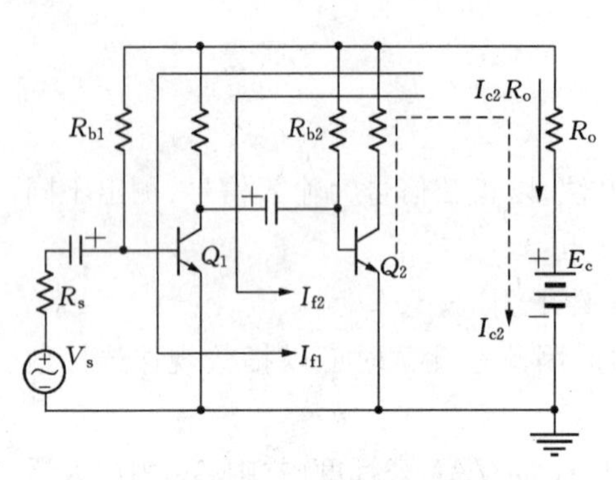

图 1-8 直流电源内阻的寄生反馈

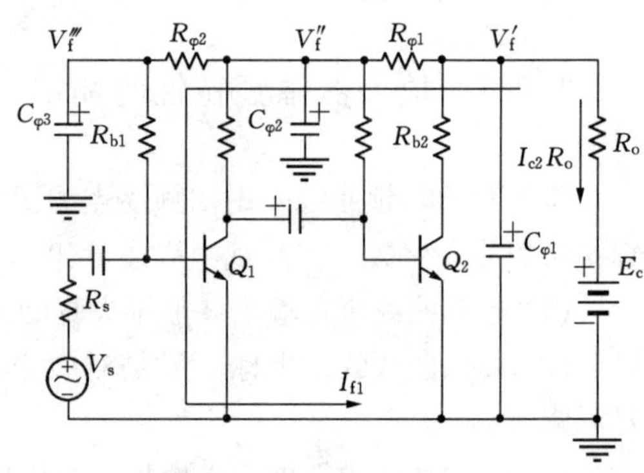

图 1-9 直流电源内阻寄生反馈的退耦方法

(1) 选用内阻 R_o 小的直流电源。因为 R_o 小，在 R_o 上形成的反馈电压 $V_f = I_{c2}R_o$ 就小。因此，在高增益的多级放大器中，最好选用低内阻的稳压电源。

(2) 在直流供电回路中，接入退耦元件，如图 1-9 中的 $R_{\varphi1}$、$R_{\varphi2}$、$C_{\varphi1}$、$C_{\varphi2}$ 及 $C_{\varphi3}$。反馈电压 V_f 此时不再直接加到 R_{b1}，而是先通过 R_o、$C_{\varphi1}$ 组成的滤波器，分压降到 $V_f' = \dfrac{V_f}{1+\mathrm{j}\omega R_o C_{\varphi_1}}$，然后又经 $R_{\varphi1}$、$C_{\varphi2}$ 分压降到 $V_f'' = \dfrac{V_f'}{1+\mathrm{j}\omega R_{\varphi1} C_{\varphi2}}$，最后再经 $R_{\varphi2}$、$C_{\varphi3}$ 分压进一步降低到 $V_f''' = \dfrac{V_f''}{1+\mathrm{j}\omega R_{\varphi1} C_{\varphi3}}$。可见，只要 $R_{\varphi1}$、$R_{\varphi2}$、$C_{\varphi1}$、$C_{\varphi2}$ 及 $C_{\varphi3}$ 取得足够大，最后加到 Q_1 的反馈电压 V_f''' 将大大减小，几乎消除通过 R_o 形成的寄生耦合。因此，上述元件叫做退耦元件。

在具体选择退耦元件时，应注意以下几点：

① 退耦元件的数量力求要少，接入位置要选择得当。例如，对于图 1-9 所示电路，一般只要接入 $C_{\varphi1}$ 即可。如果 $C_{\varphi1}$ 仍不能消除寄生振荡，再考虑接入 $R_{\varphi2}$、$C_{\varphi3}$。通常 $R_{\varphi1}$、$C_{\varphi2}$ 是不需要的。因为 V_f'' 只能使 Q_2 产生负反馈，不会影响放大器的稳定性。

② 要退耦效果好，应加大 R_φ 和 C_φ，使其满足

$$R_\varphi \geqslant \frac{10}{\omega_L C_\varphi} \tag{1-17}$$

上式中 ω_L 是放大器低半功率点的角频率。从直流供电来看，R_φ 不能选得太大，否则 R_φ 两端的直流压降太大。在电路设计中，一般是根据电路所允许的直流压降先选好 R_φ 值，再由(1-17)式求出 C_φ。为了更好地解决退耦要求与直流压降的矛盾，在高频电路中常采用 L_φ 代替 R_φ。

③ C_{φ} 的接入位置应根据线路板的具体结构正确选择。例如,若放大器的电源 E_c 和放大器接线相距较远,两者之间是通过较长的导线连接的,对高频信号而言,这根导线就等效于一个电感,如图 1-10 所示。此时,$C_{\varphi1}$ 就应接在靠近放大器的一侧(图中实线),而不应接在靠近 E_c 一侧(图中虚线)。因为对高频信号而言,连接导线的感抗 $Z_L = j\omega L$ 已相当可观,输出电流 I_o 又会在 Z_L 上建立新的反馈电压 V_{fL},等效于加大了电源的内阻。但若在放大器一侧接入 $C_{\varphi1}$,就可使 I_o 通过 $C_{\varphi1}$ 通地而旁路,使 V_{fL} 大大减小。根据同样的道理,若前后级之间的连接线较长,退耦电容应接在靠近前级的一侧。

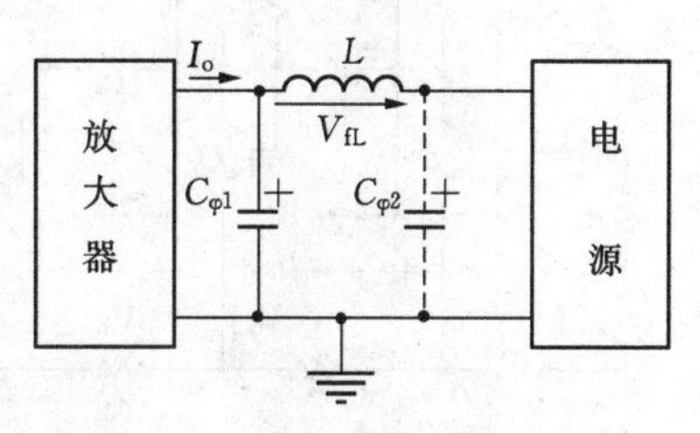

图 1-10　退耦电容的接入位置

④ 在宽带放大器中,退耦电容通常由两只电容并联组成。一只是大容量的电解电容,一只是容量较小的无感电容。因为电解电容对高频信号并不能起到良好的退耦作用。

1.3.2　通过地线产生的寄生反馈

在实际的放大器中,其地线总有一定的阻抗,如图 1-11 中的 Z_1、Z_2、Z_3 所示。由于其阻值不大,通常可以忽略不计。但是,当放大器增益较大(60 dB 以上)、频率较高(数兆赫以上)时,通过这些阻抗形成的寄生反馈也是相当可观的。例如,Q_2 的信号电流 I_{c2} 就会在 Z_3 上建立反馈电压 $V_{f3} = I_{c2}Z_3$,此电压又会在 Q_1 的输入端形成一并联正反馈电流 I_{f1},从而使放大器工作不稳定,甚至产生自激振荡。

要减小通过地线引起的寄生反馈,主要应注意两点:

(1) 尽量减小接地线阻抗。为此,应缩短接地线的长度,即要缩短各级之间的距离,在可能情况下地线最好接在同一点上,同时,地线要粗而直,最好选用较粗的裸铜线或编织线,甚至用铜排(大电流或高频情况下),此外,焊接要牢靠,接触电阻要小,严防假焊虚焊。

(2) 必须正确选择接地点。例如对于图 1-11 所示电路,若接地点不是选在靠近本级的 D 点,而是接在靠近输入信号源的 A 点,如图 1-12 所示,那就很不合理。这是因为,在多级放大器中,越是末级,其信号电流越强。在同样地线阻抗的条件下,末级电流产生的寄生反馈最强。在图 1-12 中,末级电流 I_{c3} 要经过长长的地线才能回到电源 E_c 的负端,它必然会在 Z_1、Z_2、Z_3 上产生较强的反馈电压。而在图 1-11 中,因接地点在 D 点,I_{c3} 无需流过 Z_1、Z_2 及 Z_3,也就不会在前级的输入回路中引起较强的寄生反馈。

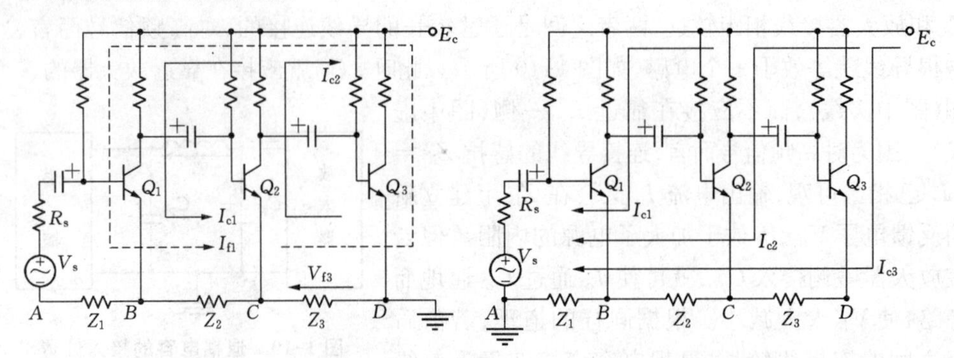

图 1-11 地线阻抗产生的寄生反馈　图 1-12 地线阻抗产生的寄生反馈——接地不合理

1.3.3 通过分布电容的寄生反馈

在放大器中,元件与元件之间、导线与导线之间、元件导线对地之间,以及晶体管各电极之间都存在着一定的分布电容。这些分布电容也会在电路中形成各种寄生反馈。例如,对于图 1-13 所示电路, C_1 和 C_2 就会使 Q_1、Q_2 的集电极与基极之间形成寄生反馈, C_3 将使输出端与输入端形成寄生反馈。因为是两级放大器,由 C_3 形成的反馈将是正反馈,从而会破坏放大器的稳定性。这种寄生反馈,在输入级是高输入阻抗电路(如射极接有交流反馈电阻或场效应管放大器的高频多级放大器)中尤其严重。

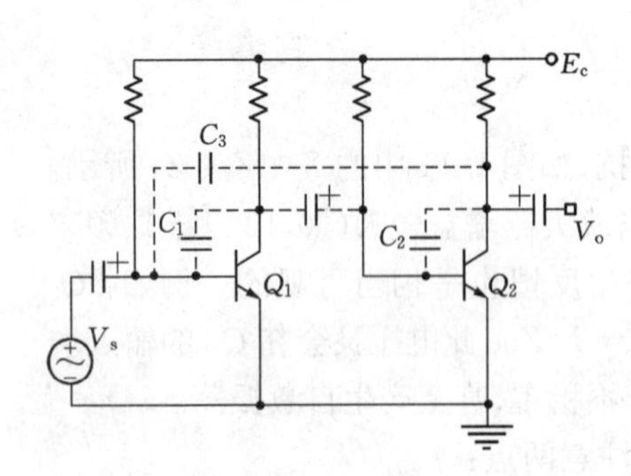

图 1-13 分布电容形成的寄生反馈

为了减少由于分布电容形成的寄生反馈,就必须减小各种分布电容,尤其是可能构成正反馈的那些分布电容。为此,在元件排列时,输出级应尽可能远离输入级(最好排成一直线),输出线不要靠近输入线。在增益较高的高频放大器中,往往在容易产生正反馈的级与级之间采用一定的屏蔽隔离措施。输入、输出线都采用高频同轴电缆。总之,分布参数的寄生耦合是一个比较复杂的问题,与工艺结构密切相关,常常要经过反复试验才能解决。

除了上面三种寄生反馈外,晶体管的内反馈也会影响放大器的稳定性。

1.3.4　放大器中的干扰

一个高增益的放大器，既然它可以放大非常微弱的信号，也就容易受到各种信号的干扰。一旦干扰信号大到与输入信号同数量级时，在放大器的输出端就很难区分哪些是信号，哪些是干扰信号。因此，在高增益放大器中，抑制干扰和消除寄生反馈一样，往往成为调试放大器的主要难题。

干扰的来源不外是两方面，一方面是空间的电磁场通过感应耦合送到放大器的输入端，另一方面是由电路内部引起的干扰。对于低频放大器，无论是外部干扰，还是内部干扰，都以工频电网的干扰(我国为 50 Hz)最为严重。要彻底抑制工频干扰是一个比较复杂的工艺问题，本教材只作简单介绍。

放大器外部来的工频干扰，一般都是通过放大器的电源变压器或交流电源的引线、漏电等引起。抑制的方法主要是采取屏蔽措施，或者使电源变压器尽量远离放大器的输入级，或者转动变压器的方位寻找与放大器耦合最小的位置，或者在变压器初、次级之间插入接地屏蔽层等。放大器的输入线可采用有金属外套的屏蔽线或电缆。要求很高的弱信号放大器，它的两输入端应对地浮空、对称输入，以减小共模干扰电压。

对于放大器内部的工频干扰，其主要来源是直流供电回路。因为一般放大器的直流供电都是经交流电源整流滤波及稳压而来。即使采用高质量的电子稳压器，其输出电压也还有一定的纹波电压(半波整流时纹波为 50 Hz，全波或桥式整流时纹波为 100 Hz)。也就是说，直流电源可等效成两个部分：一部分是直流电压 E_c，另一部分是交流纹波 ΔV，如图 1-14 所示。由图可见，ΔV 和图 1-8 所示的 $V_f = I_{c2} R_o$ 一样，必将在 Q_1、Q_2 的基极回路中引起纹波电流 ΔI_{b1}、ΔI_{b2}。ΔI_{b1} 将经过 Q_1、Q_2 放大后由输出端输出，ΔI_{b1} 也将经 Q_2 放大后输出。这样，即使 $V_s = 0$，输出端仍有纹波电压输出。当 $V_s \neq 0$ 时，纹波电压就会和 V_s 混在一起输出，对放大器造成干扰，甚至无法识别出真正的输入信号 V_s。

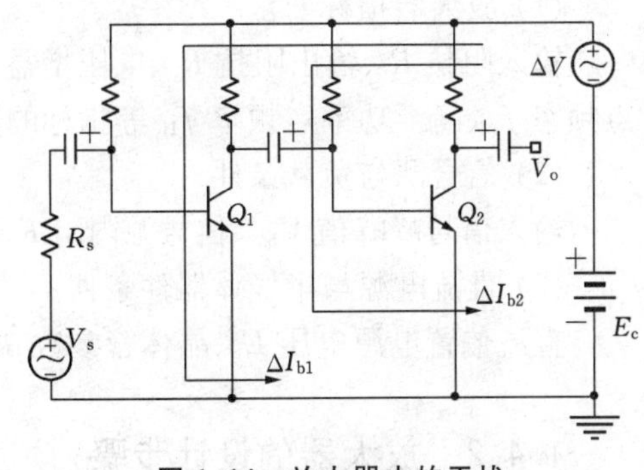

图 1-14　放大器中的干扰

比较一下图 1-8 和图 1-14 就可发现，要抑制纹波对放大器的干扰，也可接入退耦电阻和退耦电容、合理选择接地点等。不过，在计算退耦电容时，(1-17)式中

的 ω_L 应换成纹波电压的角频率。此外,选用平衡差分电路做放大器,也可有效地抑制电源中的纹波电压对放大器的干扰。

1.4 阻容耦合晶体管放大器的设计

图 1-15 所示的晶体管电路为二级阻容耦合放大器。Q_1 级电路采用串联负反馈方式,能够容易满足对系统输入阻抗指标的一般要求。Q_2 级电路为射极跟随器方式,能够使系统的输出阻抗降低至 100 Ω 数量级。系统的增益主要由 Q_1 级电路提供,由于采用了负反馈电阻 R_{e11},因此放大器的放大倍数对半导体器件参数的敏感程度相应降低,这有利于提高系统增益的稳定性。另外,Q_1、Q_2 级电路都采用分压式电流负反馈偏置方式,二级电路的静态工作点电流 I_{cQ1}、I_{cQ2} 及静态工作点电压 V_{ceQ1}、V_{ceQ2} 具有较好的稳定性。

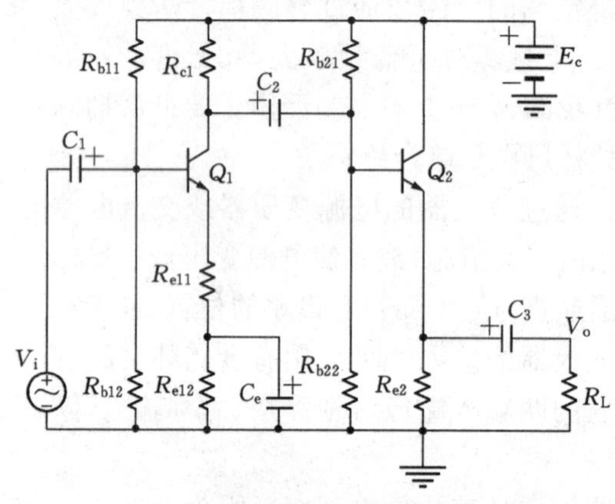

图 1-15 阻容耦合晶体管放大器

1.4.1 放大器设计指标

(1) 放大器指标要求

输入阻抗 R_i、输出阻抗 R_o、电压增益 A_V、不失真输出动态范围 V_{opp}、低半功率点频率 f_L、高半功率点频率 f_H 等指标的数值。

(2) 信号源与负载条件

输入信号峰峰值 V_{ipp}、信号源内阻 R_s、负载阻抗 R_L 等数值。

(3) 直流电源与半导体器件条件

直流偏置电源电压 E_c、晶体管参数 β、$r_{bb'}$、V_{ces} 等数值。

1.4.2 放大器的设计步骤

电子线路的设计,就是根据给定的功能和特性指标要求,确定采用的线路拓扑结构以及各个元器件的参数值。对于如图 1-15 所示的二级阻容耦合放大器,就是根据系统设计指标要求，确定电路中所有的电阻、电容数值。

假定要求的放大器指标为：

电压增益 $A_V = 40$，输入阻抗 $R_i = 10\ \text{k}\Omega$，输出阻抗 $R_o = 20\ \Omega$，不失真输出动态范围 $V_{opp} = 8\ \text{V}$，低半功率点频率 $f_L = 100\ \text{Hz}$；

输入信号峰峰值 $V_{ipp} = 50 \sim 200\ \text{mV}$，信号源内阻 $R_s \ll 10\ \text{k}\Omega$，负载阻抗 $R_L = 1\ \text{k}\Omega$；

直流偏置电源电压 $E_c = 12\ \text{V}$，晶体管参数 $\beta = 200$，$r_{bb'} = 100\ \Omega$，$V_{ces} = 1\ \text{V}$。

放大器的设计过程是首先满足 V_{opp} 指标，再定 Q 点，然后根据 A_V、R_i 等指标求出电路中所有的电阻数值，最后由 f_L 指标求出电容数值。设计流程是从系统的输出端到输入端方向，与电路分析流程正好相反。

放大器的设计步骤如下：

(1) 根据图 1-2，可求出放大器不失真输出动态范围 V_{opp} 的表达式为

$$V_{opp} = 2\min\{(V_{ceQ} - V_{ces}),\ (I_{cQ} - I_{ceo}) \cdot R'_L\} \tag{1-18}$$

当第 2 级静态工作点 Q 被设置在交流负载线中点时，输出动态范围 V_{opp} 最大。忽略 I_{ceo} 且取 $V_{ces} \approx 1\ \text{V}$，有

$$V_{ceQ2} = \frac{1}{2}V_{opp} + V_{ces} = \frac{1}{2} \times 8 + 1 = 5(\text{V}) \tag{1-19}$$

且

$$I_{cQ2} \cdot R_{e2} \mathbin{/\!/} R_L \approx \frac{1}{2}V_{opp} \tag{1-20}$$

(2) 由图 1-15 所示的电路原理图可得，第 2 级静态工作点的电压表达式为

$$V_{ceQ2} = E_c - I_{cQ1} \cdot R_{e2} \tag{1-21}$$

(3) 由式(1-20)与式(1-21)，可以解得待定的 R_{e2} 和 I_{cQ2} 分别为：

$$R_{e2} = \left(\frac{E_c - V_{ceQ2}}{\frac{1}{2}V_{opp}} - 1\right) \cdot R_L = \left(\frac{12-5}{\frac{1}{2} \times 8} - 1\right) \times 1 = 750\ (\Omega) \tag{1-22}$$

$$I_{cQ2} = \frac{E_c - V_{ceQ2}}{R_{e2}} = \frac{12-5}{0.75} = 9.33(\text{mA}) \tag{1-23}$$

因此

$$r_{be2} = r_{bb'} + \beta \cdot \frac{V_T}{I_{cQ2}} = 0.1 + 200 \times \frac{0.026}{9.33} = 0.657\ (\text{k}\Omega) \tag{1-24}$$

$$r_{be2} + (\beta + 1) \cdot R_{e2} \mathbin{/\!/} R_L = 0.657 + (200 + 1) \times 0.75 \mathbin{/\!/} 1 = 86.8(\text{k}\Omega) \tag{1-25}$$

(4) 由等效电路(图 1-16),求出系统的输出阻抗表达式为

$$R_o = R_{e2} \ // \ \frac{r_{be2} + R_{c1} \ // \ R_{b21} \ // \ R_{b22}}{\beta + 1} \tag{1-26}$$

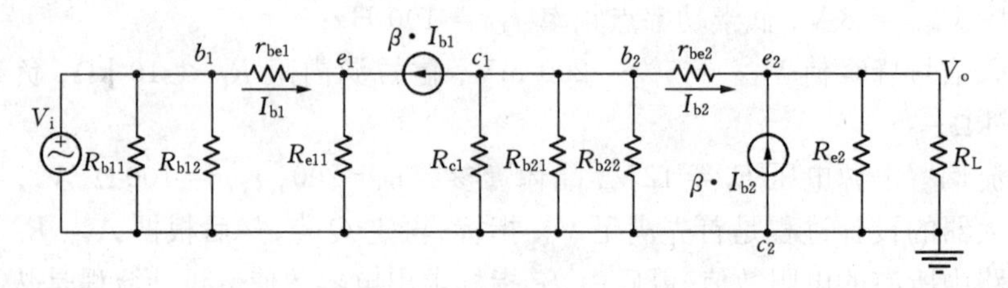

图 1-16 *H* 参数等效电路

由式(1-26),可以解得:

$$R_{c1} \ // \ R_{b21} \ // \ R_{b22} = \frac{(\beta+1) \cdot R_o}{R_{e2} - R_o} \cdot R_{e2} - r_{be2}$$

$$= \frac{(200+1) \times 0.02}{0.75 - 0.02} \times 0.75 - 0.657 = 3.473(\text{k}\Omega) \tag{1-27}$$

因此
$$[R_{c1} \ // \ R_{b21} \ // \ R_{b22}] \ // \ [r_{be2} + (\beta+1) \cdot R_{e2} \ // \ R_L]$$
$$= 3.473 \ // \ 86.8 = 3.339(\text{k}\Omega) \tag{1-28}$$

(5) 为减少晶体管参数变化对第 2 级静态工作点的影响,$R_{b21} \ // \ R_{b22}$ 的取值应满足

$$R_{b21} \ // \ R_{b22} \ll (\beta+1) \cdot R_{e2} = (200+1) \times 0.75 = 150.75(\text{k}\Omega) \tag{1-29}$$

作为第 1 级放大器的负载,$R_{b21} \ // \ R_{b22}$ 的取值将对放大器增益产生影响,不可太小。

取
$$R_{b21} \ // \ R_{b22} = 20(\text{k}\Omega) \tag{1-30}$$

另外,$R_{b21} \ // \ R_{b22}$ 的取值还会受到其他因素的限制,详见步骤(15)。

(6) 由电路原理图(图 1-15),第 2 级静态工作点的电流表达式为

$$I_{cQ2} = \beta \frac{\dfrac{[R_{b21} \ // \ R_{b22}]}{R_{b21}} E_c - V_{beQ}}{[R_{b21} \ // \ R_{b22}] + (\beta+1) \cdot R_{e2}} \tag{1-31}$$

由式(1-31),可以解得待定的 R_{b21} 为

$$R_{b21} = \frac{\beta \cdot E_c}{I_{cQ2} \cdot [R_{b21} \ // \ R_{b22} + (\beta+1) \cdot R_{e2}] + \beta \cdot V_{beQ}} \cdot [R_{b21} \ // \ R_{b22}]$$

$$= \frac{200 \times 12}{9.33 \times [20 + (200+1) \times 0.75] + 200 \times 0.7} \times 20$$

$$= 27.7(\mathrm{k\Omega}) \approx 27(\mathrm{k\Omega}) \tag{1-32}$$

由式(1-30),可以解得待定的 R_{b22} 为

$$R_{b22} = \frac{R_{b21}}{R_{b21} - [R_{b21} /\!/ R_{b22}]} \cdot [R_{b21} /\!/ R_{b22}]$$

$$= \frac{27}{27-20} \times 20 = 77.14(\mathrm{k\Omega}) \approx 75(\mathrm{k\Omega}) \tag{1-33}$$

至此,第2级电路的外围电阻参数设计完成,以下为第1级电路的参数设计。

(7) 由式(1-27),可以解得待定的 R_{c1} 为

$$R_{c1} = \frac{[R_{b21} /\!/ R_{b22}]}{[R_{b21} /\!/ R_{b22}] - [R_{c1} /\!/ R_{b21} /\!/ R_{b22}]} \cdot [R_{c1} /\!/ R_{b21} /\!/ R_{b22}]$$

$$= \frac{20}{20-3.473} \times 3.473 = 4.2(\mathrm{k\Omega}) \approx 4.3(\mathrm{k\Omega}) \tag{1-34}$$

(8) 由等效电路(图1-16),系统的电压放大倍数表达式近似为

$$A_V \approx \frac{\beta \cdot [(R_{c1} /\!/ R_{b21} /\!/ R_{b22}) /\!/ (r_{be2} + (\beta+1) \cdot R_{e2} /\!/ R_L)]}{r_{be1} + (\beta+1) \cdot R_{e11}}$$

$$\approx \frac{[(R_{c1} /\!/ R_{b21} /\!/ R_{b22}) /\!/ (r_{be2} + (\beta+1) \cdot R_{e2} /\!/ R_L)]}{\frac{V_T}{I_{cQ1}} + R_{e11}} \tag{1-35}$$

当第1级静态工作点 Q 被设置在交流负载线中点时,输出动态范围 V_{opp} 最大。忽略 I_{ceo} 有

$$I_{cQ1} \cdot \{R_{e11} + [(R_{c1} /\!/ R_{b21} /\!/ R_{b22}) /\!/ (r_{be2} + (\beta+1) \cdot R_{e2} /\!/ R_L)]\} \approx \frac{1}{2} V_{opp} \tag{1-36}$$

由式(1-35)与式(1-36),可以解得待定的 R_{e11} 和 I_{cQ1} 分别为

$$R_{e11} = \frac{\frac{V_{opp}}{A_V} - 2 \cdot V_T}{V_{opp} + 2 \cdot V_T} \cdot [(R_{c1} /\!/ R_{b21} /\!/ R_{b22}) /\!/ (r_{be2} + (\beta+1) \cdot R_{e2} /\!/ R_L)]$$

$$= \frac{\frac{8}{40} - 2 \times 0.026}{8 + 2 \times 0.026} \times 3.339 = 0.061(\mathrm{k\Omega}) \approx 62(\Omega) \tag{1-37}$$

$$I_{cQ1} = \frac{\frac{1}{2} \cdot V_{opp}}{R_{e11} + [(R_{c1} \mathbin{/\!/} R_{b21} \mathbin{/\!/} R_{b22}) \mathbin{/\!/} (r_{be2} + (\beta + 1) \cdot R_{e2} \mathbin{/\!/} R_L)]}$$

$$= \frac{\frac{1}{2} \times 8}{0.062 + 3.339} = 1.176(\text{mA}) \tag{1-38}$$

因此 $$r_{be1} = r_{bb'} + \beta \cdot \frac{V_T}{I_{cQ1}} = 0.1 + 200 \times \frac{0.026}{1.176} = 4.522(\text{k}\Omega) \tag{1-39}$$

$$r_{be1} + (\beta + 1) \cdot R_{e11} = 4.522 + (200 + 1) \times 0.062 = 16.98(\text{k}\Omega) \tag{1-40}$$

(9) 当第 1 级静态工作点 Q 被设置在交流负载线中点时，输出动态范围 V_{opp} 最大。取 $V_{ces} = 1\text{ V}$，有

$$V_{ceQ1} = \frac{1}{2}V_{opp} + V_{ces} = \frac{1}{2} \times 8 + 1 = 5(\text{V}) \tag{1-41}$$

(10) 由电路原理图(图 1-15)，第 1 级静态工作点电压、电流关系表达式为

$$E_c - V_{ceQ1} \approx (R_{e11} + R_{e12} + R_{c1}) \cdot I_{cQ1} \tag{1-42}$$

由式(1-42)，可以解得待定的 R_{e12} 为

$$R_{e12} = \frac{E_c - V_{ceQ1}}{I_{cQ1}} - (R_{c1} + R_{e11}) = \frac{12 - 5}{1.176} - (4.3 + 0.062)$$

$$= 1.59(\text{k}\Omega) \approx 1.6(\text{k}\Omega) \tag{1-43}$$

(11) 由等效电路(图 1-16)，系统输入阻抗表达式为

$$R_i = [R_{b11} \mathbin{/\!/} R_{b12}] \mathbin{/\!/} [r_{be1} + (\beta + 1) \cdot R_{e11}] \tag{1-44}$$

由式(1-44)，可以解得 $R_{b11} \mathbin{/\!/} R_{b12}$ 为

$$R_{b11} \mathbin{/\!/} R_{b12} = \frac{[r_{be1} + (\beta + 1) \cdot R_{e11}]}{[r_{be1} + (\beta + 1) \cdot R_{e11}] - R_i} \cdot R_i$$

$$= \frac{16.98}{16.98 - 10} \times 10 = 24.33(\text{k}\Omega) \tag{1-45}$$

(12) 由电路原理图(图 1-15)，第 1 级静态工作点电流表达式为

$$I_{cQ1} = \beta \frac{\frac{[R_{b11} \mathbin{/\!/} R_{b12}]}{R_{b11}} E_c - V_{beQ}}{[R_{b11} \mathbin{/\!/} R_{b12}] + (\beta + 1) \cdot (R_{e11} + R_{e12})} \tag{1-46}$$

由式(1-46)，可以解得待定的 R_{b11} 为

$$R_{b11}=\frac{\beta\cdot E_c}{I_{cQ1}\cdot[(R_{b11}/\!/R_{b12})+(\beta+1)\cdot(R_{e11}+R_{e12})]+\beta\cdot V_{beQ}}\cdot[R_{b11}/\!/R_{b12}]$$

$$=\frac{200\times12}{1.176\times[24.33+(200+1)\times(0.062+1.6)]+200\times0.7}\times24.33$$

$$=104(\text{k}\Omega)\approx100(\text{k}\Omega)\tag{1-47}$$

(13) 由式(1-45),可以解得待定的 R_{b12} 为

$$R_{b12}=\frac{R_{b11}}{R_{b11}-[R_{b11}/\!/R_{b12}]}\cdot[R_{b11}/\!/R_{b12}]$$

$$=\frac{100}{100-24.33}\times24.33=32.15(\text{k}\Omega)\approx33(\text{k}\Omega)\tag{1-48}$$

(14) 由低半功率点频率指标确定旁路及耦合电容。

图 1-17 为考虑级间耦合电容与射极旁路电容的放大器等效电路,其中射极旁路电容 C_e 对低半功率点频率的影响最为显著,因此该放大器的低半功率点频率表达式为

$$f_L=\frac{1}{2\pi\cdot R_{e12}/\!/\left(R_{e11}+\frac{r_{be1}}{\beta+1}\right)\cdot C_e}\tag{1-49}$$

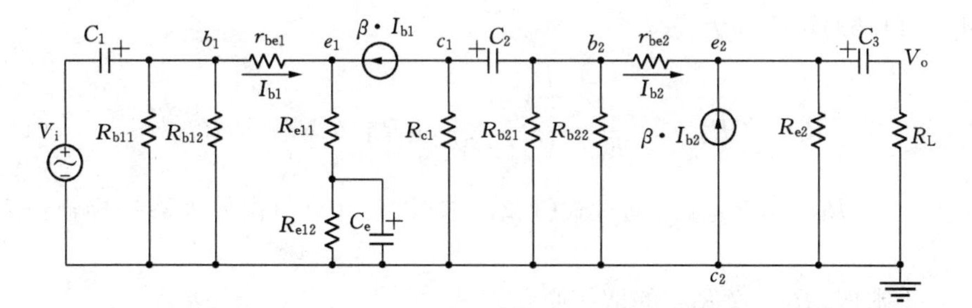

图 1-17　级间耦合电容与射极旁路电容对放大器低半功率点频率的影响

由式(1-49),可以解得待定的 C_e 为

$$C_e=\frac{1}{2\pi\cdot f_L\cdot R_{e12}/\!/\left(R_{e11}+\frac{r_{be1}}{\beta+1}\right)}=\frac{1}{2\pi\times100\times1.6/\!/\left(0.062+\frac{4.522}{200+1}\right)}$$

$$=19.83(\mu\text{F})\approx22(\mu\text{F})\tag{1-50}$$

取

$$C_1=C_2=C_3=\frac{C_e}{10}=\frac{22}{10}=2.2(\mu\text{F})\tag{1-51}$$

(15) 关于 $R_{b21}/\!/R_{b22}$ 的取值会受到其他因素限制。

通过对式(1-43)及式(1-34)的分析,可以得知, R_{e12} 的计算值与 $R_{b21}/\!/R_{b22}$ 的

取值成正相关关系。R_{b21} // R_{b22} 的取值越小，R_{e12}的计算值也越小。当 R_{b21} // R_{b22} 的取值过低时，R_{e12}的计算值可能出现负值，导致设计失败。因此 R_{b21} // R_{b22} 的取值必须大于某个特征值。

由式(1-43)，须有 $R_{e12} > 0$，即

$$\frac{E_c - V_{ceQ1}}{I_{cQ1}} > R_{c1} + R_{e11} \tag{1-52}$$

将式(1-34)、(1-37)、(1-38)、(1-41)代入式(1-52)，以替代 R_{c1}、R_{e11}、I_{cQ1}、V_{ceQ1}，得到有关 R_{b21} // R_{b22} 的关系式，即

$$R_{b21} /\!/ R_{b22} > \frac{[r_{be2} + (\beta+1)\cdot R_{e2} /\!/ R_L]\cdot[R_{c1} /\!/ R_{b21} /\!/ R_{b22}]}{\frac{1+A_V}{A_V}\cdot\frac{E_c - V_{opp} - V_{ces}}{\frac{1}{2}\cdot V_{opp} + V_T}\cdot[r_{be2} + (\beta+1)\cdot R_{e2} /\!/ R_L] - [R_{c1} /\!/ R_{b21} /\!/ R_{b22}]} \tag{1-53}$$

通常，有 $A_V \gg 1$，$\frac{1}{2}\cdot V_{opp} \gg V_T$，且 $[r_{be2} + (\beta+1)\cdot R_{e2} /\!/ R_L] \gg [R_{c1} /\!/ R_{b21} /\!/ R_{b22}]$。因此，式(1-53)可改写为

$$R_{b21} /\!/ R_{b22} > \frac{\frac{1}{2}V_{opp}}{E_c - V_{opp} - V_{ces}}[R_{c1} /\!/ R_{b21} /\!/ R_{b22}] \tag{1-54}$$

其中 $[R_{c1} /\!/ R_{b21} /\!/ R_{b22}]$ 可通过式(1-27)求得，其计算值由放大器指标输出阻抗 R_o 决定。

对于本例，R_{b21} // R_{b22} 的取值原则为

$$R_{b21} /\!/ R_{b22} > \frac{\frac{1}{2}\times 8}{12-8-1}\times 3.473 = 4.63(\text{k}\Omega)$$

取 $R_{b21} /\!/ R_{b22} = 20\ \text{k}\Omega$ 比较合理。如此，R_{e12}的计算值结果不会太小。

1.5 实验题目

实验 1-1 示波器的使用

本实验通过数字示波器的使用，初步掌握电子测量的原理与手段。

一、实验原理

多踪数字式实时示波器可达到 60 MHz(或 100 MHz)带宽。每个信号通道都具有 1 GS/s 取样率和 2 500 点记录长度。提供光标辅助手动测量功能、多项参数自动测量功能、波形的存储/调出功能、数据处理(平均、FFT 等)功能,以及配备通用通信接口(RS-232、GPIB 和 Centronics 等),便于与计算机进行数据交换。

1. 典型结构与工作原理

图 1-18 为多踪数字示波器的典型结构框图。它由 Y 轴通道增益、X 轴时基、触发、数据采集、波形记录与显示以及计算机接口等几大部分组成。

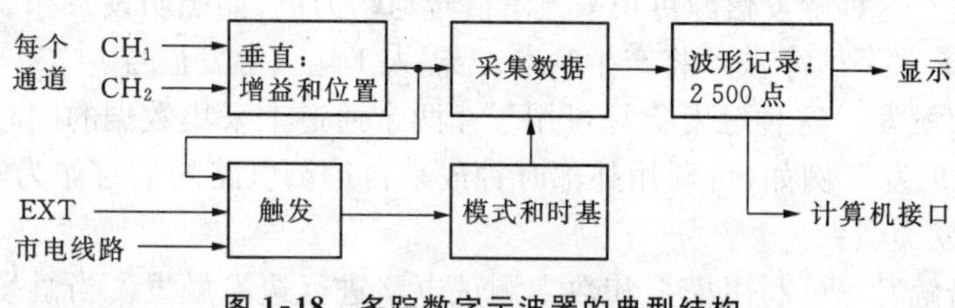

图 1-18　多踪数字示波器的典型结构

被测信号首先通过 Y 轴增益与位置控制器,然后到达数据采集器。放大器与衰减器是为了保证示波器在小信号时既有较高的灵敏度,又能防止在大信号时示波器过载。

X 轴时基信号受触发电路控制。触发信号(或同步信号)既可以从示波器 Y 轴增益与位置控制器取得,也可由外面加入。前者称"内同步或内触发",后者叫"外同步或外触发"。

此外,加到 X 轴的信号既可是示波器内部产生的时基信号,也可是外部输入信号。若从外部输入,屏幕上就显示 X 轴输入与 Y 轴输入信号的合成图形。当 X、Y 轴都加入正弦信号时其合成图形就称为利萨如(Lissajous)图形。

数据采集系统根据时基信号确定对于被测信号的采样率,对被测波形进行 AD 转换,并按采样时间顺序将被测波形采样数据依次存储。

波形显示系统将被测波形采样数据(2 500 点)依次显示至液晶屏上。

若需要,示波器可以通过通信接口与计算机或打印机等其他数字设备进行数据交换。

数字示波器的工作原理主要与触发、数据采集、波形标度和定位、波形测量及示波器设置等基本概念有关。

2. 示波器触发

触发决定了示波器何时开始采集数据和显示波形。一旦触发被正确设定，它可以把不稳定的显示或黑屏转换成有意义的波形。

示波器在开始采集数据时，先收集足够的数据用来在触发点的左方画出波形。示波器在等待触发条件发生的同时连续地采集数据。当检测到触发后，示波器连续地采集足够的数据以在触发点的右方画出波形。

(1) 触发信源。触发可从多种信源得到，如输入通道(内部触发)、市电、外部触发。

① 内部触发　最常用的触发信源是输入通道(可任选一个)。被选中作为触发信源的通道，无论其输入是否被显示，都能正常工作。

② 市电　这种触发信源可用来显示信号与动力电，如照明设备和动力提供设备之间的频率关系。示波器将产生触发，无需人工输入触发信号。

③ 外部触发　这种触发信源可用于在两个通道上采集数据的同时在第三个通道上输入触发。例如，可利用外部时钟或来自待测电路的信号作为触发信源。

(2) 触发类型：

① 边沿触发　可利用模拟和数字测试电路进行边沿触发。当触发输入沿给定方向通过某一给定电平时，边沿触发发生。

② 视频触发　标准视频信号可用来进行场或行视频触发。

(3) 触发方式。触发方式将决定数字示波器在无触发事件情况下的行为方式。主要有自动、正常和单次触发三种触发方式。

① 自动触发　这种触发方式使得示波器即使在没有检测到触发条件的情况下也能获取波形。当示波器在一定等待时间(该时间可由时基设置决定)内没有触发条件发生时，示波器将进行强制触发。当强制进行无效触发时，示波器不能使波形同步，则显示的波形将卷在一起。当有效触发发生时，显示器上的波形是稳定的。可用自动方式来监测幅值电平等可能导致波形显示发生卷滚的因素，如电力供应输出等。

② 正常触发　示波器在正常触发方式下只有当其被触发时才能获取波形。在没有触发时，示波器将显示原有波形而无法获取新波形。

③ 单次触发　在单次触发方式下，示波器的"运行"按钮被按下每一次，示波器将检测到一次触发而获取一个波形。

(4) 触发释抑。在释抑时间(每次采集之后的一段时间)内，触发不能被识别。对某些信号为了产生稳定的显示波形需要调整释抑时间。

触发信号可以是带有许多可能触发点的复杂波形，如数字脉冲序列。即使波形是反复性的，一个简单的触发也可能在显示器上导致一系列模式的输出而非每次都是同一模式。

在释抑期间不能识别触发。释抑周期可被用来阻止脉冲序列中第一个脉冲之外的其他脉冲上的触发。这样，示波器将总是只显示第一个脉冲。

(5) 触发耦合。触发耦合决定内触发信号的何种分量被传送到触发电路。触发类型包括直流、交流、噪声抑制、高频抑制和低频抑制。

① 直流　直流耦合允许内触发信号的所有分量通过。

② 交流　交流耦合阻止内触发信号的直流分量的通过。

③ 噪声抑制　噪声抑制耦合降低触发灵敏度，并要求较高的内触发信号幅值才能形成稳定触发，从而减少了在噪声上内触发信号错误触发的可能性。

④ 高频抑制　高频抑制耦合阻止内触发信号的高频部分通过，只允许低频分量通过。

⑤ 低频抑制　低频抑制耦合的作用效果与高频抑制耦合相反。

(6) 触发斜率和电平。触发斜率和电平控制用来辅助定义触发。触发斜率控制决定示波器的触发点在信号上升沿或在信号下降沿。触发电平控制决定触发点在边沿上的确切位置。

3. 示波器数据采集

采集模拟数据时，示波器将其转换成数字形式。采集数据有三种不同的方式。时基设置将影响采集数据的速度(采样率)。

(1) 采集方式：

① 采样　示波器按相等的时间间隔对信号采样以重建波形。这种方式在大多数情况下正确地表示了模拟信号。但是，这种方式不能获取模拟信号在两次采样时间间隔内发生的迅速变化，从而导致叠混，并有可能丢失信号中的窄脉冲。若要在上述情况下仍能获取正确数据，应使用峰值检测获取方式。

② 峰值检测　示波器采集每一采样间隔中输入信号的最大值和最小值，并用采样数据显示波形。这样，示波器可以获取和显示在采样方式下可能丢失的窄脉冲，但噪声将比较明显。

③ 平均值　示波器获取若干波形，然后取平均，并显示平均后的波形，可减少随机噪声。

(2) 时基。示波器通过在离散点上对输入信号的采样将波形数字化。时基控制数字化的采样率。使用“秒/格”旋钮调整时基到某一水平刻度以适合测量需要。

(3) 标度和定位波形。通过调整波形的刻度和位置可改变其在屏幕上的显示。刻度被改变时，显示波形的尺寸将被放大或缩小。位置改变时，波形将上下左右移动。

① 垂直刻度和位置　通过上下移动波形可以改变显示波形的垂直位置。为了对比数据,可将波形上下对齐。改变波形的垂直刻度时,显示波形将相对接地电平收缩或扩张。

② 水平刻度和位置　触发前后可通过调整“水平位置”控制旋钮查看波形数据。改变波形的水平位置实际改变的是触发与显示区中心的时间偏差(导致波形看似在显示区内左移或右移)。使用“秒/格”旋钮可改变所有波形的水平刻度。通过刻度读数示波器显示了每格的时间。由于所有激活的波形都使用相同的时基,示波器对所有正使用中的通道仅显示一个数值,除非“视窗扩展”正被使用。

(4) 叠混。当示波器采样速度较低,不能正确地重建波形时,波形会发生叠混。当叠混发生时,显示波形频率将低于实际输入波形的频率或者波形在示波器已触发的情况下也不能稳定。

检查是否发生叠混的一种途径是用“秒/格”旋钮缓慢改变水平刻度,若波形形状发生巨大变化,则当前波形有可能发生了叠混。

要正确地表示信号和避免叠混,对信号的采样频率必须不低于信号的最高频率的两倍。表 1-1 列出了针对不同的信号频率和对应的采样速率为避免叠混而应采用的时基。

表 1-1　不同信号频率和采样速率应采用的时基

时　基	采样速率	最高频率	时　基	采样速率	最高频率
1.0 μs	250.0 MS/s	125.0 MHz	5.0 ms	50.0 kS/s	5.0 kHz
2.5 μs	100.0 MS/s	50.0 MHz	10.0 ms	25.0 kS/s	12.5 kHz
5.0 μs	50.0 MS/s	25.0 MHz	25.0 ms	10.0 kS/s	5.0 kHz
10.0 μs	25.0 MS/s	12.5 MHz	50.0 ms	5.0 kS/s	2.5 kHz
25.0 μs	10.0 MS/s	5.0 MHz	100.0 ms	2.5 kS/s	1.25 kHz
50.0 μs	5.0 MS/s	2.5 MHz	250.0 ms	1.0 kS/s	500.0 Hz
100.0 μs	2.5 MS/s	1.25 MHz	500.0 ms	500.0 S/s	250.0 Hz
250.0 μs	1.0 MS/s	500.0 kHz	1.0 s	250.0 S/s	125.0 Hz
500.0 μs	500.0 kS/s	250.0 kHz	2.5 s	100.0 S/s	50.0 Hz
1.0 ms	250.0 kS/s	125.0 kHz	5.0 s	50.0 S/s	25.0 Hz
2.5 ms	100.0 kS/s	50.0 kHz			

注：S/s 表示每秒采样点数(Sample/second)

4. 示波器测量

示波器所显示的是“电压～时间”坐标图，可用来测量所显示的波形。进行测量有多种方法，可利用方格图、光标或自动测量。

(1) 方格图估计。这种方法可用来进行快速直观的估计，可通过方格图的分度及标尺系数进行简单的测量。如一波形的最大最小峰值占据了垂直方格图的5个大格，且标尺系数为100 mV/div，则该信号最大峰值与最小峰值间的电压为：5 div × 100 mV/div = 500 mV。

(2) 光标测量。可用来在两个波形位置之间进行测量的成对标记。示波器显示每一光标的位置值(以电压或时间表示)以及两个光标之间的增量值。

① 电压光标　定位在待测电压参数波形某一位置的两条水平光标线。示波器显示每一光标相对于接地的数据，以及两光标之间的电压值。

② 时间光标　定位在待测时间参数波形某一位置的两条垂直光标线。示波器根据触发和这两条光线之间的时间值来显示每个光标的值。以秒和秒的倒数(赫兹)为单位。

(3) 自动测量。自动设置功能可自动调整水平和垂直标定，可以设置触发的耦合、类型、位置、斜率、电平及方式等，从而获得稳定的波形显示。

通过选择测量类型，使示波器自动测量并显示欲观察的测量项目。

二、预习要求

1. 预习本书和课件的实验准备及常规仪器设备使用有关部分，特别要认真阅读有关**“实验室规则”、“实验室用电安全注意事项”、“用电安全事故紧急预案”、“火灾安全事故紧急预案”**，了解“关于模拟与数字电路实验报告及实验验收的说明”和“模拟与数字电路实验考核方式”。

2. 预习课程网站参考资料中有关示波器的部分，理解进行示波器探头补偿的原因和相关理论知识。

3. 预习《器件手册》中的示波器部分。

三、实验内容

1. 电压测量

(1) 测量低频信号发生器的频率特性。将低频信号发生器输出峰值指示置为2.5 V。

当正弦信号频率分别为 1 Hz、10 Hz、100 Hz、1 kHz、10 kHz、100 kHz、1 MHz、10 MHz 时，测量信号发生器相应的输出峰峰值 V_{opp}。

分别采用直流耦合、交流耦合示波器输入方式，"1×"、"10×"探极衰减方式，以及手工估读、自动读数示波器测量方式，在各频率点对信号发生器输出峰峰值 V_{opp} 进行测量，列出表格，并对测量结果进行比较。

(2) 测量直流稳压电源的输出电压。将直流稳压电源输出电压指示值分别置为＋5 V、＋15 V、－15 V。

采用直流耦合示波器输入方式，"1×"、"10×"探极衰减方式，以及手工估读、自动读数示波器测量方式，对直流稳压电源输出电压值进行测量，列出表格，并对测量结果进行比较。

2. 时间测量

(1) 测量正弦波信号的周期与频率。将低频信号发生器输出峰值指示置为 1 V。

当正弦信号频率指示分别置为 1 Hz、1 kHz、1 MHz 时，测量信号发生器相应的输出周期与频率。

分别采用直流耦合、交流耦合示波器输入方式，"1×"、"10×"探极衰减方式，以及手工估读、自动读数示波器测量方式，对信号发生器输出周期与频率进行测量，列出表格，并对测量结果进行比较。

(2) 测量方波信号的上升时间与下降时间。将低频信号发生器输出峰值指示置为 0.5 V。

当方波信号频率指示分别置为 2 kHz 时，测量相应的上升时间 t_r 与下降时间 t_f。

分别采用直流耦合、交流耦合示波器输入方式，分别采用"1×"、"10×"探极衰减方式，以及手工估读、自动读数示波器测量方式，对方波信号的上升时间 t_r 与下降时间 t_f 进行测量，列出表格，并对测量结果进行比较。

四、实验要点

(1) 理解示波器探头乘 10 档补偿的原理，阅读网站参考资料中有关示波器的文章，掌握示波器探头补偿的操作方法。

(2) 理解什么是直流耦合，什么是交流耦合，什么情况下使用直流耦合，什么情况下使用交流耦合。

(3) 理解示波器触发的概念，包括触发方式、触发电平、触发释抑等概念。

(4) 掌握上升时间和下降时间的概念和测量方法。

(5) 了解有关传输线的概念。

五、思考题

(1) 如何在示波器上得到稳定、清晰的波形显示?

(2) 垂直通道的输入耦合方式有哪些? 什么情况下选择交流耦合? 什么情况下选择直流耦合?

(3) 为保证示波器的幅度与时间测量精度,在测试过程中应注意哪些问题?

(4) 如何看待手工估读与自动读数示波器测量方式所获得的测量结果之间的差异?

六、补充深入思考问题

(1) 在测量 1 Hz 信号时,如采用交流耦合会产生很大的测量误差,请根据测量结果具体计算一下示波器内部交流耦合电容的大小。

(2) 在测量高频 16 MHz 信号时,即使示波器探头使用了乘 10 档补偿,仍有比较大的测量误差,其原因是什么?

(3) 在测量 1 Hz 信号时,如采用正常触发,则示波器显示波形比较稳定,为什么?

(4) 实验中测量矩形波信号的上升时间和下降时间,测量误差有哪些?

(5) 有的同学发现了一个奇怪的现象:当用手接触示波器探头中的探针,或测试电路时示波器接地小夹子没有接好,有时示波器上显示出高达几十伏、频率大约是 50 Hz 的很难看的信号。请分析一下原因。

(6) 示波器如何捕捉非周期性的信号? 3 种触发模式(AUTO, NORMAL, SINGLE)和波形采集的关系如何?

实验 1-2 晶体管放大器

本实验通过对放大电路最基本的单元晶体管放大器的设计、仿真、参数测试和特性研究,初步掌握放大电路的参数测试方法,了解电路参数与各元件的关系,以加深对放大电路基本概念的理解。

一、实验原理

本实验的原理已在本单元开始的原理部分作了详细阐述,请自行参阅有关部分。实验前要求预习有关放大电路的基本概念和主要参数的测试方法。

补充分压偏置电路工程近似设计方法如下,可作为放大器设计参考使用。

(1) 设计可以从输入级开始,具体设计过程参考如下:首先考虑稳定性条件(虽然实验题目没有给出稳定性的设计指标要求,但是分压偏置电路的一个重要特点就是提高了电路的稳定性,而且第一级的稳定性对多级放大器而言是很重要的,另外,考虑这一因素相当于又增加了一个设计条件,简化了设计过程),Q_1 的发射极电位取为(0.1−0.2)Vcc,即 2 V 左右(1.2～2.4 V)。第一级设计在满足各项设计指标的要求下要兼顾稳定性。

(2) 设计第一级电路应尽量使 I_{CQ1} 小,即在功耗小的情况下满足电路设计要求,这里主要是满足摆幅要求(I_{CQ1} 小,摆幅容易受截止失真限制),第一级输出摆幅近似 $I_{CQ1}(R_{c1} /\!/ r_{i2})$ 约等于 $V_{EQ1}(R_{c1} /\!/ r_{i2})/(R_{e11}+R_{e12})$。

(3) 由于 R_{c1} 受输出电阻约束(近似为 $R_{c1}/60<100\ \Omega$),因此若 R_{c1} 取 5.1 kΩ 左右,如摆幅为 6 V,则($R_{e11}+R_{e12}$)取值在 1.5 kΩ～3 kΩ 左右, I_{CQ1} 在 1 mA 左右。

(4) R_{e11} 取值影响输入电阻和增益,由于输入电阻要求大于 3 kΩ,因此 R_{e11} 取值最好在 51 Ω 左右(太小,非线性失真也比较大),增益近似 $R_{c1}/(V_T/I_{C1}+R_{e11})$ 。

(5) 根据稳定性要求,即:$I_{B11}=(5-10)I_{B1}$ 和 Q_1 的基极电位确定 R_{b11}、R_{b12},以上具体估算数值可在软件仿真时调节。

二、预习要求

(1) 预习本书和课件的分立元件及负反馈放大电路设计有关部分,理解电路参数的设计方法和要点。掌握电路工作点以及交流增益、输入输出电阻等指标的测量方法。

(2) 按照课程网站设计要点的提示,在实验室外先进行理论设计和 ORCAD 仿真测试。三极管 β 取为 60,可以选中三极管,弹右键,在 EDIT PSPICE MODEL 中将"BF"改为 60,仿真设计满足设计要求后写好预习报告。

(3) 预习本书 1.3 节,掌握消除放大器中寄生反馈和干扰的常用方法。

(4) 预习课程网站参考资料中有关基本元器件部分,了解有关电阻、电容、三极管等基本元器件的知识。

三、实验内容

图 1-19 所示的阻容耦合晶体管放大器为本实验电路。

1. **放大器的设计**

放大器的指标为：电压增益 $A_V = 40$，输入阻抗 $R_i \geqslant 3\ \text{k}\Omega$，输出阻抗 $R_o \leqslant 100\ \Omega$，不失真输出动态范围 $V_{opp} \geqslant 4\ \text{V}$，低半功率点频率 $f_L \leqslant 100\ \text{Hz}$；信号源内阻 $R_s = 50\ \Omega$；负载阻抗 $R_L = 1\ \text{k}\Omega$；直流偏置电源电压 $E_c = 12\ \text{V}$；晶体管参数 $\beta \geqslant 60$，$r_{bb'} = 100\ \Omega$，$V_{ces} = 1\ \text{V}$。

根据放大器指标的要求，估算图 1-19 所示实验电路中所有电阻、电容的设计数值。

2. **放大器的 PSPICE 仿真**

通过软件模拟仿真，修改电阻、电容的设计数值，以满足放大器设计指标的要求。

(1) 瞬态分析。记录静态工作点数值；观察输出波形失真情况，测量不失真输出波形 V_{opp}；改变输出负载电阻的大小，观察反馈放大器输出波形幅度变化情况。

(2) 交流分析。测量带宽和增益、交流输入电阻、输出电阻。

3. **放大器的实际电路安装制作与调试**

(1) 用晶体管特性测试仪测量所用晶体管的参数，记录晶体管的实际 β 值。

(2) 按图 1-19 电路安装一个放大器。要求元件排列合理、布线整齐、电接触可靠。

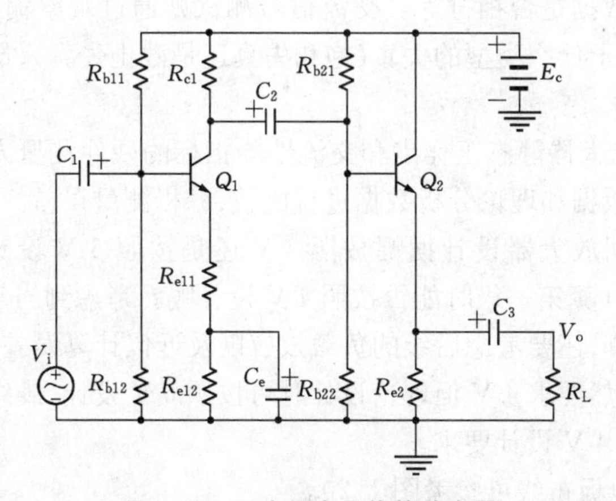

图 1-19　阻容耦合晶体管放大器

(3) 用逐级调试的方法,排除故障,使放大器电路能够正常工作。

4. 放大器参数测试

(1) 用示波器测量放大器的直流工作点,并与估算值、仿真值进行比较。

(2) 测量不失真输出信号峰峰值 V_{opp} 及对应的输入信号峰峰值 V_{ipp},并与估算值、仿真值进行比较。

(3) 测量带宽和增益、交流输入电阻、输出电阻,并与估算值、仿真值进行比较。

四、实验要点

(1) 掌握分压偏置电路的特点和工程近似设计方法,Q_1 的发射极电阻产生的直流负反馈起到稳定静态工作点和抑制稳漂的作用,取值过小起不到稳定作用,取值过大会影响放大器的摆幅,工程近似设计方法可以大大简化设计过程。

(2) 实验室外预习时应先进行 ORCAD 仿真测试,三极管 β 取为 60,实际三极管的 β 可能大于 60,但是如果电路静态工作点设计合理,则按照 $\beta=60$ 设计的电路在 β 大于 60 时仍应满足设计要求,因为在 β 比较大时,三极管的工作电流近似与 β 无关,而 β 越大输入电阻越大,输出电阻越小。

(3) 搭建电路一定要分级分步骤进行,先第一级后第二级,先直流工作点测试后交流信号测试,切不可将电路全部搭建完毕加电测试。静态工作点主要测试三极管的极间电压,从而判断三极管是否工作在放大区,工作电流是否在合理范围,与 ORCAD 仿真数据是否相符等。交流信号测试则通过观察输入输出波形,判断波形是否失真,属于什么类型的失真(饱和失真还是截止失真),最后测试交流指标是否满足设计要求。

(4) 要学会放大器静态工作点和交流性能指标的硬件测量方法。将测试结果与 ORCAD 仿真数据和理论分析数据进行比较,分析测量误差。

(5) 有同学问放大器设计摆幅按照 4 V 还是按照 6 V 设计,课件要求大于 4 V,那么在理论计算第一级时能否按照 4 V 设计呢?考虑到当三极管临近截止区时输出信号要失真,还要考虑后级的负载效应以及近似计算误差等因素,设计电路要有一定裕量,虽然要求 4 V 但理论设计时可按照 6 V 设计,最终实际电路可能实现 5 V 左右,满足 4 V 设计要求。

(6) 电路面包板布线可参考图 1-20。

图 1-20　晶体管放大器实验电路面包板布线

五、思考题

(1) 放大器的静态工作点与电路中哪些元件有关？测试放大器的静态工作点时，应注意什么问题？

(2) 测量放大器的电压增益 A_V、输入阻抗 R_i、输出阻抗 R_o 时，应注意哪些问题？

(3) 如何判断放大器的截止、饱和失真？出现这些失真时应如何调整工作点？

(4) 负载对电路的哪些参数有影响？为减小负载的影响，电路上可采取什么措施？

六、补充深入思考问题

(1) 为什么要对直流电源进行退耦？为什么要尽量减小接地线阻抗？什么是信号地？什么是电源地？在电路中两者的关系如何？如何选择合适的接地点？

(2) 请定性地说明三极管放大器实验中电路里的每个电阻与放大器静态工作点和交流指标的关系。如三极管出现饱和或截止失真，应调整哪些电阻的阻值？如何调整？为什么？

(3) 什么是放大器的非线性失真？实验中如何判断放大器产生了非线性失真？产生非线性失真的原因有哪些？如何解决？

(4) 在三极管放大器实验中，三极管工作在放大区；在数字控制系统中，三极管可工作在开关状态，即工作在饱和与截止区，用于实现大功率驱动。假定数字电路器件(如单片机)的 I/O 口输出高电平 3.3 V,低电平 0 V,如果要求数字电路器件输入输出电流不超过 1 mA,要求数字电路器件的 I/O 口输出高电平 3.3 V 时点亮数码管(数码管工作电流 5 mA),输出低电平 0 V 时数码管灭,请用三极管设计驱动电路实现。如要求数字电路器件的 I/O 口输出低电平 0 V 时点亮数码管(数码管工作电流 5 mA),高电平 3.3 V 时数码管灭,请用三极管设计驱动电路实现。

(5) 多级共发射极放大器最大电压放大倍数是多少?如要实现 1 000 倍的开环电压增益,需采用多级放大电路实现,请设计一种多级放大电路结构,并估算电路放大倍数是否满足 1 000 倍的要求(已知信号源内阻 600 Ω,负载电阻 1 kΩ,三极管 $\beta = 60$),进一步设计电路实现本实验提高实验内容,即闭环增益大于 100 倍,输入电阻大于 20 kΩ,输出电阻小于 10 Ω,3 dB 带宽下限小于 30 Hz,上限大于 30 kHz。

第二单元　运算放大器及其应用

在本单元实验中，将通过运算放大器(运放)在模拟运算、小信号放大、有源滤波、波形发生器以及功能扩充等方面的实验，使学生具有应用运放构成实际应用电路的能力，加深对运放各种特性的认识，提高我们对运放电路的设计、安装、调试的实际工作能力。

2.1　运放电路的安装

在使用运放时首先应该根据电路要求(如带宽、功率、精度等)确定所用运放的型号，不同型号的运放具有不同的特性，如高精度运放、高速运放、宽带运放、高功率运放等，必须查阅有关手册，确定运放的特性参数(主要有失调电压、失调电流、输入阻抗、单位增益带宽、共模抑制比、电源电流以及极限参数，如电源电压、功耗等)是否满足电路设计要求，辨认管脚。然后根据所选用的运算放大器的管脚图，确定实际安装的接线图。在本单元的实验中主要使用普通运算放大器 LF353 和 LM358，实验中应根据电路原理图和运放管脚图，确定实际安装的接线图，如图 2-1 是反相放大器的电路原理图，图 2-2 是以 LF353 运放为例得到的电路接线图，要注意两组电源构成运放正负电源的接法，运放的输出端和电源之间不能短路，否则运放易损坏，电路搭建完成检查无误后再打开直流电源、信号源进行测试。

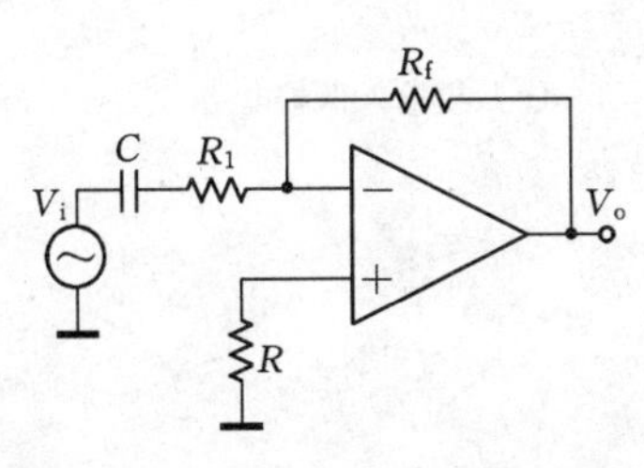

图 2-1　反相放大器的电路原理图

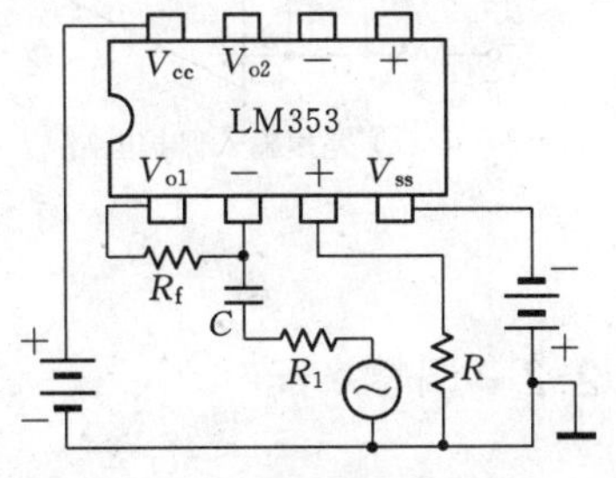

图 2-2　以 LF353 运放为例的电路接线图

2.2 运放的保护、调零和频率补偿

2.2.1 保护

集成运放在使用中常因以下三种原因被损坏:输入信号过大,使 P-N 结击穿;电源电压接反或过高;输出端直接接“地”或接电源,因此使用运放前,首先要注意该集成运放的最大使用范围,如电源电压范围、最大功耗、温度范围、最大差模输入电压、最大共模输入电压等,以免使用时超出这些范围,使运放损坏。为了防止由于疏忽造成运放损坏,可加入一些保护电路,主要是输入保护、输出保护和电源端保护,如图 2-3 所示。现在许多运放内部已加有各种保护电路,故外部保护电路可根据具体芯片选择使用。

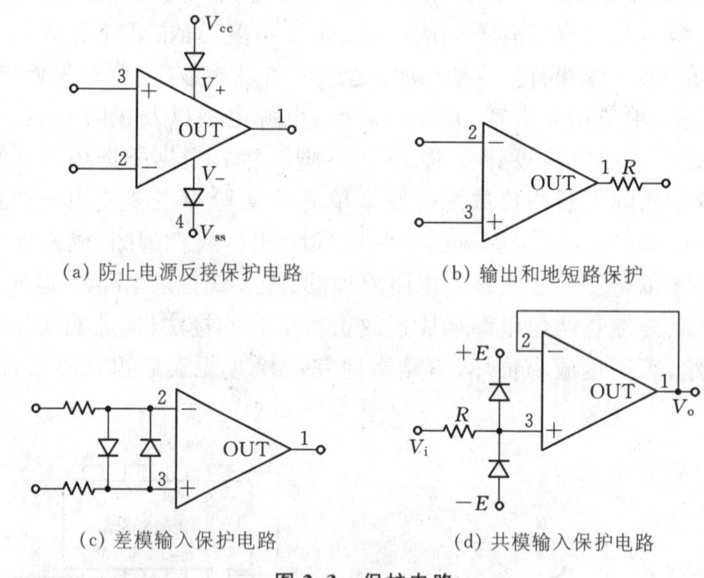

图 2-3 保护电路

2.2.2 调零

由于失调电压和失调电流的存在,输入为零时输出却往往不为零。对于内部无自动稳零措施的运放需外加调零电路。对于单电源供电的运放,有时还需在输入端加直流偏置电压,设置合适的静态输出电压,以便能放大正、负两个方向的变化信号。调零方法可分为集电极调零和基极调零等。若运放已引出调零端子，则可按照手册上规定的方法安装调零电路，否则可在输入端进行基极调零，其原理是在运放的输入端加一直流电压，以抵消失调的影响，具体电路如图 2-4 所示。

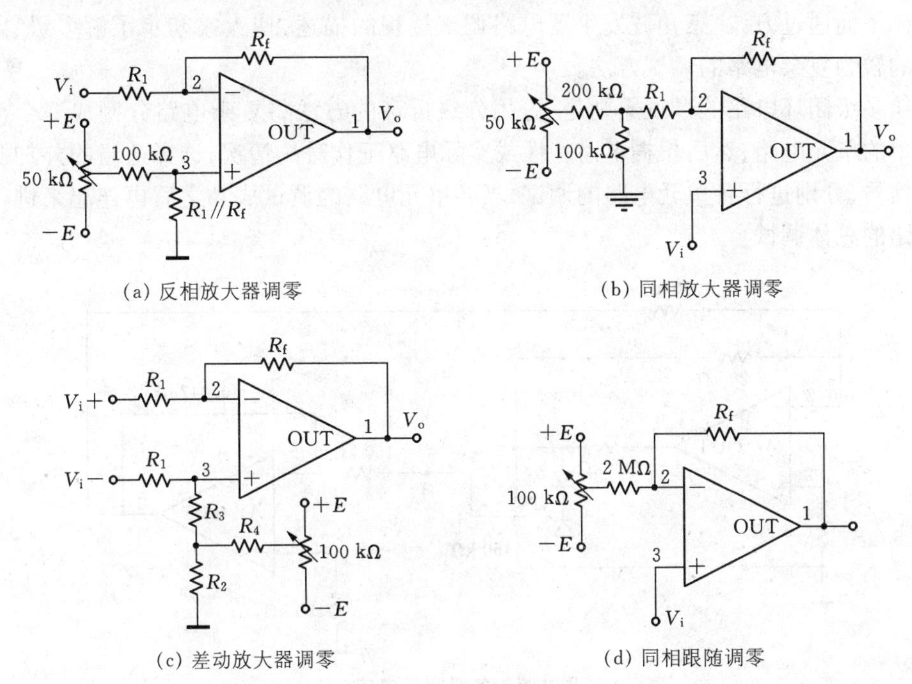

图 2-4　调零电路

2.2.3　频率补偿与消除自激

实际运放的增益随频率的增大而减小，输出对输入信号的相移也加大，当运放闭环后，对于某些特定的频率，由于放大器的附加相移负反馈将变成正反馈，使放大器在这些频率上产生自激振荡，反馈越深，越容易产生自激，因此为了保证运放的工作稳定，必须考虑相位的补偿，但相位的补偿(相移)又不宜过多，以免对运放的高频产生很大的影响。补偿分为外补偿和内补偿两种，有补偿引出端子的运放可在外部根据手册规定的方法进行补偿，无补偿引出端子的运放一般内部已进行了补偿。对于自激除加以补偿外，还要注意元件的布局和连线，要尽可能减小输入端的分布电容。正负电源除了加大滤波电容外，还要加 0.01～0.1 μF 的瓷片电容进行高频旁路，若是多级运放则级与级的电源之间还可加 RC 退耦网络。

2.3 多级电路的调试

下面通过方波、三角波发生器电路调试过程的描述，使大家初步了解多级、闭环的较为复杂电路的调试方法。

多级闭环电路的调试原则是：先用分级拆环的方法将复杂电路分割成一个个简单的单元电路，然后根据电路特性或实际电路工作时的情况，选择适当的外加测试信号，分别进行各单元电路的调试，当各单元电路的调试成功之后再连起来进行电路的总体调试。

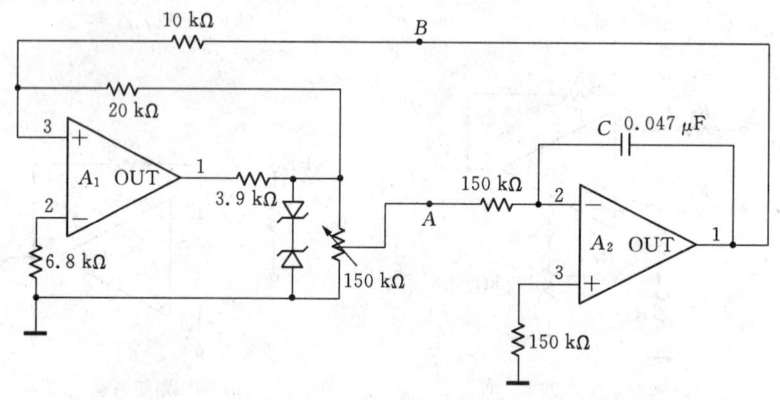

图 2-5 多级闭环电路

从图 2-5 可见，多级闭环电路由迟滞比较器 A_1 和积分器 A_2 所构成。先将电路的 A 处和 B 处的连线断开，在 A 处向积分器 A_2 输入适当频率的方波，若在 A_2 输出端得到三角波，则说明积分器工作正常；在 B 处向比较器 A_1 输入一幅度大一点的正弦波，若比较器 A_1 输出方波，则说明比较器工作正常，然后将 A 处和 B 处的连线恢复连接进行整个电路的统一调试，一般电路即能正常工作。

2.4 实验题目

实验 2-1 运放基本应用电路

通过本实验掌握运放同相、反相、积分、微分等基本应用电路的设计方法和增益、幅频特性的测试方法。

一、实验原理

请参考本书附录 2-1。

二、预习要求

(1) 预习本书和课件的运放基本应用电路部分,根据实验设计要求进行电路参数设计并进行 ORCAD 仿真,LF353 在 NAT_SEMI 库中。

(2) 根据实验常见问题及思考部分给出的思考题,查阅资料,了解有关运放应用的背景知识。

三、实验内容

(1) 同相和反相比例运算电路设计与测试:

放大器电压增益 K_V 分别为 1 和 10,要求测量最大不失真输出动态范围(此时输入信号频率统一为 1 kHz)V_{opp} 和放大器的幅频特性(测量放大器幅频特性时通带输出电压峰峰值统一为 1 V)。直流电源电压 $V_{CC} = +8$ V, $V_{SS} = -8$ V。

(2) 运放积分电路和微分电路设计与测试:

① 运放积分电路 输入 1 kHz 频率的矩形波 $V_{ipp} = 5$ V, 调节积分电路时间常数,使输出三角波的 $V_{opp} = 2.5$ V 。

② 运放微分电路 输入 1 kHz 频率的三角波 $V_{ipp} = 2.5$ V,调节微分电路时间常数,使输出方波的 $V_{opp} = 5$ V。

注意设计电路时要考虑运放的负载能力和功耗(最大 500 mW),运放输出端等效的负载电阻不可过小,但是运放外接电阻也不可过大,过大会影响放大器的幅频特性、输入输出阻抗、失调等。

四、实验要点

(1) 运放基本应用电路实验要求掌握运放几种基本应用电路各自的特点,明白在什么情况下应该使用什么类型的电路,而不是仅仅做出一个实验结果或照搬别人设计的电路;另一个要点是要掌握运放在实际应用中要考虑的各种条件和限制,例如功耗、带宽、失调、电源电压、输入阻抗等,了解在什么情况下使用什么类型的运放。

(2) 掌握运放基本应用电路的参数设计过程。运放实验的一个难点是在出现故障或输出波形不正确时,不少同学不会调试电路,不明白问题的原因也就无从下手。其实还是要从运放输入输出端工作点入手,先检查电源电压,再检查运放同相端反相端电压和输出电压,在运放负反馈线性应用时,运放的同相端反相端和输出静态电压都应为零(同相端反相端有非零直流偏置以及运放输出有失调除外),然后再检查电路的交流信号通路。即按照先电源、后静态工作点、再交流信号通路的步骤进行排查,一步步找到问题的原因。

(3) 注意运放负反馈放大器实验中经常出现的寄生振荡现象,进一步理解电源退耦和负反馈放大器频率补偿的作用。

五、思考题

(1) 在运放基本应用电路实验中,电阻取值过大和过小有什么坏处? 实现同样的电压增益,同相放大器和反相放大器有哪些区别? 在同相放大器和反相放大器中应采取哪些措施减小放大器的失调和直流漂移?

(2) LF353 和 LM358 能否在单电源供电的情况下正常工作? 如不能应采取什么措施? 请用 ORCAD 具体仿真一下。

(3) LF353 在双电源供电情况下,假定被放大信号是平均值为零的正弦小信号,要求放大后的信号平均值是 2 V,应该对放大电路采取什么措施?

(4) 一般普通运放电源电压是有限制的,要在负载上得到高于运放电源电压的输出信号,应采取哪些措施?

(5) 如果负载电阻是 8 Ω,为了在负载上得到交流信号 5 W 的功率,能否将 8 Ω 直接与运放输出端相连? 如不能应采取哪些措施实现?

(6) 请推导出运放积分和微分电路实验中输入输出三角波和方波之间的幅度关系。

(7) 在基本运放实验中,主要做了电压信号放大,请用运放设计电路实现电流信号的放大和测量,如将光电池中的电流信号放大 100 倍,并驱动动圈式电流表测量出来。

(8) 运算放大器产生自激的原因有哪些? 应针对不同原因的自激采取哪些措施避免?

实验 2-2 测量放大器

本实验将通过一个测量放大器的设计与实现,来掌握用运放构成放大器和有源滤波器的方法,进一步提高电路调试的能力。此测量放大器具有很高的输入阻抗和共模抑制比,是比较适用的一种经典电路,用运放构成的有源滤波器可以方便地改变电路的通频带。与分离元件放大器比较,在低频范围内采用运放会具有许多优点。

一、实验原理

测量放大器电路原理图如图 2-6 所示。

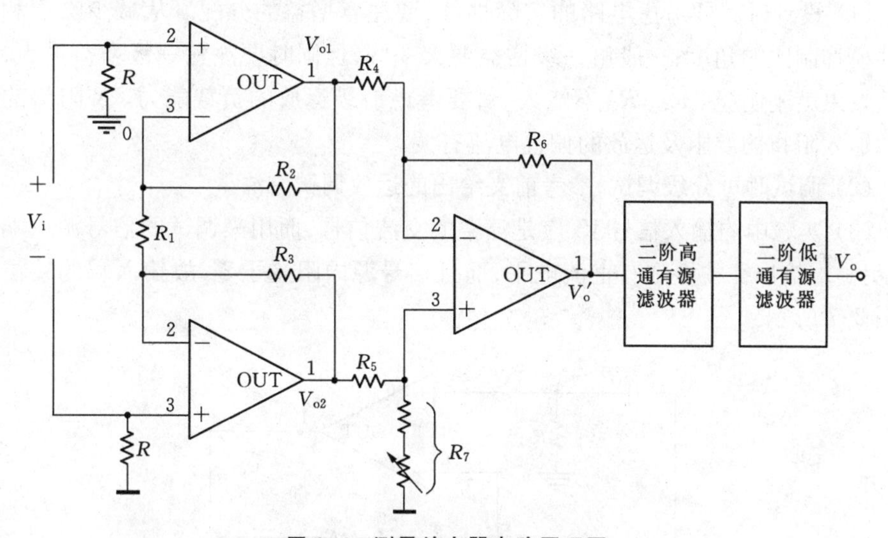

图 2-6　测量放大器电路原理图

在差模信号的作用下,若输入端两运放的特性相同,且 $R_2 = R_3$, $R_6 = R_7$, $R_4 = R_5$,则

$$K_1 = \frac{V_{o1}}{V_s/2} = 1 + \frac{2R_2}{R_1} \tag{2-1}$$

$$K_2 = \frac{V_o'}{V_{o2} - V_{o1}} = \frac{R_6}{R_4} \tag{2-2}$$

$$K_{vd} = \frac{V_o'}{V_s} = -\left(1 + \frac{2R_2}{R_1}\right) \cdot \frac{R_6}{R_4} \tag{2-3}$$

运放特性完全对称时,两级总的共模放大倍数为零,但在实际运用中,由于运放的不完全对称,使共模放大倍数不为零。其中有源滤波器的设计请参考本单元的附录 2-2。

二、预习要求

预习本书和课件的测量放大器和有源滤波部分,根据实验要求进行电路参数设计并进行 ORCAD 仿真。

三、设计及调试注意事项

(1) 设计时就要考虑电路的实际性能,要注意增益的分配。从减少噪声和提高共模抑制比的角度,一般第一级增益要大一些,但同时要注意一级增益过大,负反馈效果就不明显。R_4、R_6 不能太小,要考虑前级运放的负载能力。R 阻值的选取和输入阻抗的要求及运放的偏置电流有关。

(2) 调试时可分级调试,参考前文给出的运放调试方法。

(3) 实验中的输入信号 V_s 应是浮空的交流信号,而用来调试的信号源一端接地,另一端输出往往叠加有直流电平,而且信号源内阻趋于零,故输入端的接法可如图 2-7 所示。

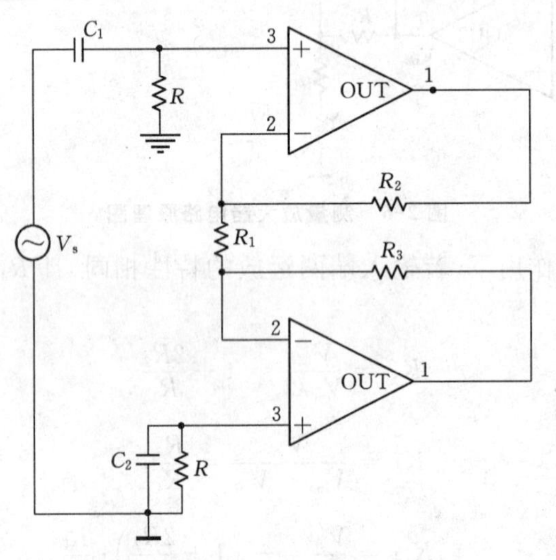

图 2-7 测量放大器电路输入端接法

图 2-7 中的 C_1 是隔直电容，对低频特性有影响，故不能取得太小，C_2 使信号源另一端交流接地，又不影响直流平衡。

(4) 在测量滤波器的幅频特性时，可以用示波器直接观察信号频率为 1 Hz 时的波形衰减情况，也可以利用相位法进行测量，如图 2-8 所示，在转折频率处 V_o 和 V_i 相差 90°，此时测得的是一正椭圆。

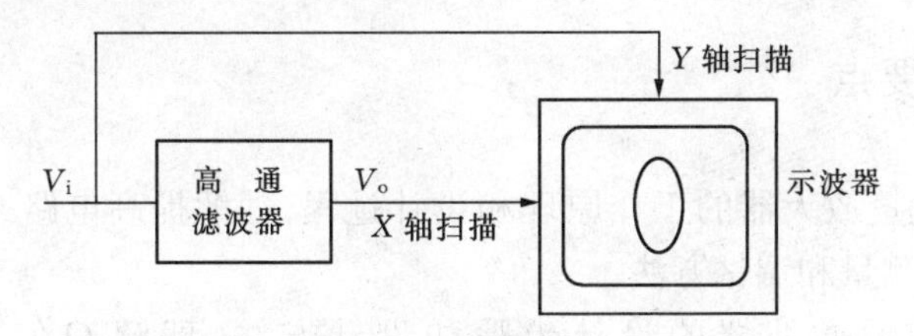

图 2-8　相位法测量滤波器的幅频特性

四、实验内容

(1) 设计并实现图 2-6 所示的测量放大器，要求：

① 当输入信号的峰-峰值 $V_{spp} = 1$ mV 时，输出信号的峰-峰值 $V_{opp} = 1$ V。

② 输入阻抗：$R_i > 1$ MΩ。

③ 频率特性：$\Delta f(-3\ \text{dB}) = 1\ \text{Hz} \sim 1\ \text{kHz}$。

④ 共模抑制比：$CMRR > 70$ dB。

(2) 将低通滤波器的 f_h 改为 30 Hz，观察人体心电信号，若 50 Hz 干扰太大，再增加一级带阻滤波器，测量心电信号的连接方法如图 2-9 所示，人体通过心电探头(也可看成和人体接触良好的导体)和测量放大器的输入端相连，心电信号的幅度为 mV 数量级。

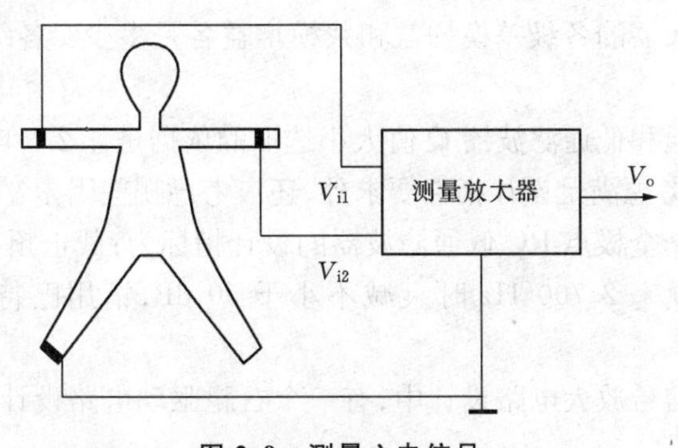

图 2-9　测量心电信号

实验报告要求有以下内容：

① 设计过程；

② 各项指标的测试方法、条件和测试结果(数据处理)；

③ 对实验过程中的问题、误差等进行分析和讨论；

④ 对运放电路的调试方法进行小结。

五、实验要点

(1) 掌握测量放大器的工作原理和设计过程，理解提高电路 CMRR 的意义，掌握 CMRR 的测量和调试方法。

(2) 掌握有源滤波器的设计步骤和设计方法，理解 Q 值的含义和取值依据。

(3) 注意在选做实验中，50 Hz 陷波电路有两种设计方法：一种是按照本书的设计方法，令 R_4 为开路，通过设计 R_2 和 R_1 的比值来确定 Q 值；另一种设计方法是令 $R_1 = R_2$，通过设计 R_3 和 R_4 的比值来确定 Q。

六、思考题

(1) 测量放大器的输入阻抗是从两个输入端看进去的阻抗，你所测量的输入阻抗与此是否一致？

(2) 你对实验中选取电阻、电容等元件值有何体会？

七、补充深入思考问题

(1) 测量放大器的各级差模增益和共模增益各是多少？各级放大器增益分配应考虑哪些因素？

(2) 有源高通和低通滤波器 Q 值大小选取的依据是什么？电路中电阻和电容大小的选取除了考虑满足设计指标要求外，还应考虑哪些因素？

(3) 假定一个全极点 RC 低通滤波器的设计指标为：截止频率 900 Hz，通带波动 2.5 dB，阻带频率 2 700 Hz 时衰减不小于 50 dB，请用巴特沃斯滤波器设计实现。

(4) 在心电信号放大电路设计中，有一个右腿驱动电路设计，请问该电路的作用是什么？

实验 2-3 晶体管输出特性曲线测试电路

在本实验中,将通过晶体管输出特性曲线测试电路的设计,掌握运放电路产生各种波形的方法,并对波形的产生、测量和显示有进一步的认识。

一、实验原理

晶体管输出特性曲线是以基极电流 I_b 为参变量,反映集电极电流 I_c 与集电极和发射极之间电压 V_{ce} 的关系曲线,就是由 $I_c = f(V_{ce}, I_b)$ 表示的一簇曲线。其中每一条曲线表示 I_b 不变时 I_c 与 V_{ce} 之间的变化关系。此曲线可在示波器上显示出来,Y 轴表示 I_c,X 轴表示 V_{ce},若要显示一簇不同 I_b 时的曲线,基极电流可以是按某一固定常数逐级增加的阶梯波,集电极电压可以是从零变化到某一电压又回到零值的波形,如正弦波全波整流后的波形是从零值开始的锯齿波。在现在常用的晶体管图示仪中,由于要达到一定的电流及电压,故采用市电全波整流后的信号产生 V_{ce}。

在本实验中由运放产生一锯齿波作为 V_{ce},锯齿波的周期与基极阶梯波每一级的时间严格同步。阶梯波有多少级,就可以显示多少根 $I_c = f(V_{ce}, I_b)$ 曲线。一般要求阶梯波有 4～12 级。另外为了使示波器上显示的波形不闪烁,则显示输出特性曲线图形的频率要大于 50 Hz,如周期过长,由于示波管余辉较短,图形就会感觉到闪烁。

晶体管输出特性曲线测试电路的原理方框图如图 2-10 所示,具体线路见图 2-11。

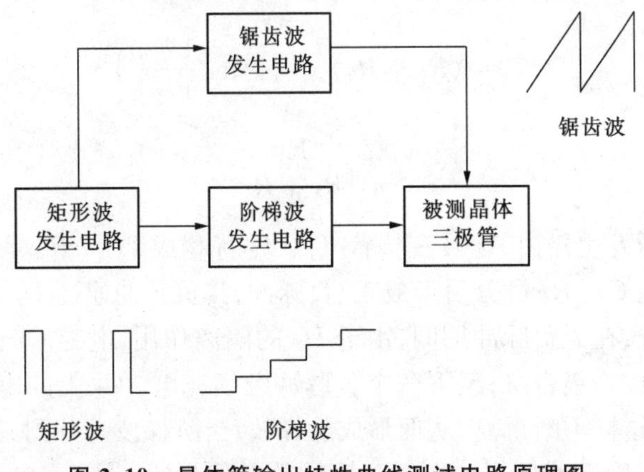

图 2-10　晶体管输出特性曲线测试电路原理图

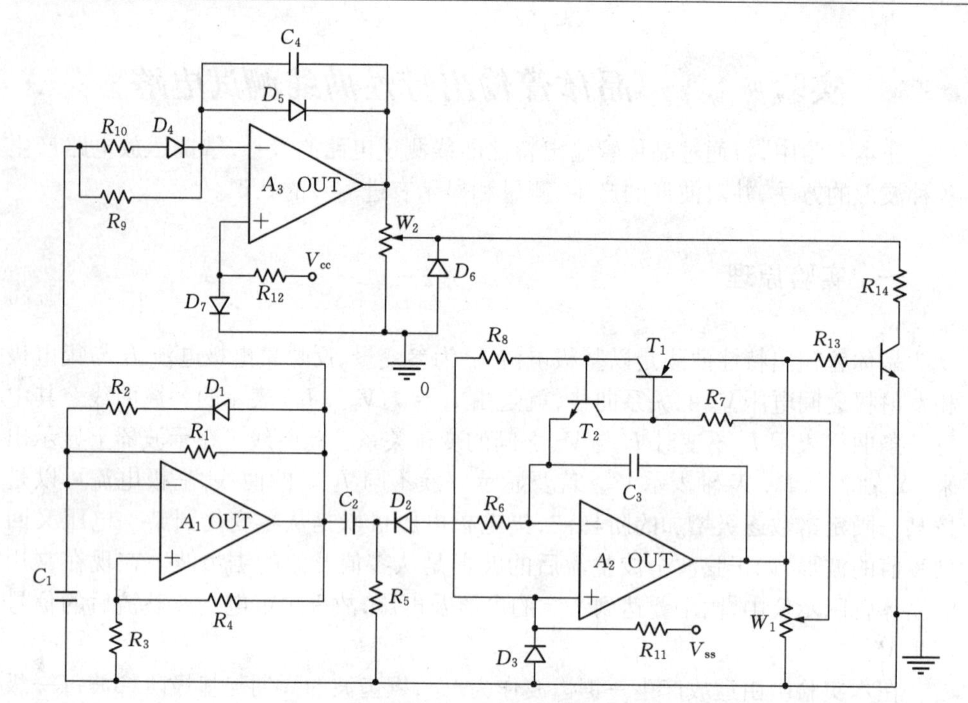

图 2-11　晶体管输出特性曲线测试电路线路图

矩形波发生器由运放 A_1 构成，矩形波的占空比约为 5%，A_1 作为比较器，当输出 V_o 为 $+E_o$ 时，V_o 通过 R_2 对 C_1 充电，当比较器负端电压大于正端电压 $V_+=E_o\cdot R_3/(R_3+R_4)$ 时，比较器翻转，输出 V_o 为 $-E_o$，此时的正端电压 $V_+=-E_o\cdot R_3/(R_3+R_4)$；接着电容 C_1 开始反向充电，当负端电压低于 $V_+=-E_o\cdot R_3/(R_3+R_4)$ 时，比较器又一次翻转，如此不断重复而产生矩形波。矩形波的周期为

$$T=(R_1+R_2)\cdot C_1\cdot \ln\left(\frac{1+\beta}{1-\beta}\right) \tag{2-4}$$

其中

$$\beta=\frac{R_3}{R_3+R_4} \tag{2-5}$$

阶梯波电压发生器由 A_2 及三极管 T_1、T_2 等构成，C_2、R_5 是微分电路，由 A_1 输出的矩形波经 C_2、R_5 微分后形成正、负脉冲，其负脉冲通过 D_2、R_6 对 C_3 充电，使电压迅速上升，在无负脉冲期间，由于 D_2 的隔离作用，电容 C_3 保持负脉冲充电电压，输出就形成一级台阶；至下一个负脉冲继续充电，C_3 上的电压上升，输出又产生一级台阶，这样不断重复，从而形成阶梯波，当阶梯波上升到某一电压时，原来截止的两个三极管迅速导通，电容 C_3 立即放电到起始电压（零电平附近），从而产

生有一定周期的阶梯波。

T_1 的 be 结偏压是由电位器 W_1 的活动抽头与 A_2 输出端之间的电压所决定。当 be 结的偏压大于其导通电压时，T_1 导通，其集电极电流在 R_8 上形成电压，当此电压大于 T_2 的 be 结导通电压时，T_2 开始导通，T_2 的集电极电压下降使 T_1 进一步导通；T_1 集电极电流的增加也使 T_2 进一步导通，形成一正反馈过程，这样 T_1、T_2 便迅速饱和导通，使电容 C_3 通过两个三极管迅速放电，阶梯波回到起始电压，可见调节 W_1 抽头的位置，即可改变阶梯波电压的最大值。

阶梯波每一级阶梯电压 ΔV 与负脉冲电压大小、电阻 R_6 及电容 C_3 有关，阶梯电压上升速度与 R_6、C_3 有关。阶梯波的级数受电源电压的限制，且与每级阶梯电压有关。最多阶梯数 $n = E_o/\Delta V$，其中 ΔV 是每一级阶梯电压，E_o 是运放的最大输出电压。

锯齿波发生电路由 A_3 构成，A_1 产生的矩形波输入到 A_3 构成的积分电路，在 95%的负电压期间 A_3 积分输出电压增长，在 5%左右的正电压期间，C_4 通过 R_{10}、D_4 迅速放电，使输出回到零电平附近。充放电时间要匹配，需要 $R_9 \gg R_{10}$，这样就产生了一个与矩形波、阶梯波严格同步的锯齿波。其中 D_7、D_5 是为了保证锯齿波从零电平开始，起箝位的作用。W_2 用来调节输出电压的幅度。

被测的 NPN 三极管可如图 2-11 接入，要注意的是稳压电源的电压零值端不要与外壳或示波器的接地端相连，图 2-11 所示示波器的接地端与被测三极管的集电极相连，Y 轴输入端与 W_2 的活动端相连，Y 轴为 R_{14} 上的电压，此电压与 I_c 成正比，用来代表 I_c，示波器 X 轴输入端与被测管的发射极相连，X 轴即为 $-V_{ce}$。适当调节示波器的灵敏度，就能在示波器上显示出晶体管的输出特性曲线。

二、预习要求

(1) 预习本书和课件的关于矩形波发生器、锯齿波发生器和阶梯波发生器的工作原理，掌握电路中各个参数的设计原理，并进行电路参数的初步设计和 ORCAD 仿真，应在仿真时用 ORCAD 实现被测三极管输出特性曲线的显示。

(2) 预习时应理解三极管输出特性曲线的测量方法，理解示波器探头 CH1 和 CH2 的连接方式与输出特性曲线之间的关系。

三、实验内容

1. 设计要求

(1) 矩形波的 $f \geqslant 500$ Hz，占空比为 5%。

(2) 阶梯波的级数能从 4～10 变化，ΔV 为 1 V。

(3) 锯齿波、阶梯波从零值附近开始。

2. 电路安装

安装线路时要注意元器件布局、连线整齐可靠。

3. 调试及测量

(1) 可按 A_1、A_2、A_3 的次序逐块调试。

(2) 根据测量结果，修正电路参数至符合设计要求，并分析设计和测量之间产生误差的原因，必要时可测量相应的运放参数。

(3) 各级输出波形符合要求后接入被测三极管，参照原理部分观察输出特性曲线。

(4) 记录主要波形，测量实际所用的元件值，对实验现象进行分析解释。

4. 自己设计放电电路

在阶梯波发生电路中，也可用三极管或场效应管和运放构成放电电路，根据已学知识自行设计实现此电路。

5. 实验报告

写出设计过程，记录各项指标的测试方法、测试结果并进行数据处理，对实验调试中遇到的问题、实验误差等联系运放的特性进行分析讨论。

四、实验要点

(1) 该实验中矩形波发生器属于运放的非线性应用，它实际上是一个迟滞比较器加 RC 延迟电路构成的振荡器，锯齿波发生器和阶梯波发生器实际上是运放积分电路的具体应用。该实验的难度有两个：一个是电路参数不会设计；另一个是在出现故障或输出波形不符合要求时，不少同学不会调试电路。不明白问题的原因也就无从下手，其实还是要从运放输入输出端工作点入手。例如矩形波发生器不振荡，应先检查电源电压，再检查运放输出电压；如输出电压为正向饱和电压，那么同相端电压是 R_3R_4 分压，任何一个节点电压不对都会导致电路不工作。再如锯齿波电路，同相端电位应该是 0.7 V，由于 A_3 工作在线性积分状态，反相端电位也应该是 0.7 V，输出波形如为从 0 起的锯齿波，则电路工作正常，如输出为正向饱和电压，说明 C_4 放电回路有问题，如放电不彻底(放电时间常数过大)，输出波形会在正向饱和压降基础上叠加小的锯齿波；如充电时间常数过大，则输出会是在 0 电平上叠加小的锯齿波；如充电时间常数过小，则输出会出现提早削顶的锯齿波。阶梯波电路是该实验的难点，仍应先进行运放各个管脚工作点的测量，例如输出为正向饱和电压，说明 C_3 已经充电完成，转动 W_1，T_1T_2 电路应该迅速启动而饱和导通，C_3 迅速放电，输出端电压应降为 0 电平，运放各个管脚工作点和 T_1T_2 电路任何一个环节故障，上述过程都不会发生，至于阶梯波高度或阶数不符合要求，则应在理解电路基础上学会调节电路参数以实现。

(2) 实验预习时应先进行电路参数的初步设计和 ORCAD 仿真，注意电路中的电容电阻取值要合适，与运放输出端相连的电阻原则上大部分应取千欧以上数量级，但是也不可以过大。应在仿真时用 ORCAD 实现被测三极管输出特性曲线的显示。

(3) 该实验的另一个难点是如何用示波器实现被测三极管输出特性曲线的显示，应在指导教师讲解下，理解示波器探头 CH_1 和 CH_2 的连接方式与输出特性曲线之间的关系。

五、思考题

(1) 为什么在晶体管输出特性曲线的显示图形上会有回扫线？有什么有效的解决方法吗？

(2) 若要使输出特性曲线的显示更符合平时的习惯，即 X 轴应显示 V_{ce} 而不是显示 $-V_{ce}$，可做怎样的改进？

(3) 谈谈对该电路实用化的进一步设想。

(4) 迟滞比较器加 RC 延迟环节可以构成振荡器，在晶体管输出特性曲线测试电路中矩形波发生器就是这样构成的，如何改造电路以实现输出波形占空比可从 10% 到 90% 调节？

实验 2-4　功率放大电路

功率放大电路属于功率电子电路的一种，功率电子电路要求能够高效率地实现能量变换和控制。常用的功率电子电路主要有功率放大电路和电源变换电路，功率放大电路能够将直流电源功率高效率地转换为输出信号功率，广泛应用于通信、音响等各种电子设备中。在功率放大器中，除了要求实现一定的功率增益外，安全、高效率和小失真地输出所需要功率也是衡量电路性能的重要指标。功率放大器中的放大管往往工作在乙类、丙类或丁类，目的就是提高放大器的效率，但是也带来了输出波形失真等问题，需要在电路中采取必要的措施。电源变换电路是对电源能量（交流电能和直流电能）进行变换的电路，主要应用在电源设备、电力系统和工业控制系统中。常用的电源变换电路包括将电网交流电变换成稳定的直流电、直流—直流变换器、将直流电能变换成不同幅值和频率的交流电能、交流—交流变换器等，其要求仍然是安全和高效率。本单元主要通过大功率音频功率放大器实验，掌握运放功率扩充电路的设计方法和实际应用注意事项。

一、实验原理

一般通用型运放输出电流多为十几毫安，输出电压范围在电源范围之内（如电源为±15 V，输出电压大致为±13 V），最大功耗一般在 500 mW 左右，可以通过简单的方法扩大运放的输出功率。图 2-12 中的图(a)、图(b)、图(c)是 3 种扩大运放功能的放大器原理图。

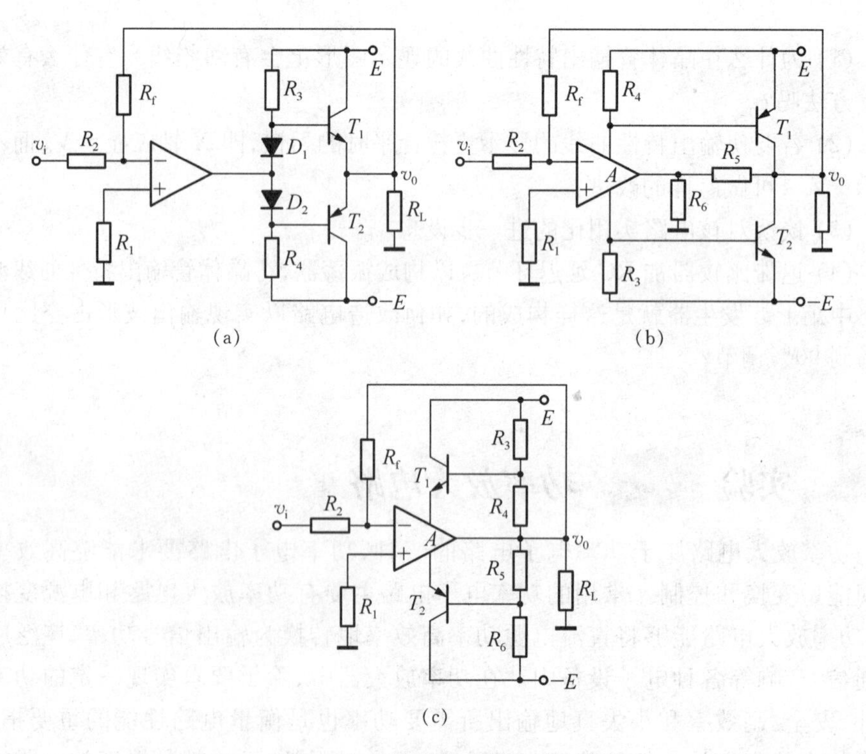

图 2-12 扩大运放功能的放大器

图 2-12 (a)所示电路是扩大输出电流，也就扩大了输出功率，由运放直接驱动乙类互补射极跟随器，另外电路引入电压并联负反馈，进一步稳定输出电压，减小输出电阻，提高带负载能力，当然实际应用时应加入保护电路。该电路的缺点是电源电压的利用率低，因为电阻 R_3、R_4 上有压降。

图 2-12 (b)也是扩大输出功率电路，它是利用运放电源电流驱动互补共发射极放大器，由于运放本身功耗很小，而且输出级工作在 AB 类，效率也高，当输出电流为几毫安时，电源电流大致与输出电流接近，电阻 R_3、R_4 将电源电流变化转换为电压送到 T_1、T_2 管的基极，于是在输出端得到较大的电压、电流变化。R_5 是 T_1、T_2 的电压负反馈电阻，R_f 是两级放大器的负反馈电阻，进一步稳定输出电压，减小输出电阻，提高带负载能力。R_6 是为提高电源电流变化增加的负载电阻。该电路特点是电源电压利用率高。

图 2-12 (c)是扩大输出电压范围的电路，图中 T_1、T_2 是两只反向击穿电压较高的晶体管，运算放大器处在正负电源浮动的共模状态下工作。设电源电压为 ±30 V，如果 $R_3 = R_4 = R_5 = R_6$，则当运放输出为零时，加到运放正负电源端的电压为±14.3 V，处于对称状态；但当运放输出电压不为零时，则加到运放正负电源端的电压不对称，相当于有直流共模信号作用于运放，此时运放最大输出电压范围与运放自身的共模范围有关。

该实验的目的是掌握 OCL 功率放大器的工作原理和性能特点，了解扩大运放输出功率的方法和原理，掌握功率放大电路的调试和主要性能以及测试方法。

二、预习要求

理解运放功率扩充电路的工作原理，预习大功率音频功率放大器的实验步骤、效率测量方法和计算方法。

三、实验内容

1. 实验器件

LF353 运放一个，S8050(NPN 中功率三极管)一个，S8550(PNP 中功率三极管)一个，2N3055(NPN 大功率三极管)一个，MJ2955(PNP 大功率三极管)一个，2CK(开关二极管)两个，散热片两片，8 Ω、10 W 电阻一个，1 Ω、1 W 电阻 4 个，0.5 Ω、0.5 W 电阻 4 个，1 kΩ 电位器一个。

2. 实验步骤与内容

(1) 按照图 2-13(a)和(b)分别连接电路(连接电路请务必确认电源、信号源处于“OFF”状态),直流电源正负电源电压调到±9 V,信号源调为 1 kHz、幅度为 0.2 V 的正弦波,为了实现 10 倍的信号电压增益,请自行设计 R_1、R_2、R_f,将 1 kΩ 电位器 Rp 调到 0 Ω(可用万用表测量 Rp 两端的电阻,直到调为零后再接到电路中)。打开电源、信号源,调试电路至输出正弦波幅度正常。

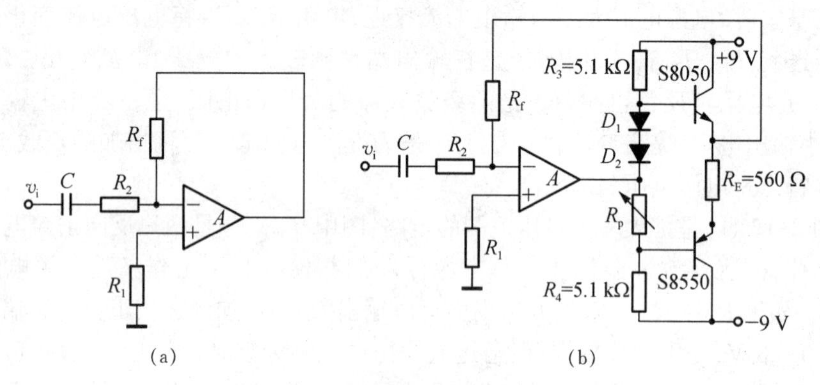

图 2-13 乙类功率放大器测试电路

(2) 关闭直流电源和信号源,请务必确认电源、信号源处于“OFF”状态,如图 2-14 所示连接电路,将直流电源正负电源电压调到±9 V,输出电流调到±0.5 A,反复检查电路,确保电路连接无误并征得指导教师同意后,再接入直流电源。

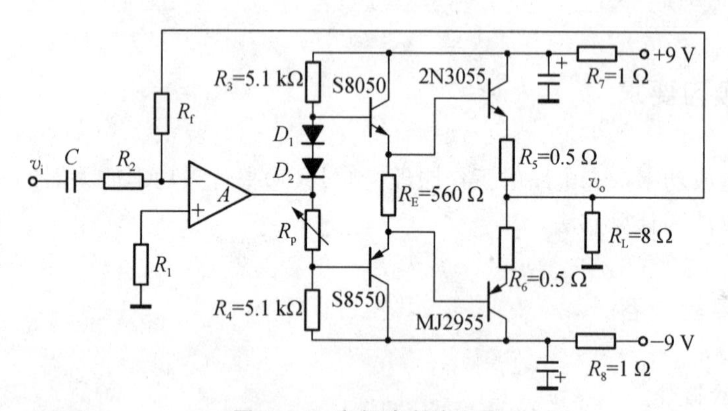

图 2-14 音频功率放大器

打开电源后请手摸一下大功率三极管和 8 Ω、10 W 电阻,检查有无发烫现象。若有请关断电源,再检查电路连接是否正确和 1 kΩ 电位器 Rp 是否调到 0 Ω。如果大功率三极管和 8 Ω、10 W 电阻无发烫现象,直接进入步骤(3)。

(3) 将信号源调为 1 kHz、幅度为 0.2 V 的正弦波，接入连接好的电路，在输出端 8 Ω、10 W 电阻用示波器可以观察到正弦波输出，调节示波器的水平和垂直旋钮，将波形在示波器屏幕上放大，可以观察到交越失真现象。缓慢调节 1 kΩ 电位器 Rp(使 Rp 缓慢增加)，可以看到输出正弦波交越失真减小，调节 Rp 直到输出正弦波交越失真现象刚好消失为止，注意此时不得再增加 Rp，否则会烧坏功率管。

(4) 测量直流电源提供的平均功率(可用示波器或万用表测量 R_7、R_8 两端对地的直流电位，并根据万用表测得的 R_7、R_8 电阻值求得直流电源输出平均电流)、8 Ω、10 W 电阻上的输出功率，并计算整个放大电路的效率。

(5) 再关断电源，将 1 kΩ 电位器 Rp 调到 0 Ω，逐步加大信号源输入正弦波的幅度，使输出波形幅度最大且不削波为止，调节 Rp 直到输出正弦波交越失真现象刚好消失为止，测量直流电源提供的平均功率，以及 8 Ω、10 W 电阻上的输出功率，并计算整个放大电路的效率。

四、实验要点

(1) 该实验工作电流比较大，一定要按照实验步骤分步进行实验，确保每个三极管特别是大功率三极管的 EBC 连接正确，开始实验时 8 Ω 负载先不要连接，当整个电路工作正常无误后再接入 8 Ω 负载。

(2) 尽管电路中某个三极管接触不良或连接不对或坏掉，甚至电阻取值不正确或接触不良，电路有可能仍有波形放大输出，但是电路的效率却比较小，在这种情况下要仔细检查每个三极管的工作点，判断其工作是否正常。

(3) 1 kΩ 电位器 Rp 开始时一定要置于电阻为零的位置，即使这样也有可能出现电路接触不良或连接错误而出现输出电流过大的情况，因此电源输出电流不要设置过大，一般设置在 0.5 A 以下。

五、思考题

(1) Rp 的作用是什么？为什么 Rp 太大会烧坏功率管？

(2) 为了防止电路自激振荡，应采取哪些措施？

(3) 为了进一步实现对输出功放管的保护，请你设计一个输出级保护电路。

(4) 大功率音频功率放大器实验测得的输出电压幅度与直流电源电压相差比较大，使得放大器的效率不高，具体原因是什么？如何进一步提高输出电压的幅度，从而提高放大器的效率？

(5) 如放大器采用同相放大,放大电路应如何修改?注意应使放大器直流增益趋于0,输出直流失调和漂移尽量小。

(6) 电路中560 Ω电阻起到什么作用?该电阻过大和过小的坏处是什么?

附　录

附录 2-1 运放应用电路

一、单元电路

1. 反相放大器

反相放大器的具体电路如图2-15(a)所示,放大倍数为

$$K_f = -\frac{R_f}{R_1}$$

当 $R_f = R_1$ 时, $K_f = -1$, 为反相跟随器。

选择 $R_2 = R_1 // R_f$ 可以减小电路失调,本电路 R_i、R_o 的阻值较小。

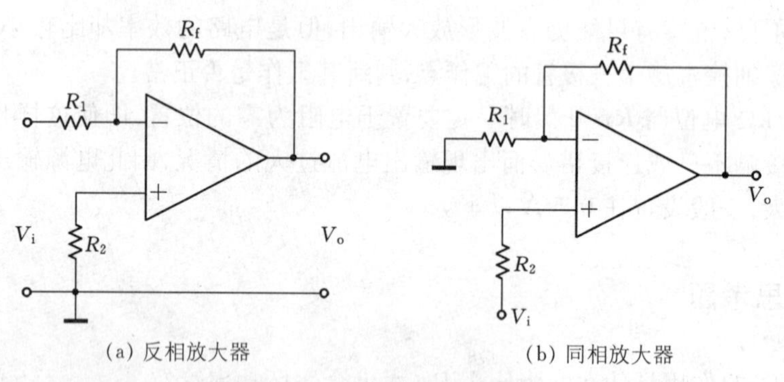

(a) 反相放大器　　(b) 同相放大器

图 2-15　反相与同相放大器

2. 同相放大器

同相放大器的具体电路如图2-15(b)所示,放大倍数为

$$K_f = 1 + \frac{R_f}{R_1} \tag{2-6}$$

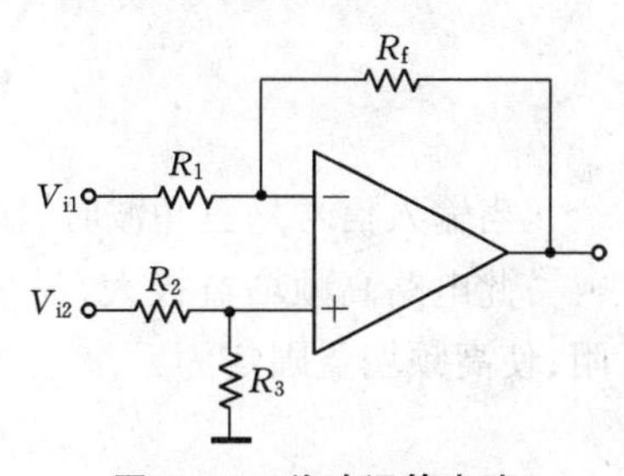

图 2-16　差动运算电路

当 R_1 趋于∞时，$K_f=1$，为同相跟随器。

本电路输入电阻较大，常用做隔离级。

3. 差动运算电路

差动运算电路如图 2-16 所示，其输出电压

$$V_o=\frac{R_3}{R_2+R_3}\cdot\frac{R_1+R_f}{R_1}V_{i2}-\frac{R_f}{R_1}V_{i1} \quad (2\text{-}7)$$

当 $R_1=R_2=R_3=R_f$ 时，$V_o=V_{i2}-V_{i1}$，差动电路就成为减法器。

当 $V_{i2}=V_{i1}=V_R$，$R_1=R_2=R_3=R$，$R_f=R+\Delta R$ 时，

$$V_o=-\frac{V_R}{2R}\Delta R \quad (2\text{-}8)$$

当 R_f 为热敏、压敏电阻时，此电路即为传感放大器。

4. 基本积分电路

基本积分电路如图 2-17(a)所示，积分电压

$$V_o(t)=-\frac{1}{RC}\int_0^t V_i(t)\cdot dt+V_c(0) \quad (2\text{-}9)$$

为了减小输出端的直流漂移，将 R_f 与 C 并联。当输入信号为矩形波时，输出为三角波。若 RC 太大，则输出三角波幅度较小，不宜进行观察；若 RC 太小，则输出三角波峰值将超出放大器动态范围而产生削波。

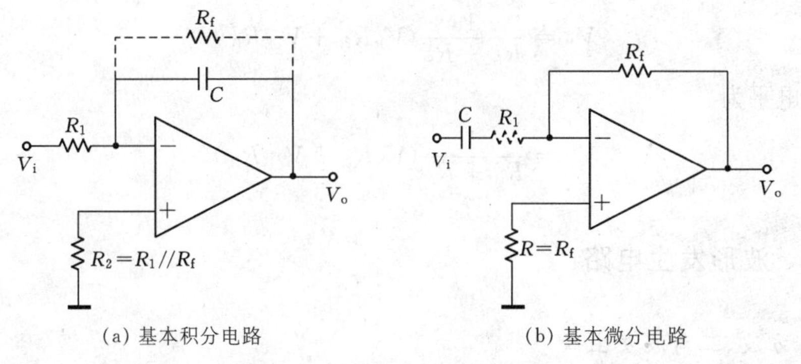

(a) 基本积分电路　　(b) 基本微分电路

图 2-17　基本积分与微分电路

5. 基本微分电路

基本微分电路如图 2-17(b)所示，其输出电压

$$V_o(t) = -RC\frac{dV_i(t)}{dt} \tag{2-10}$$

当输入信号是三角波时,输出矩形波。

此电路高频增益极大,易引入高频干扰和自激,故要在输入端串入一个小电阻,使高频增益固定为

$$K_f = -\frac{R_f}{R_1} \tag{2-11}$$

6. 过零比较器和迟滞比较器

过零比较器如图 2-18(a)所示,这是一个参考电压为零的比较器,当输入每改变一次极性,比较器输出就改变一次状态。

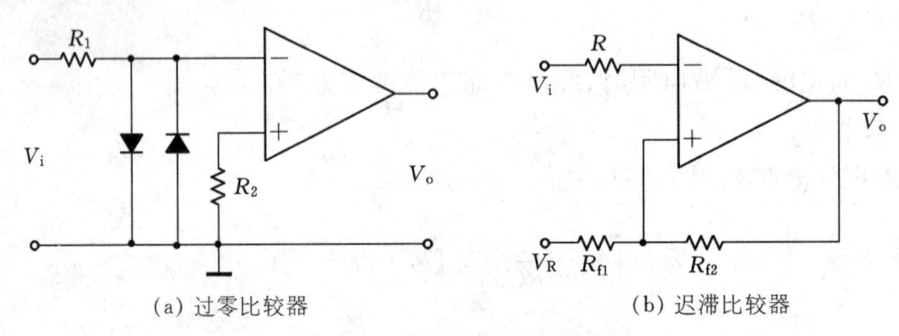

(a) 过零比较器　　(b) 迟滞比较器

图 2-18　过零与迟滞比较器

迟滞比较器如图 2-18(b)所示,设比较器输出高电平为 V_{oH},低电平为 V_{oL},则下门限电平为

$$V_1 = \frac{1}{R_{f1}+R_{f2}}(V_R R_{f2} + V_{oL}R_{f1}) \tag{2-12}$$

上门限电平为

$$V_2 = \frac{1}{R_{f1}+R_{f2}}(V_R R_{f2} + V_{oH}R_{f1}) \tag{2-13}$$

二、波形发生电路

1. 方波、三角波发生器

方波、三角波发生器如图 2-19 所示,图中前一级运放 A_1 构成迟滞比较器,后一级运放 A_2 构成积分器,当 A_2 的输入信号 V_{o1} 为方波时,则输出 V_o 为三角波。若双向稳压管的稳压值为 E_w, R_w 的分压系数为 α_w,则波形的周期为

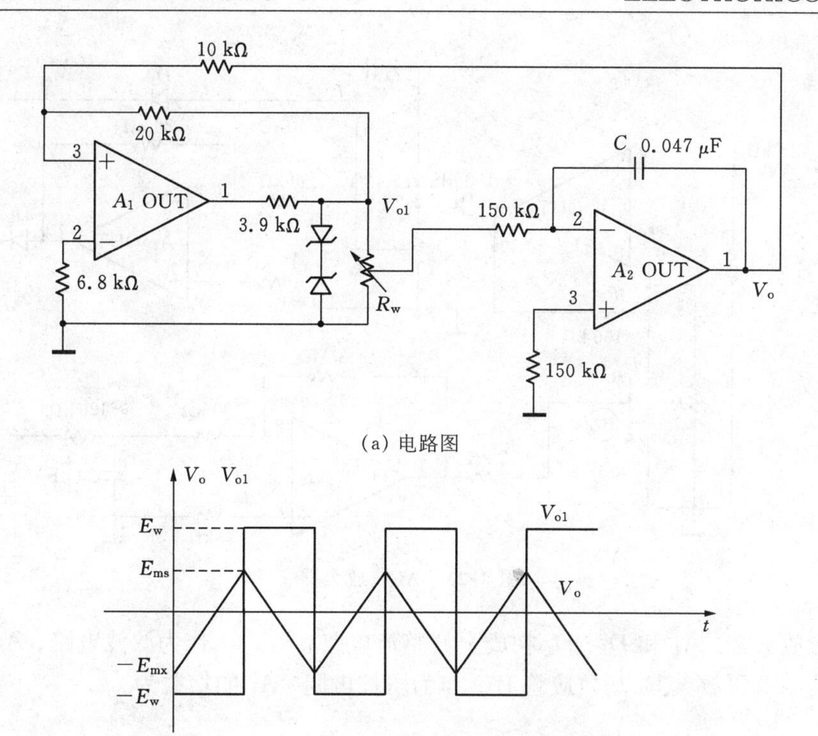

(a) 电路图

(b) 波形图

图 2-19　方波和三角波发生器

$$T_1 = T_2 = \frac{2RR_fC}{R_f\alpha_w} \tag{2-14}$$

2. 文氏电桥正弦波发生器

正弦波发生器电路如图 2-20 所示,其振荡频率为

$$f = \frac{1}{2\pi RC}$$

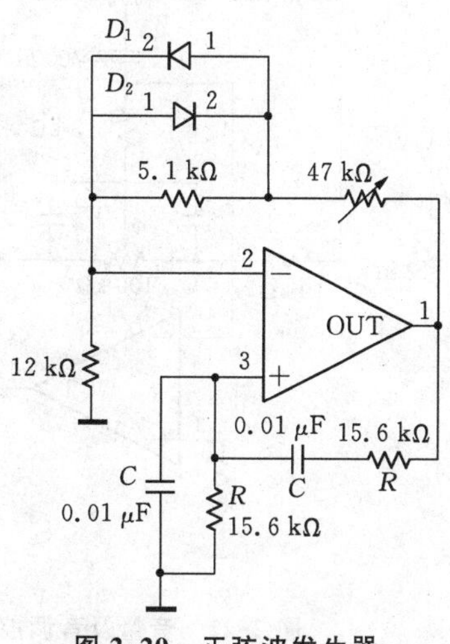

图 2-20　正弦波发生器

三、自动增益控制(AGC)放大器

当场效应管处在预夹断区时,可以工作在可变电阻状态,这样场效应管就成为电压控制的电阻,将此特性和运算放大器配合,就可构成增益由输出电压控制的放大器。在图 2-21 所示的电路中,A_1

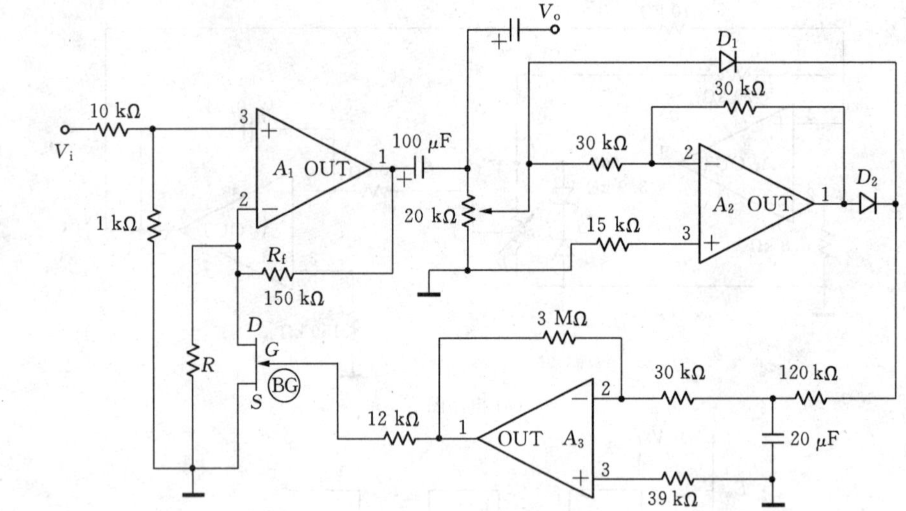

图 2-21　AGC 放大器

是被控放大器，A_2 和 D_1、D_2 构成全波整流电路，R_1、C_1 作为滤波电路，A_3 作为直流控制电压放大器，场效应管 BG 作为压控电阻，A_1 的增益为

$$K_{V_1} = \lambda \cdot \left(1 + \frac{R_f}{R \,/\!/\, R_{DS}}\right) \tag{2-15}$$

如果场效应管的控制电压增大，则 BG 的 R_{DS} 变小，从而使 K_{V_1} 变大。反之，如果控制电压减小，则 R_{DS} 变大，K_{V_1} 变小，当 V_{GS} 足够小使 BG 夹断时，则 $K_{V_1} = \lambda\left(1 + \frac{R_f}{R}\right)$。改变 R_1、C_1 可以改变控制特性。

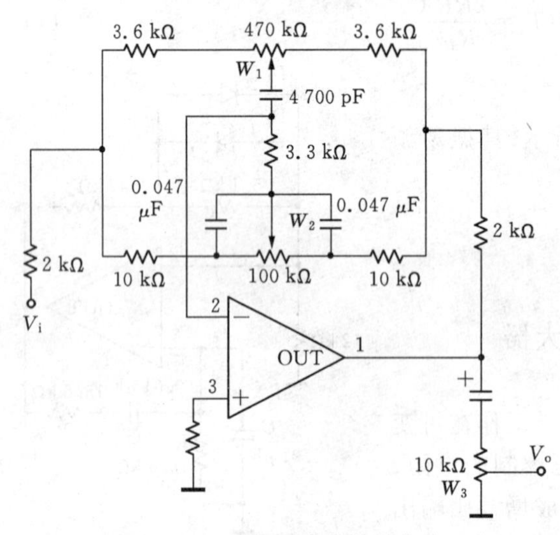

图 2-22　音量及音调控制电路

四、音量及音调控制网络

音量及音调控制电路如图 2-22 所示，W_1 是高音控制电位器，W_2 是低音控制电位器，W_3 是音量控制电位器。传递函数可自行推导，推导中要注意近似化简。

五、程控增益放大器

图 2-23 是用四通道模拟集成开关和运放构成的简易程控放大器。4 个开关的通断受两个逻辑电平控制，从而可选择 4 种放大倍数，具体放大倍数请自行推导，程控增益放大器在微机自动控制中是很有用的。

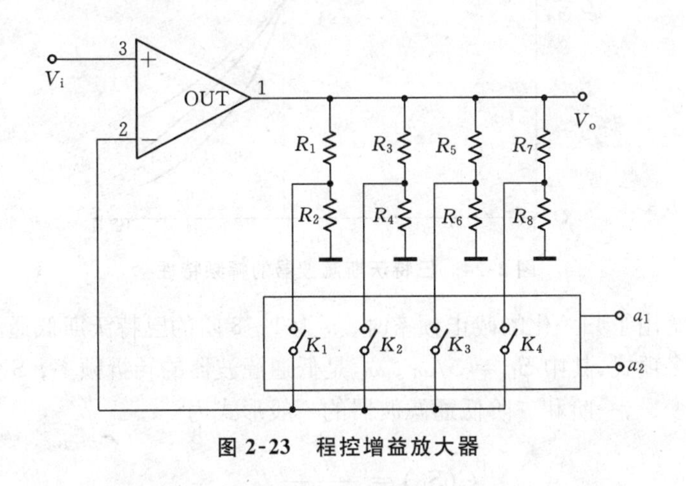

图 2-23　程控增益放大器

附录 2-2　RC 有源滤波器的设计

由有源器件和电阻、电容构成的滤波器称为 RC 有源滤波器。利用运放和 RC 元件可在超低频直至几百千赫兹的频率范围内组成具有各种滤波功能的有源滤波器，这种滤波器的主要优点是：体积小价格廉；需要阻抗匹配且可具有一定的增益；抗干扰能力强；截止频率低(可低至 10^{-3} Hz)。其主要缺点是：由于受运放带宽的限制，仅适用于低频范围。

滤波器通常有巴特沃斯(Butterworth)、切比雪夫(Chebyshev)等形式。本教材只讨论巴特沃斯型滤波器的设计，其他形式的滤波器请参阅其他书籍。低频巴特沃斯滤波器的幅频特性为

$$|G(j\omega)| = \frac{G}{\sqrt{1+\left(\frac{\omega}{\omega_0}\right)^{2n}}},\ n = 1,\ 2,\ 3,\ \cdots \tag{2-16}$$

其中 n 为滤波器的阶，n 越大滤波器越接近于理想特性，如图 2-24 所示，阻带衰减为 $-20n$ dB/十倍频或是 $-6n$ dB/倍频程。

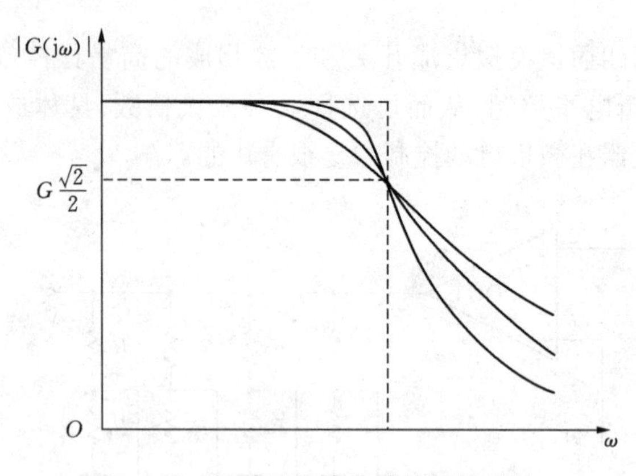

图 2-24 巴特沃斯滤波器的幅频特性

表 2-1 给出了归一化的截止频率时，n 为 1～8 阶的巴特沃斯低通滤波器传递函数的分母多项式，其中 $S_L = S/\omega_L$，ω_L 是低通滤波器的转折频率，S 为拉普拉斯变换中的复变量，一阶和二阶低通滤波器的一般形式为

$$\text{一阶}\begin{cases} G(S_L) = \dfrac{G}{S_L + 1} \\ G(S) = \dfrac{G\omega_L}{S + \omega_L} \end{cases} \tag{2-17}$$

$$\text{二阶}\begin{cases} G(S_L) = \dfrac{G}{S_L^2 + \dfrac{1}{Q}S_L + 1} \\ G(S) = \dfrac{G\omega_L^2}{S^2 + \dfrac{\omega_L}{Q}S + \omega_L^2} \end{cases} \tag{2-18}$$

对照表 2-1 可知，任何高阶滤波器都可由一阶和二阶滤波器串联而成，设计大致可分为以下几步：

(1) 根据衰减要求确定滤波器的阶数 n。

(2) 选择具体的电路形式。

(3) 根据电路的传递函数和查表 2-1 后得到的滤波器的传递函数，建立起系数的恒等方程组。

(4) 解方程组得到电路中元件的具体数值。

表 2-1　归一化巴特沃斯低通滤波器传递函数的分母多项式

n	$G(S_L)$
1	S_L+1
2	$S_L^2+\sqrt{2}S_L+1$
3	$(S_L^2+S_L+1)(S_L+1)$
4	$(S_L^2+0.76537S_L+1)(S_L^2+1.84776S_L+1)$
5	$(S_L^2+0.61807S_L+1)(S_L^2+1.61803S_L+1)(S_L+1)$
6	$(S_L^2+0.51764S_L+1)(S_L^2+\sqrt{2}S_L+1)(S_L^2+1.93185S_L+1)$
7	$(S_L^2+0.44504S_L+1)(S_L^2+1.24698S_L+1)(S_L^2+1.80194S_L+1)(S_L+1)$
8	$(S_L^2+0.39018S_L+1)(S_L^2+1.11114S_L+1)(S_L^2+1.66294S_L+1)(S_L^2+1.96157S_L+1)$

高通、带通、带阻滤波器，经过一定的频率变换后，其设计方法和低通滤波器相同。

一、二阶低通、高通、带通、带阻滤波器常见的电路形式及特点简介

1. 二阶低通滤波器

二阶压控低通滤波器电路如图 2-25 所示。图中各元件和系数的关系为

$$\frac{\omega_L}{Q}=\frac{1}{R_2C_1}(1-G)+\frac{1}{R_1C}+\frac{1}{R_2C} \tag{2-19}$$

$$G=1+\frac{R_4}{R_3} \tag{2-20}$$

$$\omega_L^2=\frac{1}{R_1R_2C_1C} \tag{2-21}$$

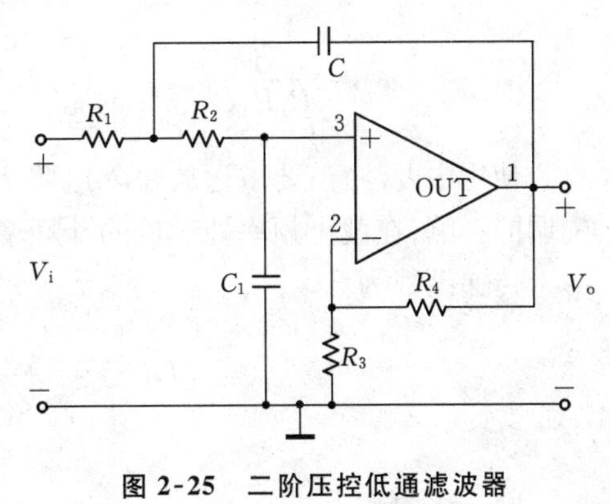

图 2-25　二阶压控低通滤波器

该电路的特点为：输出阻抗低，元件值分布范围小，增益容易调整。使用中要注意运放输入电阻必须大于 $10(R_1+R_2)$，输入端到地要有直流通路，在截止频率处运放的开环增益至少是滤波器增益的 50 倍。传递函数见前表 2-1。

二阶无限增益多路反馈低通滤波器电路如图 2-26 所示。图中各元件和系数

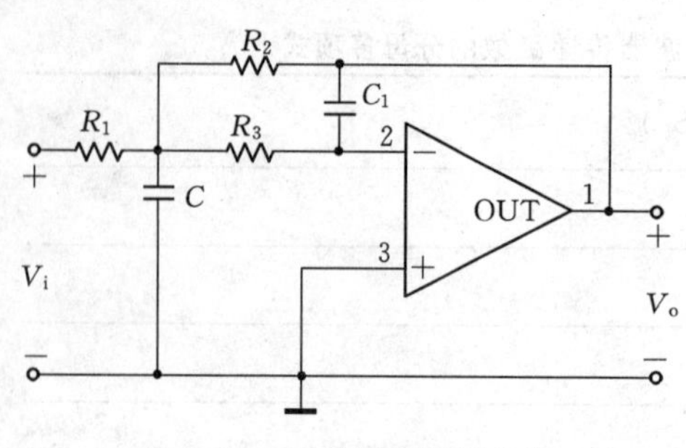

图 2-26 二阶无限增益多路反馈低通滤波器

的关系为

$$\frac{\omega_L}{Q}=\frac{1}{C}\left(\frac{1}{R_1}+\frac{1}{R_2}+\frac{1}{R_3}\right) \quad (2\text{-}22)$$

$$G=-\frac{R_2}{R_1} \quad (2\text{-}23)$$

$$\omega_L^2=\frac{1}{R_2R_3C_1C} \quad (2\text{-}24)$$

该电路的特点为:有倒相作用,元件少,输出阻抗低,同相端可接电阻以减小失调。

2. 二阶高通滤波器

(1) 二阶压控高通滤波器电路如图 2-27所示。

图 2-27 中各元件和系数的关系为

$$\frac{\omega_0}{Q}=\frac{1}{R_1C}(1-G)+\frac{2}{R_2C} \quad (2\text{-}25)$$

$$G=1+\frac{R_4}{R_3} \quad (2\text{-}26)$$

$$\omega_0^2=\frac{1}{R_1R_2C^2} \quad (2\text{-}27)$$

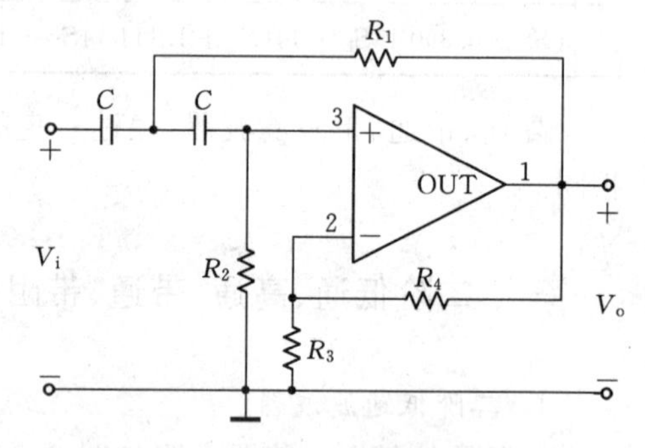

图 2-27 二阶压控高通滤波器

使用中要注意:要求运放输入电阻大于 10 倍的 R_2, R_3、R_4 的选取要考虑对失调的影响,在截止频率处运放的开环增益至少为滤波器增益的 50 倍。

传递函数为

$$G(S)=\frac{GS^2}{S^2+\frac{\omega_0}{Q}S+\omega_0^2} \quad (2\text{-}28)$$

归一化为

$$G(S)=\frac{G}{\left(\frac{\omega_0}{S}\right)^2+\frac{1}{Q}\left(\frac{\omega_0}{S}\right)+1} \quad (2\text{-}29)$$

(2) 二阶无限增益多路反馈高通滤波器电路如图 2-28 所示。

图 2-28 中元件和系数的关系为

$$\frac{\omega_0}{Q} = \frac{1}{R_2 C C_1}(2C + C_1) \tag{2-30}$$

$$G = -\frac{C}{C_1} \tag{2-31}$$

$$\omega_0^2 = \frac{1}{R_1 R_2 C C_1} \tag{2-32}$$

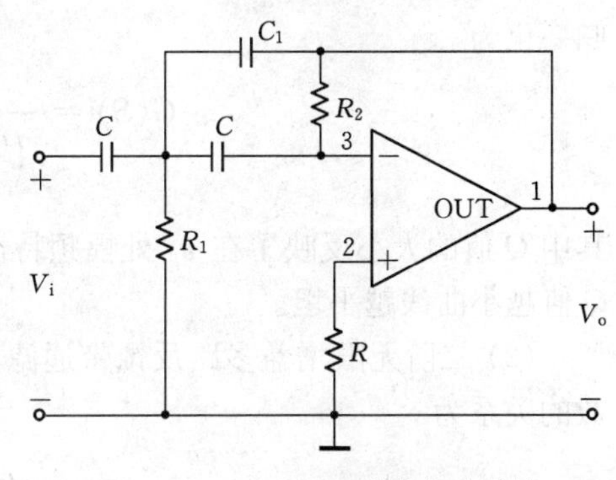

图 2-28 二阶无限增益多路反馈高通滤波器

传递函数同二阶压控高通滤波器。

3. 二阶带通滤波器

(1) 二阶压控带通滤波器电路如图 2-29 所示,图中各元件和系数的关系为

$$\Delta\omega = \frac{1}{C}\left(\frac{1}{R_1} + \frac{2}{R_2} - \frac{R_5}{R_3 R_4}\right) \tag{2-33}$$

$$\omega_0^2 = \frac{1}{R_2 C^2}\left(\frac{1}{R_1} + \frac{1}{R_3}\right) \tag{2-34}$$

$$G = \frac{R_4 + R_5}{R_4 R_1 C \Delta f} \tag{2-35}$$

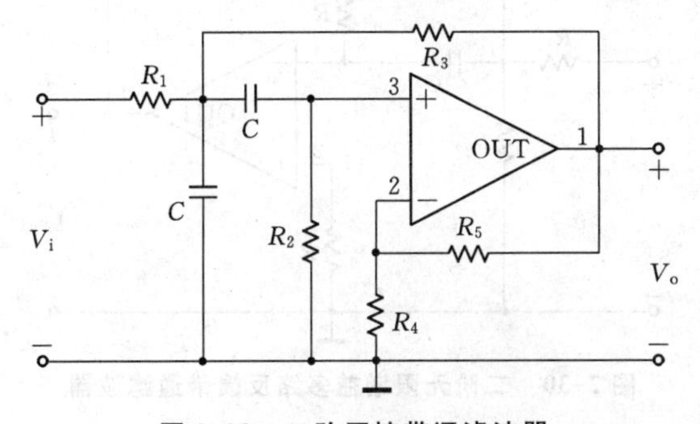

图 2-29 二阶压控带通滤波器

注意在调增益时,改变 R_4、R_5 时,f_0 不变,Δf 改变。

传递函数为

$$G(S) = \frac{G\frac{\omega_0}{Q}S}{S^2 + \frac{\omega_0}{Q}S + \omega_0^2} \tag{2-36}$$

归一化为

$$G(S)=\frac{G}{\left(\frac{\omega_0^2+S^2}{S\Delta\omega}\right)+1} \tag{2-37}$$

其中 Q 值的大小反映了在 ω_0 处幅频特性曲线弯曲的程度。Q 值越大曲线越尖锐，Q 值越小曲线越平坦。

(2) 二阶无限增益多路反馈带通滤波器电路如图 2-30 所示，图中各元件和系数的关系为

$$Q=\frac{1}{2}\sqrt{\frac{R_3(R_1+R_2)}{R_1R_2}} \tag{2-38}$$

$$\omega_0^2=\frac{R_1+R_2}{R_1R_2R_3C^2} \tag{2-39}$$

$$G=\frac{R_3}{2R_1} \tag{2-40}$$

其中

$$Q=\frac{f_0}{\Delta f}=\frac{\omega_0}{\Delta\omega} \tag{2-41}$$

传递函数同二阶压控带通滤波器。

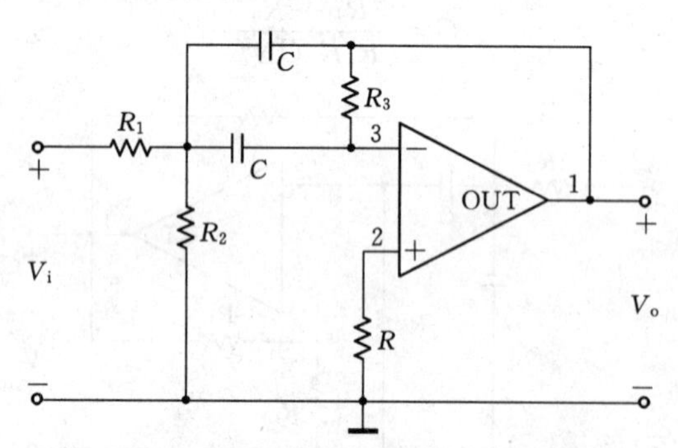

图 2-30 二阶无限增益多路反馈带通滤波器

4. 二阶带阻滤波器

(1) 二阶压控带阻滤波器电路如图 2-31 所示，图中各元件和系数的关系$\left(令 R_4=\infty,\ \frac{1}{R_3}=\frac{1}{R_1}+\frac{1}{R_2}\right)$为

$$\Delta\omega=\frac{2}{R_2C} \tag{2-42}$$

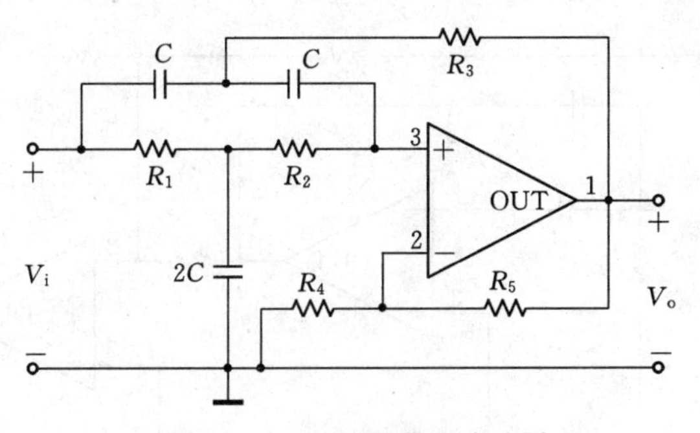

图 2-31　二阶压控带阻滤波器

$$\omega_0^2 = \frac{1}{R_1 R_2 C^2} \tag{2-43}$$

$$G = 1 \tag{2-44}$$

该电路的特点为高 Q 值，输入输出同相，使用中的注意事项与低通滤波器相同。

传递函数为

$$G(S) = \frac{G(S^2 + \omega_0^2)}{S^2 + \frac{\omega_0}{Q}S + \omega_0^2} \tag{2-45}$$

归一化为

$$G(S) = \frac{G}{\left(\frac{S\Delta\omega}{\omega_0^2 + S^2}\right) + 1} \tag{2-46}$$

(2) 二阶无限增益多路反馈带阻滤波器电路如图 2-32 所示，图中各元件和系数的关系为

$$\Delta\omega = \frac{2}{R_4 C} \tag{2-47}$$

$$\omega_0^2 = \frac{1}{R_4 C^2}\left(\frac{1}{R_1} + \frac{1}{R_2}\right) \tag{2-48}$$

$$G = -\frac{R_6}{R_3} \tag{2-49}$$

$$R_3 R_4 = 2R_1 R_6 \tag{2-50}$$

该电路的特点为高 Q 值，输入输出反相，传递函数同二阶压控带阻滤波器。

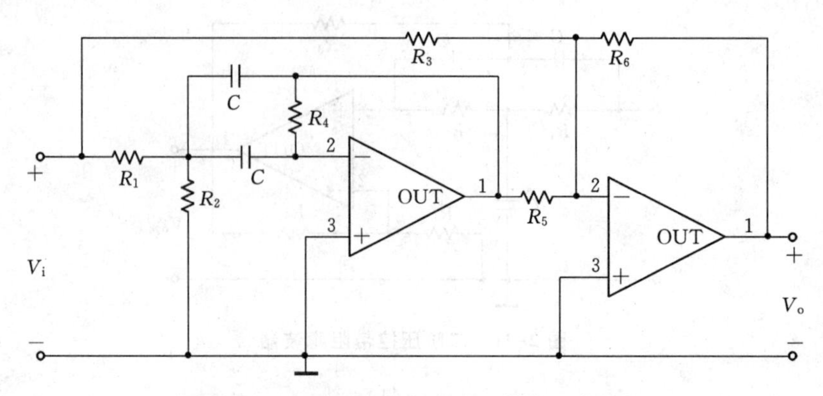

图 2-32 二阶无限增益多路反馈带阻滤波器

二、有源滤波器设计举例

1. 低通滤波器设计

(1) 设计要求：

$f_L = 2\ \text{kHz}$,在 $f = 2f_L$ 时幅度衰减要求大于 10 dB。

(2) 设计步骤：

① 由衰减估算式$-6n$ dB/倍频程,得出 $n = 2$ 满足衰减要求。

② 选择二阶压控低通滤波器,如图 2-22 所示的电路形式。

③ 由表 2-1 和二阶压控低通滤波器的传递函数可得：

$$\frac{1}{Q} = \sqrt{2} \tag{2-51}$$

又由设计要求可得：

$$\omega_L = 2\pi f_L = 2\pi \times 2 \times 10^3$$

$$G = 2$$

再由二阶压控低通滤波器元件和系数的关系,可建立下列方程组：

$$\begin{cases} \dfrac{1}{R_2 C_1}(1-2) + \dfrac{1}{R_1 C} + \dfrac{1}{R_2 C} = 2\pi \times 2 \times 10^3 \times \sqrt{2} \\ 1 + \dfrac{R_4}{R_3} = 2 \\ \dfrac{1}{R_1 R_2 C_1 C} = (2\pi \times 2 \times 10^3)^2 \end{cases} \tag{2-52}$$

④ 以上 3 个方程共 4 个未知数，故可先确定两个元件值，再由方程组解出另外两个元件的值，考虑到电容系列值较少，故先取 $C = C_1 = 0.01\ \mu\text{F}$，则可得：

$$R_1 \approx 5.6\ \text{k}\Omega,\ R_2 \approx 11.3\ \text{k}\Omega,\ R_3 = R_4 = 33\ \text{k}\Omega$$

设计完毕。

2. 高通滤波器的设计

(1) 设计要求：

$f_0 = 1\ \text{kHz}$，在 $f = 0.5f_0$ 时幅度衰减要求大于 20 dB，$G = 1$。

(2) 设计步骤：

① 由衰减估算式 $-6n$ dB/倍频程，得出 $n = 4$ 满足衰减要求。可见是两个二阶高通滤波器的串联。

② 选择二阶压控高通滤波器，如图 2-27 的电路形式。

③ 因为归一化以后的函数形式与低通滤波器归一化的函数形式相同，所以由表 2-1 和二阶压控高通滤波器的传递函数可得两个二阶高通滤波器的 Q 值分别为

$$\frac{1}{Q_1} = 0.76537;\ \frac{1}{Q_2} = 1.84776 \tag{2-53}$$

由设计要求可得：

$$\omega_0 = 2\pi f_0 = 2\pi \times 10^3$$

$$G = 1$$

具体实现电路如图 2-33 所示。

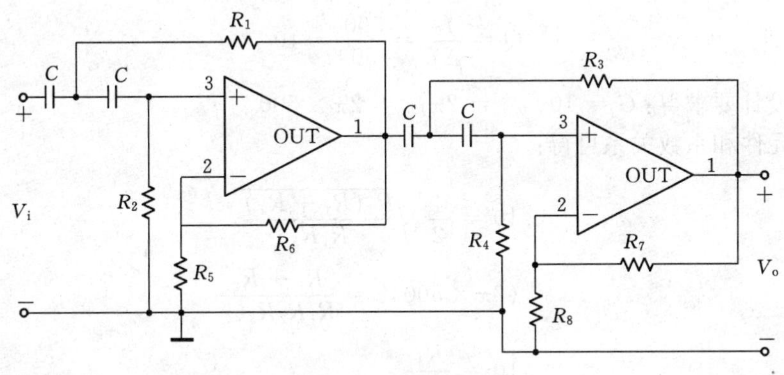

图 2-33　高通滤波器

再由二阶压控高通滤波器元件和系数的关系,可建立下列方程组:

$$\begin{cases} \dfrac{1}{R_1R_2C^2} = (2\pi \times 10^3)^2 \\ \dfrac{2}{R_2C} = 2\pi \times 10^3 \times 0.765\,37 \\ 1 + \dfrac{R_6}{R_5} = 1 \\ \dfrac{1}{R_3R_4C^2} = (2\pi \times 10^3)^2 \\ \dfrac{2}{R_4C} = 2\pi \times 10^3 \times 1.847\,76 \\ 1 + \dfrac{R_7}{R_8} = 1 \end{cases} \tag{2-54}$$

④ 取 $C = 0.01\ \mu\text{F}$,由以上方程组可求得:

$R_1 = 6.09\ \text{k}\Omega$, $R_2 = 41.6\ \text{k}\Omega$, $R_3 = 14.7\ \text{k}\Omega$, $R_4 = 17.2\ \text{k}\Omega$, R_5 开路, $R_6 = R_2$, R_8 开路。

设计完毕。

3. 带通滤波器设计

(1) 设计要求:

设计一个二阶带阻滤波器, $G = 10$, $f_0 = 500\ \text{Hz}$, $\Delta f = 50\ \text{Hz}$。

(2) 设计步骤:

① 由于要求设计的是二阶滤波器,故取 $n = 2$。

② 确定电路形式为图 2-30 所示的电路。

③ 根据定义求出 Q 值,即

$$Q = \frac{f_0}{\Delta f} = \frac{500}{50} = 10$$

由设计要求得: $G = 10$, $\omega_0 = 2\pi f_0 = 2\pi \times 500$

由元件和系数关系可得:

$$10 = \frac{1}{2}\sqrt{\frac{R_3(R_1 + R_2)}{R_1R_2}}$$

$$(2\pi \times 500)^2 = \frac{R_1 + R_2}{R_1R_2R_3C^2}$$

$$10 = \frac{R_3}{2R_1}$$

④ 取 $C = 0.047\ \mu F$，解得：

$$R_1 = 6.77\ k\Omega,\ R_2 = 356\ k\Omega,\ R_3 = 135.4\ k\Omega$$

设计完毕。

4. 带阻滤波器的设计

(1) 设计要求：

设计一个二阶带阻滤波器，$f_0 = 50\ Hz$，$Q = 5$。

(2) 设计步骤(注意这里 R_4 不是开路，滤波器增益不等于 1，与前面介绍的方法不同，相当于同一电路的不同设计方法)：

① 由于要求设计的是二阶滤波器，故取 $n = 2$。

② 确定电路形式为图 2-31 所示的电路。

③ 选 $C = 68\,000\ pF$，令 $R_1 = R_2 = R$，$R_3 = R/2$，根据 f_0 求得 $R = 46\,810\ \Omega$，取 $R = 47\ k\Omega$。

④ 根据 $Q = \dfrac{1}{2(2-G)} = 5$，求得 $G = 1.9$，而 $G = 1 + \dfrac{R_5}{R_4}$，又根据对称条件 $R_5 \mathbin{/\!/} R_4 = 2R$，求得 $R_4 = 198.4\ k\Omega$，故取 $R_4 = 200\ k\Omega$，$R_5 = 180\ k\Omega$。

设计完毕。

第三单元　模拟乘法器

随着集成电路的日益发展，许多分离元件组成的电路已被集成电路所取代，其中四象限双差分模拟乘法器已广泛应用于鉴频、检波、鉴相、调幅等非线性领域，实质上，电子学中的振幅调制、混频、同步检波、鉴相、鉴频、可控增益放大等，均可归结为两个信号相乘或包含有相乘的过程。理论和实践证明，利用乘法器完成这些功能，在频率响应满足要求的条件下，比采用普通器件（二极管和三极管）完成同样功能更为有效，性能更为优越。因此目前集成模拟乘法器已成为模拟电路中重要的器件。模拟乘法器中最常用的是可变互导乘法器，由于其电路简单、易于集成、工作频率高等特点而得到广泛应用。所以本单元主要介绍可变互导型乘法器及其应用。

3.1　模拟乘法器的原理

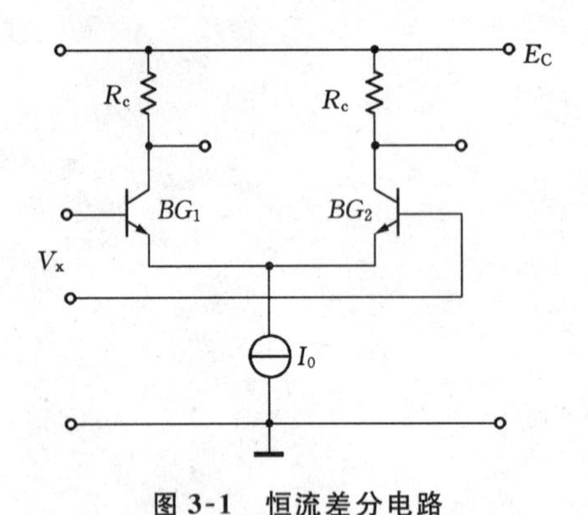

图 3-1　恒流差分电路

本单元中实验所用的模拟乘法器利用了“可变互导”原理。乘法器有两个输入信号，其中一个信号控制双极型晶体管的电流来改变它的互导参数，达到与另一个输入电压相乘的目的，具体电路见图 3-1 所示的恒流差分电路。

在两个晶体管完全对称的条件下，可推得：

$$I_c = I_{c1} - I_{c2} = I_o \mathrm{th} \frac{q}{2kT} V_x \quad (3\text{-}1)$$

其中 $\mathrm{th}(x)$ 为双曲正切函数。

当输入电压 $V_x \ll \frac{2kT}{q} \approx 50\ \mathrm{mV}$ 时，上式可近似为

$$I_c = I_{c1} - I_{c2} \approx I_o \frac{q}{2kT} V_x \quad (3\text{-}2)$$

如果式中恒流源电流 I_0 由某一输入电压 V_y 进行线性控制，那么 I_0 可以写成如下形式：

$I_0 = AV_y$，其中 A 为比例系数。

差分电路的互导为：$g_m = \dfrac{dI_c}{dV_x} = \dfrac{q}{2kT}I_0 = \dfrac{Aq}{2kT}V_y$ (3-3)

若差分电路的输出电压 V_o 为

$$V_o = I_c R_c = I_0 \frac{q}{2kT}V_x R_c = g_m V_x R_c = \frac{Aq}{2kT}V_x V_y R_c = K_1 V_x V_y \quad (3\text{-}4)$$

式中，$K_1 = \dfrac{AqR_c}{2kT}$ 为乘法器的增益，R_c 为 BG_1、BG_2 的集电极电阻。

由此可见，在输入小信号时，即：V_x、V_y 均远小于 50 mV 时，V_x、V_y 具有相乘的关系。

以上是可变互导型乘法器的基本原理，为了达到实用化，还必须解决以下几个主要问题：

(1) 必须扩大输入信号的线性动态范围。

(2) 乘法器的增益 K_1 与温度 T 有关，必须解决温度稳定性的问题。

(3) K_1 与比例系数 A 有关，必须解决压控电流源的线性问题，即当输入电压在较大范围内改变时，A 应是一个常数。

(4) 由于控制恒流源的电流 I_0 其输入电压 V_y 必须是单极性的，上述差分电路是二象限（V_x 可正可负）乘法器，因此要解决四象限相乘的问题。由此产生了线性化双平衡可变互导型乘法器。

为了解决 V_y 输入信号单极性问题，与 V_x 输入一样也采用差分输入形式，它的原理图如图3-2所示。

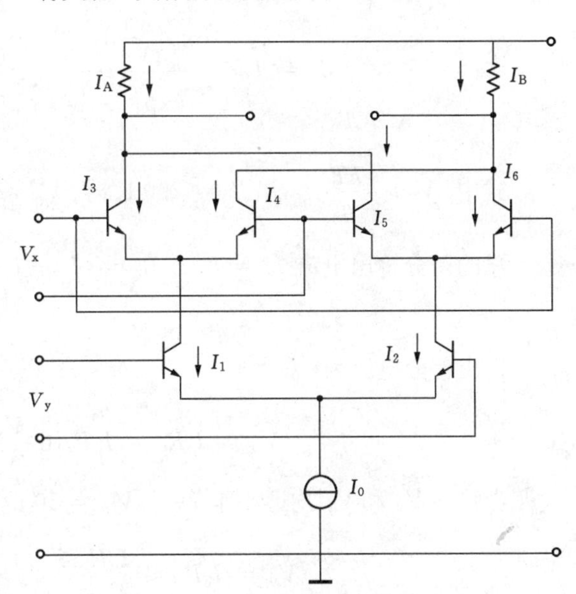

图 3-2　双平衡可变互导型乘法器

由图 3-2 可得：

$$I_1 = I_0 \frac{\exp\left(\dfrac{V_y}{V_T}\right)}{1 + \exp\left(\dfrac{V_y}{V_T}\right)} = \frac{I_0}{2}\left[1 + \text{th}\,\frac{V_y}{2V_T}\right] \quad (3\text{-}5)$$

$$I_2 = I_0 \frac{1}{1+\exp\left(\frac{V_y}{V_T}\right)} = \frac{I_0}{2}\left[1-\text{th}\frac{V_y}{2V_T}\right] \tag{3-6}$$

$$I_3 = I_1 \frac{\exp\left(\frac{V_x}{V_T}\right)}{1+\exp\left(\frac{V_x}{V_T}\right)} = \frac{I_1}{2}\left[1+\text{th}\frac{V_x}{2V_T}\right] \tag{3-7}$$

$$I_4 = I_1 \frac{1}{1+\exp\left(\frac{V_x}{V_T}\right)} = \frac{I_1}{2}\left[1-\text{th}\frac{V_x}{2V_T}\right] \tag{3-8}$$

$$I_5 = I_2 \frac{1}{1+\exp\left(\frac{V_x}{V_T}\right)} = \frac{I_2}{2}\left[1-\text{th}\frac{V_x}{2V_T}\right] \tag{3-9}$$

$$I_6 = I_2 \frac{\exp\left(\frac{V_x}{V_T}\right)}{1+\exp\left(\frac{V_x}{V_T}\right)} = \frac{I_2}{2}\left[1+\text{th}\frac{V_x}{2V_T}\right] \tag{3-10}$$

式中,$V_T = \frac{kT}{q}$,常温 $T = 290\text{ K}$ 时,$V_T \approx 25\text{ mV}$。

总的差分输出电流 $I_c = I_A - I_B = (I_3 + I_5) - (I_4 + I_6) = I_0 \text{th}\frac{V_x}{2V_T}\text{th}\frac{V_y}{2V_T}$ (3-11)

输出差分电压为

$$V_0 = I_c R_c = I_0 R_c \text{th}\frac{V_x}{2V_T}\text{th}\frac{V_y}{2V_T} \tag{3-12}$$

当输入 V_x 和 V_y 均远小于 $2V_T$ ($V_T = 50\text{ mV}$) 时,则

$$V_0 = I_c R_c \approx \frac{I_0 R_c}{4V_T^2} V_x V_y = K' V_x V_y \tag{3-13}$$

式中,K'为双平衡乘法器的增益,即:$K' = \frac{I_0 R_c}{4V_T^2}$。

3.2 集成模拟乘法器的电路结构

下面以本单元实验中将要采用的集成模拟乘法器(MC1496 和 MC1596)为例,

介绍集成模拟乘法器的内部电路结构。

MC1496 是双平衡四象限模拟乘法器。它的内部电路图及引脚分别如图 3-3 所示，它的原理结构与图 3-2 很相似。载波输入 V_c 即为 V_x 电压，V_s 即为 V_y 电压，输出电压 V_o 即为 Z。在引脚之间加入反馈电阻 R_e，可以使 V_s 的输入线性范围增加，并且能够改善温度特性。与 MC1496 相比，MC1495 在 V_x 输入端增加了反双曲正切函数的变换电路，使信号输入电压 V_c 通过该变换电路后，再送入原来的 V_c 差分输入端，从而抵消了差分输入的双曲正切函数，因此它的输入线性范围得到扩大，温度特性也得到进一步的改善。反双曲正切函数的变换原理电路如图 3-4所示，它的基本思想是利用二极管 BG_1、BG_2 的对数特性，使输出电压 V_y 与输入电压 V_x 近似成如下的对数关系(证明略)：

$$V_y = 2V_T \operatorname{arth} \frac{V_x}{I_{ox}R_x} \tag{3-14}$$

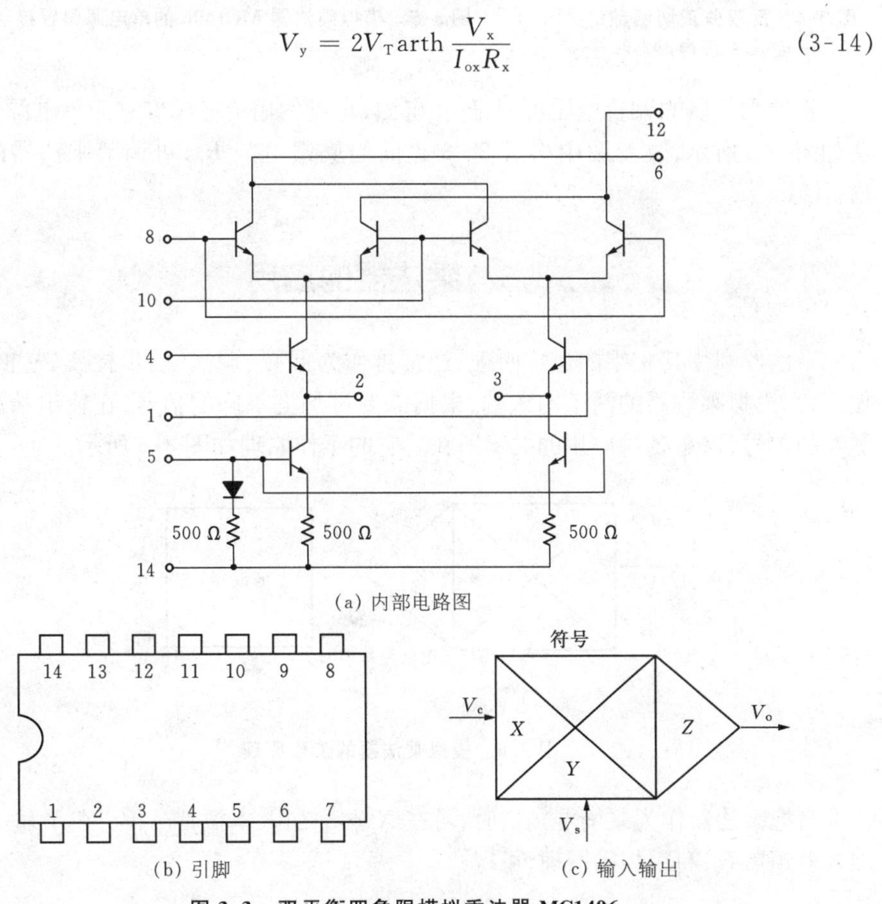

图 3-3　双平衡四象限模拟乘法器 MC1496

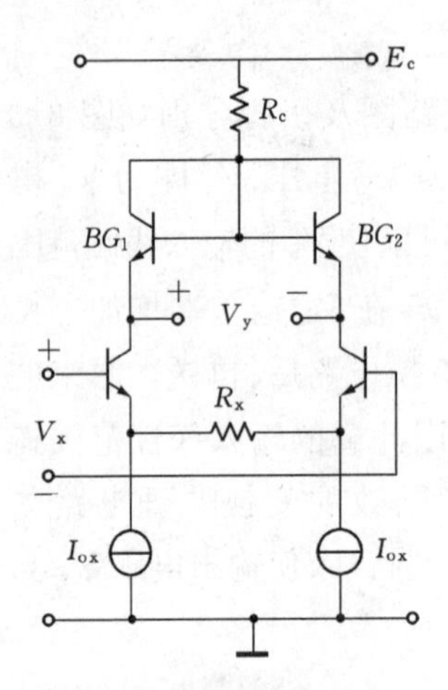

图 3-4 反双曲正切函数的变换原理电路

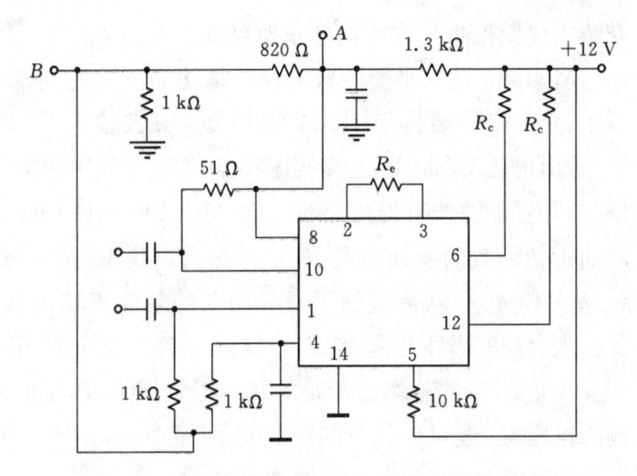

图 3-5 模拟乘法器 MC1496 的单电源偏置接法

模拟乘法器的偏置电压可用正、负电源，也可使用单电源。它的单电源偏置接法如图 3-5 所示，改变图中引脚 2、3 之间的反馈电阻 R_e，可调节乘法器的信号增益。

3.3 乘法器的应用

乘法器利用其相乘的运算原理，通常可作为混频、调幅、同步检波、鉴相、鉴频使用，在模拟乘法器的两个输入端，根据需要可加上不同的信号，在输出端滤除不需要的信号，这是各种应用的关键所在。它的工作原理如图 3-6 所示。

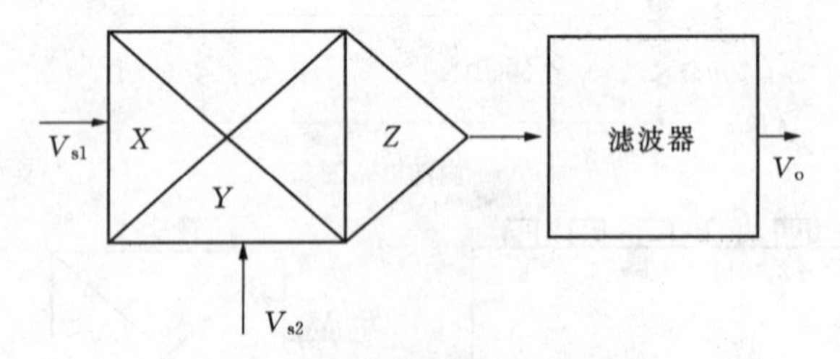

图 3-6 模拟乘法器的工作原理

当把乘法器作为平衡混频器时，可在 X 端子加入本振信号 V_c，在 Y 输入端子加入射频信号，利用相乘原理，可得：

$$V_o=V_SV_c=V_{sm}\cos\omega_St\cdot V_{cm}\cos\omega_Ct=\frac{1}{2}V_{sm}V_{cm}[\cos(\omega_C+\omega_S)t+\cos(\omega_C-\omega_S)t] \tag{3-15}$$

在输出的 V_o 信号中滤除不需要的 $(\omega_S+\omega_C)$ 信号，可得到 $(\omega_S-\omega_C)$ 的中频信号。

当把乘法器作为鉴相器时，在 X 和 Y 输入端分别加入频率相同、相位不同的两个电压信号，同样根据相乘原理得到：

$$V_o=V_{S1}V_{S2}=V_{sm1}\cos\omega t\cdot V_{sm2}\cos(\omega t+\phi)=\frac{1}{2}V_{sm}V_{cm}[\cos(2\omega t+\phi)+\cos\phi] \tag{3-16}$$

滤除输出电压 V_o 中的高频成分 $\cos(2\omega t+\phi)$ 后，便可得到 $V_o=V_{om}\cos(\phi)$。

(3-16)式说明输出电压 V_o 与两个输入信号的相位差 ϕ 有关。模拟乘法器的鉴相特性可以应用于锁相环、鉴频电路中。

当两输入信号都为正弦波时，其输出电压 V_o 的鉴相特性曲线为余弦曲线；当两输入信号均为方波时，其输出电压 V_o 的鉴相特性曲线为三角波形，如图 3-7 所示。

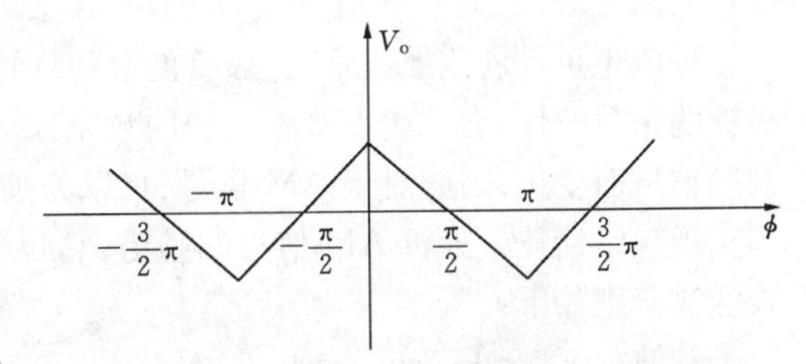

图 3-7　输出电压 V_o 的鉴相特性曲线

与上述混频、鉴相相类似，若将模拟乘法器作为振幅调制、同步检波、鉴频电路时，根据需要分别加入不同的输入信号，在输出端加上不同的网络即可组成。

3.4 实验题目

实验　调幅与检波

一、实验原理

1. 调幅

在广播通信中需要把音频、视频信号调制在频率较高的载波上才能发射或传输，由此可得到日常生活中所需要的中波、短波、调频广播以及电视信号。

信号调制有振幅调制和角度调制两大类。在振幅调制中又有普通振幅调制(AM)、抑制载波的双边带和单边带调制。从频谱分析的角度来看，它是通过非线性器件把所需的信号变换到需要发射或传输的频率上去(线性器件是不能进行频率变换的)，而模拟乘法器就是一种非线性器件，从下面的分析还将看到，相乘作用对实现双边带抑制载波的调制非常有利，并且经过一定的处理可以得到单边带信号及调幅信号。

调幅信号(如中波广播)是把音频信号 $V_{\Omega} = V_{\Omega m}\cos\Omega t$ 经过普通调幅方式调制在载波 $V_c = V_{cm}\cos\omega_c t$ 上，从而可以得到：

$$\begin{aligned} V_o &= V_{om}(1 + m\cos\Omega t)\cos\omega_c t \\ &= V_{om}\cos\omega_c t + \frac{1}{2}mV_{om}[\cos(\omega_c - \Omega)t + \cos(\omega_c + \Omega)t] \end{aligned} \quad (3\text{-}17)$$

一般也可以利用二极管、三极管的非线性特性来得到调幅波。由于二极管、三极管的指数特性，会产生很多不需要的频率成分，分析 AM 信号的包络发现，它随调制信号而变化，因此对于 AM 信号，可以方便地用一个二极管及适当的电阻、电容实现包络检波。分析 AM 信号的频谱，它包含有载波、上边带和下边带信号，其表达式分别如下：

载波 $V_c = V_{cm}\cos\omega_c t$ (3-18)

上边带信号 $\frac{1}{2}mV_{om}\cos(\omega_c + \Omega)t$ (3-19)

下边带信号 $\frac{1}{2}mV_{om}\cos(\omega_c - \Omega)t$ (3-20)

由此可见 AM 信号中载波分量占很大的比例，因而信息传输的效率较低。由此产生了双边带与单边带抑制载波的振幅调制形式，它们的数学表示式分别如下：

双边带信号 $\frac{1}{2}V_{om}[\cos(\omega_c - \Omega)t + \cos(\omega_c + \Omega)t] = V_{om}\cos\omega_c t\cos\Omega t$ (3-21)

单边带信号 $\frac{1}{2}V_{om}\cos(\omega_c + \Omega)t$ 或者 $\frac{1}{2}V_{om}\cos(\omega_c - \Omega)t$ (3-22)

双边带和单边带信号，其包络不随调制信号而变化，所以不能用二极管进行包络检波，需要用较复杂的同步检波方式来解调。

用模拟乘法器实现双边带信号的调制是非常合适的，当乘法器 V_x 输入端加上载波信号，$V_c = V_{cm}\cos\omega_c t$，$V_y$ 端输入低频调制信号 $V_{\Omega} = V_{\Omega m}\cos\Omega t$，即可在乘法器的输出端得到抑制载波的双边带信号

$$V_{\Omega m}V_{cm}\cos\omega_c t\cos\Omega t=\frac{1}{2}V_{om}[\cos(\omega_c-\Omega)t+\cos(\omega_c+\Omega)t] \quad (3\text{-}23)$$

此外,由于可以在乘法器处于不平衡状态时使输入载波漏到输出端,从而可以得到有载波的输出 AM 信号,即

$$\begin{aligned}V_o&=V_{om}\cos\omega_c t+\frac{1}{2}mV_{om}[\cos(\omega_c-\Omega)t+\cos(\omega_c+\Omega)t]\\&=V_{om}(1+m\cos\Omega t)\cos\omega_c t\end{aligned} \quad (3\text{-}24)$$

而且,还可以滤除双边带信号中的一个分量而得到一个单边带信号。

因此模拟乘法器可以方便地得到三种振幅调制信号,工作原理如图 3-8 所示。

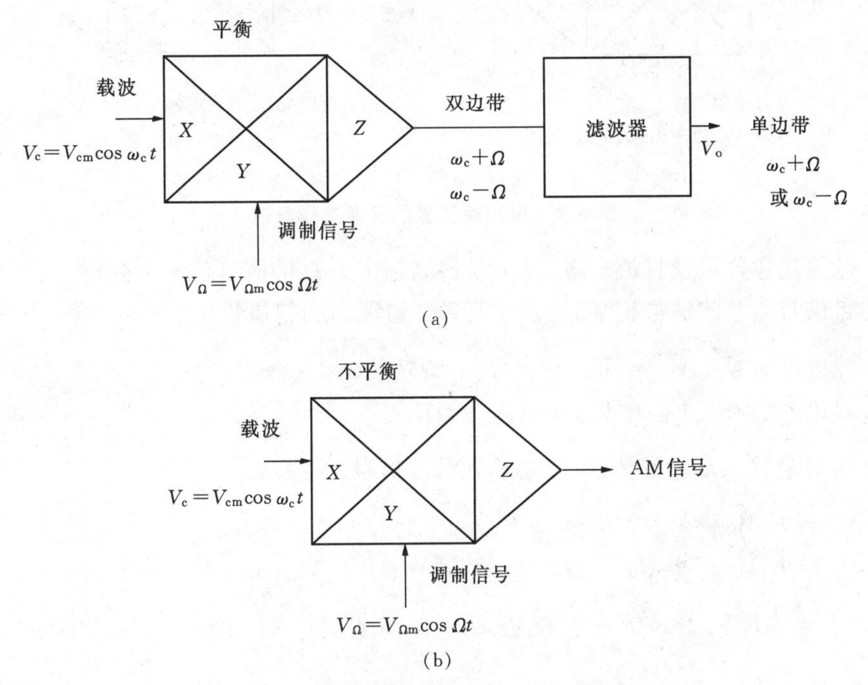

图 3-8　模拟乘法器的调制工作原理

2. 检波

振幅调制波的解调简称为检波,对于单边带、双边带和 AM 这三种调制信号,由于已调波的波形不同,解调方法也不同,一般可分为包络检波与同步检波两种。

AM 信号可以用二极管或三极管进行包络检波,但由于二极管的单向指数特性及滤波电容的影响,当 AM 信号的调制度过大或滤波时间常数 RC 过大时,将产生被解调后的信号非线性失真。

双边带和单边带信号不能用二极管包络检波的方法解调，对模拟乘法器，利用它的相乘原理不但可以解调 AM 信号，而且可以解调双边带和单边带信号，它的工作原理见图 3-9 所示。当输入 Y 端信号是 AM 波，X 端是载波时，则

$$\begin{aligned} V_o &= KV_S V_c = KV_{Sm}(1+m\cos\Omega t)\cos\omega_c t\cdot V_{cm}\cos\omega_c t \\ &= K\{K_1V_{Sm}V_{cm}+K_2V_{Sm}V_{cm}\cos\Omega t+K_3V_{Sm}V_{cm}\cos 2\omega_c t \\ &\quad +K_4V_{Sm}V_{cm}[\cos(2\omega_c+\Omega)t+\cos(2\omega_c-\Omega)t]\} \end{aligned} \tag{3-25}$$

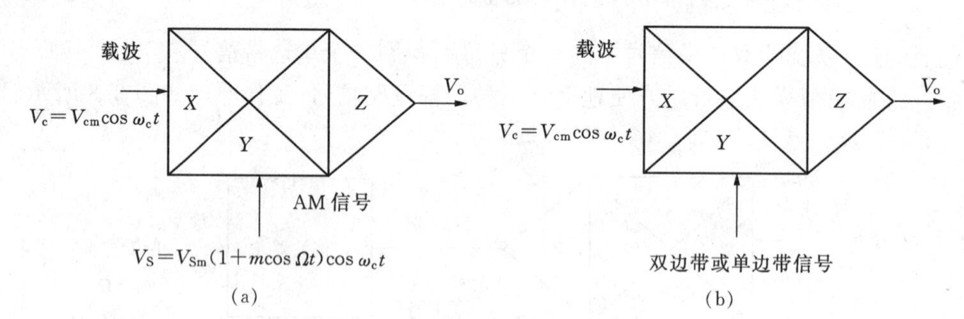

图 3-9 模拟乘法器的解调工作原理

滤除高频分量及直流分量，就可以得到频率为 Ω 的调制信号。同样，双边带和单边带信号与载波信号相乘后，滤除高频分量即为调制信号。

双边带信号 $V_{s1}=V_{s1m}[\cos(\omega_c-\Omega)t+\cos(\omega_c+\Omega)t]$ (3-26)

单边带信号 $V_{s2}=V_{s2m}\cos(\omega_c+\Omega)t$ (3-27)

当 Y 端输入双边带信号，X 端输入载波信号，相乘后可得：

$$\begin{aligned} V_o &= K_1V_{s1}V_c \\ &= K_1V_{s1m}[\cos(\omega_c-\Omega)t+\cos(\omega_c+\Omega)t]\cdot V_{cm}\cos\omega_c t \\ &= \frac{1}{2}K_1V_{s1m}\cos\Omega t+\frac{1}{4}K_1V_{s1m}\cos(2\omega_c+\Omega)t+\frac{1}{4}K_1V_{s1m}\cos(2\omega_c-\Omega)t \end{aligned} \tag{3-28}$$

滤除高频分量 $(2\omega_c+\Omega)$ 和 $(2\omega_c-\Omega)t$，即得频率为 Ω 的调制信号。同样若输入单边带信号，用载波信号与它相乘后得：

$$V_o=K_1V_{s2}V_c=K_1V_{s2m}\cos(\omega_c+\Omega)t\cdot V_{cm}\cos\omega_c t \tag{3-29}$$

滤除高频分量后也可以得到调制信号。

上述这种恢复调制信号的方法，称为相干检波或同步检波，也称为乘积型同步检波。

二、预习要求

(1) 预习运放正弦波发生器的工作原理和设计思路,用 ORCAD 仿真实现实验要求的 1 kHz 正弦波。

(2) 预习双差分对乘法器的工作原理,了解 MC1496 的构成和工作参数,了解 MC1496 的常见应用电路。

(3) 预习幅度调制与解调的工作原理,掌握利用 MC1496 实现 AM 调制 DSB 调制以及同步检波的步骤。

三、实验内容

1. 调制电路测试

(1) 按图 3-10 接好调制部分电路(不插入集成块),首先检查各端点的直流电平,使电路正常无误后插入集成块,再检查各点直流电平,并使电路工作正常。

(2) 在 X_1 端加入载波信号($V_{cpp}=100$ mV, $f_c=1$ MHz),先使 Y_1 端的 V_s 信号($f_s=1$ kHz)为零,调节调幅级电位器,使输出载波为零,然后逐渐增加 V_s 信号,观察输出端双边带抑制载波的调幅信号,并测出上述条件下,最大不失真的 V_{o1pp} 值及此时的 V_s 值。

(3) 输入载波信号($V_{cpp}=100$ mV, $f_c=1$ MHz),调节调幅级电位器,使 V_{o1} 输出中有载波,然后输入 $f_s=1$ kHz 的调制信号,观察输出端的 AM 信号,并注意它与抑制载波的双边带调幅信号的区别。调节 V_s 的大小与电位器的位置,使输出端 AM 信号的 V_{o1pp} 值为 1 V,调制度为 100%,测出此时的 V_s 值。

2. 检波电路测试

(1) 按图 3-10 接好检波部分电路,检查电路无误、直流电平正常后,插入集成块,检查集成块各引出脚直流电平,使电路工作正常。

(2) 在检波器的 X_2 输入端输入载波信号($V_{cpp}=100$ mV, $f_c=1$ MHz),Y_2 端输入信号为零,调节检波级电位器,使输出载波为零,即电路平衡。

(3) 在检波器的 Y_2 输入端输入 $f_c=1$ MHz、$f_s=1$ kHz、调制度为 100%、$V_{opp}=200$ mV 的 AM 信号,在 X_2 输入端输入载波信号($V_{cpp}=100$ mV, $f_c=1$ MHz),观察输出端解调出来的调制信号,调节调制信号 V_s 幅度,使输出 V_{os} 不失真的幅度最大,并测出此时的 V_s、V_{os} 值。

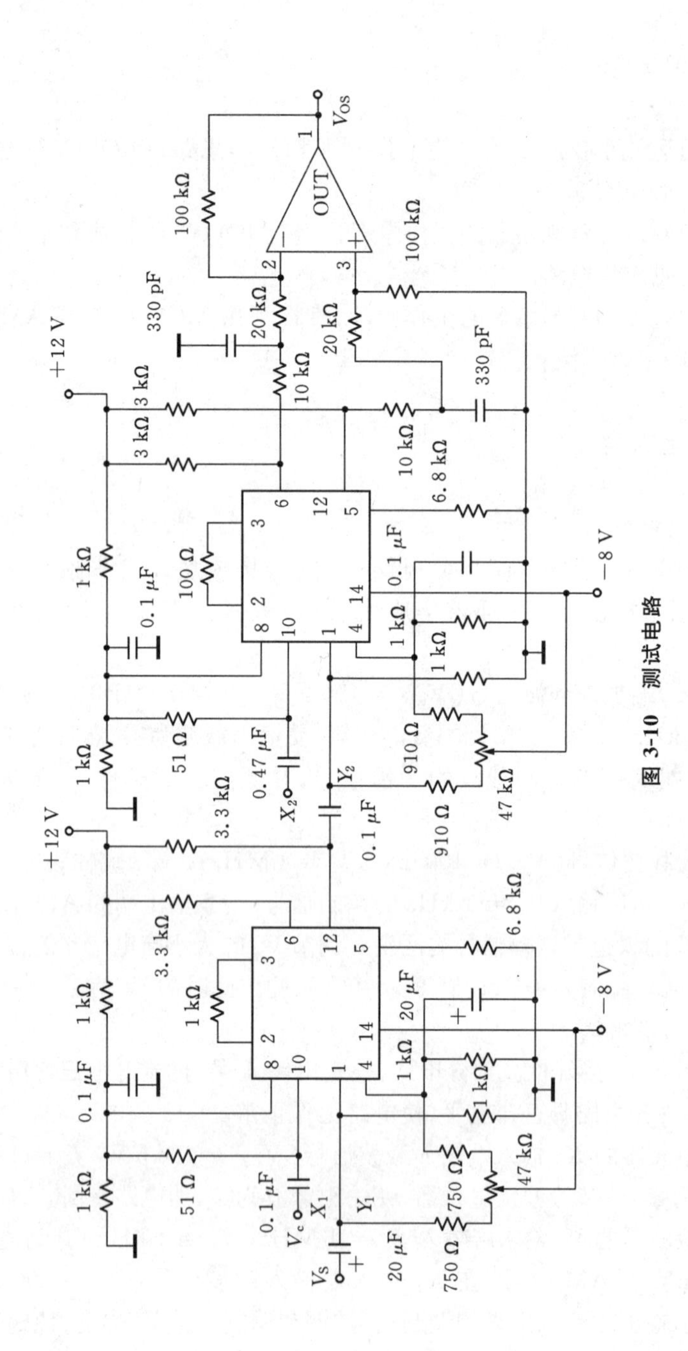

V_{OS}
OUT
100 kΩ
330 pF
20 kΩ
10 kΩ
+12 V
3 kΩ
1 kΩ
0.1 μF
100 Ω
51 Ω
0.47 μF
X_2
Y_2
910 Ω
47 kΩ
6.8 kΩ
−8 V
3.3 kΩ
20 μF
V_c
X_1
Y_1
V_S
750 Ω

图 3-10 测试电路

(4) 将 Y_2 输入端改为双边带载波抑制的调幅信号,其余条件同上,重复上述内容,并测出最大不失真 V_{os} 值。

四、实验要点

(1) 用运放实现 1 kHz 正弦波振荡器用作本实验的调制信号,要理解运放和选频网络在振荡器中各自不同的作用,掌握振荡平衡的条件和调试方法。如电路不起振,无非是运放环节或选频网络出了问题使电路不满足起振条件,还应先检查运放各管脚工作点,如运放工作正常,再检查 RC 网络。

(2) 乘法器虽然外接管脚比较多,但是只要知道每个管脚的作用,掌握乘法器的工作原理,调试也不难,也应该先检查各管脚静态工作点,如工作点正常,再检查调制信号通路和载波信号通路,特别强调载漏的概念对调试乘法器至关重要。调节 47 kΩ 电位器,观察乘法器是否有载漏输出可以验证乘法器工作是否正常。

(3) 无论是已调信号还是解调信号都不仅仅包含调制信号,还包括载波信号及其谐波高频成分,所以不能用示波器"AUTOSET"键显示出来,要将示波器水平档调到调制信号周期左右,观察包络信号,将触发电平调到合理位置使包络波形相对稳定。

五、思考题

(1) 由运放构成的正弦波振荡器,其最高振荡频率取决于哪些因素?请用 LF353 具体验证分析。

(2) MC1496 除了做调幅与检波,还有哪些主要应用?

(3) 二极管包络检波和用乘法器实现的同步检波各有什么特点?

(4) MC1496 的静态工作点如何确定?载波信号输入幅度最大是多少?电路中 51 Ω 电阻起了什么作用?

第四单元　LC 正弦波振荡器

在电子技术领域中，广泛应用着各种各样的振荡器，在广播、电视、通信设备，各种信号源和各种测量仪器中，振荡器是它们必不可少的核心组成部分之一。振荡器种类很多，在反馈式振荡器中，按所采用的选频网络形式，分为 LC 振荡器、晶体振荡器、RC 振荡器、压控振荡器等，随着集成技术的发展，相继又出现了集成振荡器，本章主要介绍 LC 振荡器。

4.1　三点式振荡器

图 4-1 为三点式 LC 振荡器的基本电路，图中略去了直流偏置部分。在 H 参数等效电路中，r_{be}为晶体管 be 结动态电阻，r_{ce}为晶体管 c、e 间内、外部所有的纯电阻等效阻抗。

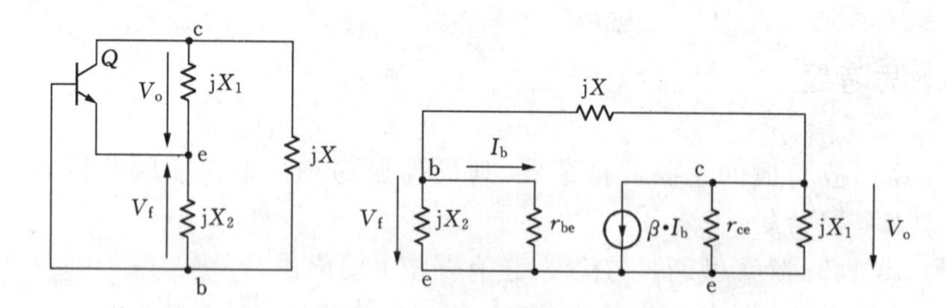

图 4-1　三点式振荡电路以及 *H* 参数等效电路

如果 $r_{be} \gg |X_2|$，电路的放大倍数为

$$A = \frac{V_o}{V_f} \approx -\frac{\beta}{r_{be}} \cdot r_{ce} \mathbin{/\!/} jX_1 \mathbin{/\!/} j(X + X_2)$$

$$= \frac{\beta \cdot r_{ce}}{r_{be}} \cdot \frac{X_1 \cdot (X + X_2)}{j \cdot r_{ce} \cdot (X + X_1 + X_2) - X_1 \cdot (X + X_2)} \tag{4-1}$$

电路的反馈系数为

$$F=\frac{V_f}{V_o}\approx\frac{X_2}{X+X_2} \tag{4-2}$$

因此

$$F\cdot A=\frac{\beta\cdot r_{ce}}{r_{be}}\cdot\frac{X_1\cdot X_2}{j\cdot r_{ce}\cdot(X+X_1+X_2)-X_1\cdot(X+X_2)} \tag{4-3}$$

根据相位平衡条件,即 $\mathrm{Im}\{F\cdot A\}=0$, 有

$$X+X_1+X_2=0$$

或

$$X=-(X_1+X_2) \tag{4-4}$$

由此可以求得振荡器的振荡频率 ω_0。再根据幅度起振条件,即 $\mathrm{Re}\{F\cdot A\}>1$, 有

$$\frac{\beta\cdot r_{ce}}{r_{be}}>\frac{X_1}{X_2} \tag{4-5}$$

上式决定了 X_1、X_2 必须为同性质的电抗元件,而式(4-4)决定了 X 必须为与 X_1、X_2 异性质的电抗元件。当 X_1、X_2 同为电容,X 为电感时,振荡器被称为电容三点式振荡电路;当 X_1、X_2 同为电感,X 为电容时,振荡器被称为电感三点式振荡电路。

本实验着重研究电容三点式振荡电路。由于 C_1、C_2 等电容的取值远大于晶体管结电容 $C_{b'e}$、$C_{b'c}$,因此结电容对振荡电路工作特性的影响可以忽略不计。

4.2 实验题目

实验　LC三点式振荡器

通过实验,进一步了解 LC 三点式振荡电路的基本工作原理,研究 Clapp、Seiler 振荡电路起振条件和影响频率稳定度的因素。

一、实验原理

1. Clapp 振荡电路

图 4-2 为 Clapp 振荡电路,电感支路中串联了一个比 C_1、C_2 小得多的电容

C,以减少晶体管参数对振荡频率的影响,所以这是电容三点式振荡器的改进电路。

如图 4-2 所示的电路左半部是由共发射极放大器构成的 Clapp 振荡器。右半部是射极跟随器,实现负载与振荡器的隔离,以减少负载对振荡回路 Q 值的影响。

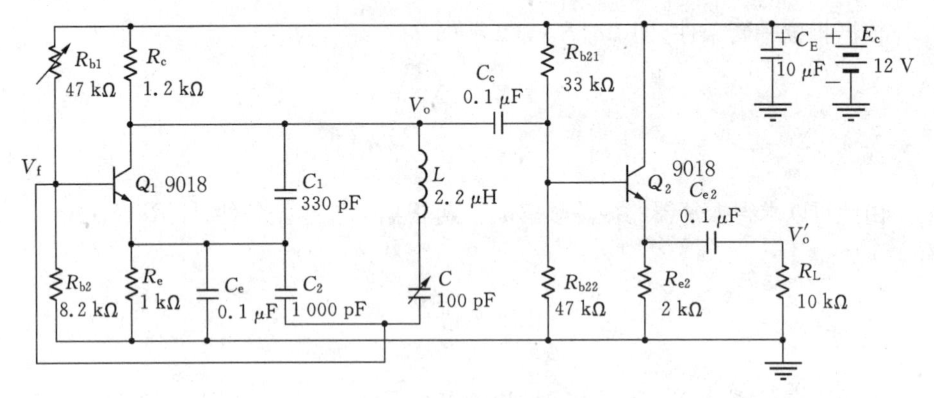

图 4-2　Clapp 振荡电路

图 4-3 为 Clapp 振荡器 H 参数等效电路,图中 r 为电感 L 的损耗电阻。

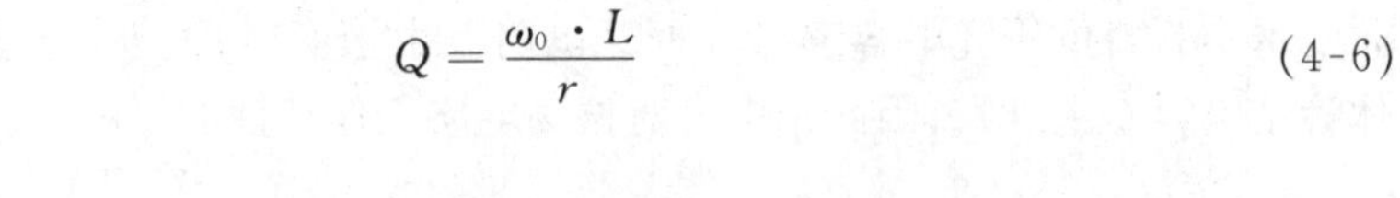

$$Q = \frac{\omega_0 \cdot L}{r} \tag{4-6}$$

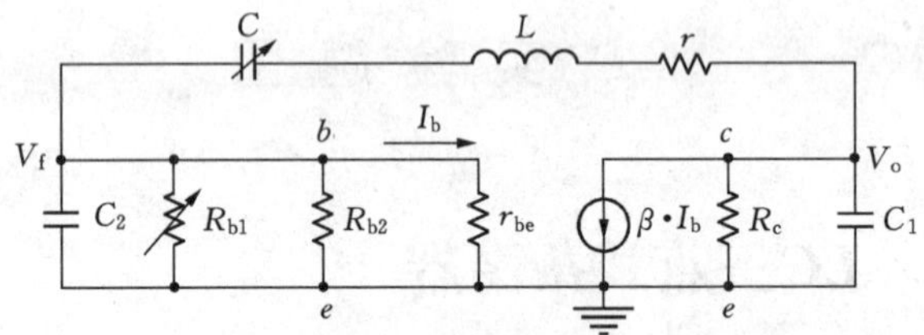

图 4-3　Clapp 振荡器 H 参数等效电路

在 $C \ll C_1$、$C \ll C_2$ 的情况下,可由相位平衡条件 $\mathrm{Im}\{F \cdot A\} = 0$,求得振荡器的振荡频率 ω_0,

$$\omega_0^2 \approx \frac{1}{L \cdot C} \cdot \left(1 + \frac{C_1 + C_2}{C_1 \cdot C_2} \cdot C\right) \approx \frac{1}{L \cdot C} \tag{4-7}$$

由幅度起振条件 $\mathrm{Re}\{F\cdot A\}>1$，求得 C_2/C_1 应满足的条件：

$$\frac{\beta}{r_{\mathrm{be}}}\cdot R_{\mathrm{c}}\ /\!/\ \frac{Q}{\omega_0^3\cdot L\cdot C_1^2}>\frac{C_2}{C_1}+\frac{C_1}{C_2}\cdot\frac{Q}{\omega_0^3\cdot L\cdot C_1^2}\cdot\frac{1}{R_{\mathrm{b1}}\ /\!/\ R_{\mathrm{b2}}\ /\!/\ r_{\mathrm{be}}} \tag{4-8}$$

当 $r_{\mathrm{be}}\ll R_{\mathrm{b1}}\ /\!/\ R_{\mathrm{b2}}$、$\dfrac{Q}{\omega_0^3\cdot L\cdot C_1^2}\ll R_{\mathrm{c}}$ 时，有

$$\frac{\beta\cdot Q}{\omega_0^3\cdot L\cdot C_1^2\cdot r_{\mathrm{be}}}>\frac{C_2}{C_1}>\frac{1}{\beta} \tag{4-9}$$

考虑到晶体管 be 结电容与静态工作电流 I_{cQ} 有关，因此 Clapp 振荡器的幅度起振条件可以近似为

$$\frac{Q}{\omega_0^3\cdot L\cdot C_1^2}\cdot\frac{I_{\mathrm{cQ}}}{V_{\mathrm{T}}}>\frac{C_2}{C_1}>\frac{1}{\beta} \tag{4-10}$$

常温(300 K)时，$V_{\mathrm{T}}=26\ \mathrm{mV}$。振荡器能否起振，取决于电容比值 C_2/C_1 和晶体管静态工作电流 I_{cQ} 的数值大小。若静态电流 I_{cQ} 太小，则不能起振；电容比值 C_2/C_1 太大不能起振，反之比值过小也不能起振。

另外，幅度起振条件不等式左边与 ω_0^3 成反比，若振荡频率太大，则幅度起振条件更不易满足，因此振荡频率存在一个上限值，振荡频率波段覆盖范围不会很大。

2. **Seiler 振荡电路**

图 4-4 为 Seiler 振荡电路，图 4-5 为相应的等效电路。该电路与 Clapp 振荡电

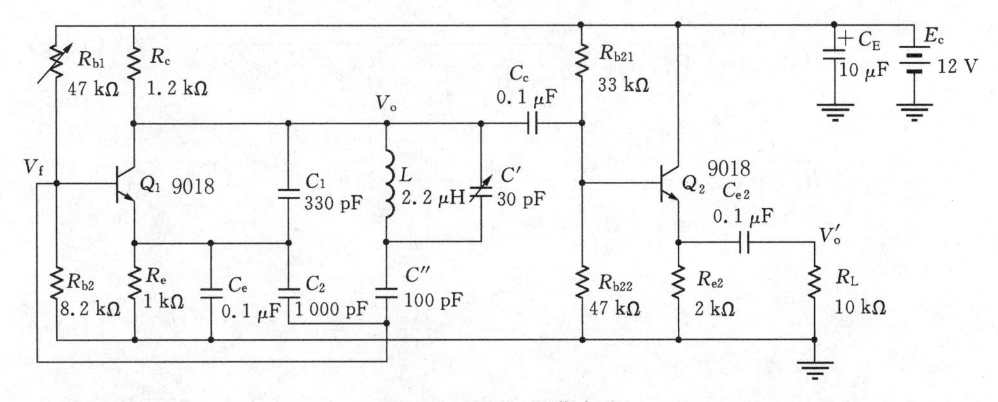

图 4-4　Seiler 振荡电路

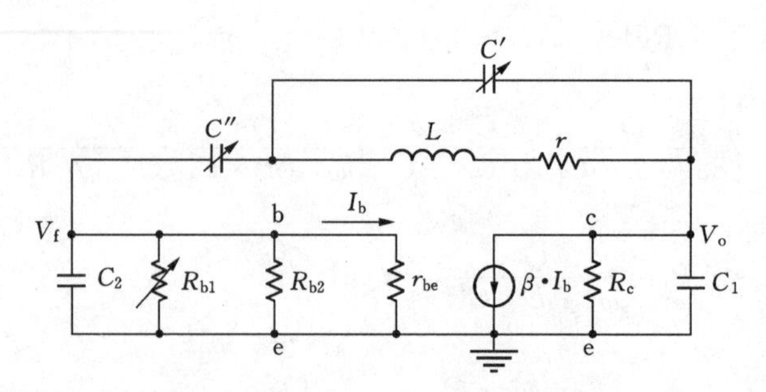

图 4-5 Seiler 振荡器 *H* 参数等效电路

路的区别仅为电感上并联了一个电容 C'，而串联电容 C'' 仍须比 C_1、C_2 小得多，Seiler 振荡电路是 Clapp 振荡器的改进电路。

在 $C'' \ll C_1$、$C'' \ll C_2$ 的情况下，可由相位平衡条件 $\mathrm{Im}\{F \cdot A\} = 0$，求得振荡器的振荡频率 ω_0，

$$\omega_0^2 \approx \frac{1}{L \cdot (C' + C'')} \cdot \left(1 + \frac{\dfrac{C''}{C' + C''} \cdot C''}{\dfrac{C' \cdot C''}{C' + C''} + \dfrac{C_1 \cdot C_2}{C_1 + C_2}} \right) \approx \frac{1}{L \cdot (C' + C'')} \tag{4-11}$$

由幅度起振条件 $\mathrm{Re}\{F \cdot A\} > 1$，求得 C_2/C_1 应满足的条件：

$$\frac{\beta}{r_{\mathrm{be}}} \cdot R_{\mathrm{c}} \;/\!/\; \frac{Q \cdot \omega_0 \cdot L}{\left[1 + C_1 \cdot \left(\dfrac{1}{C_2} + \dfrac{1}{C''}\right)\right]^2} >$$

$$\frac{C_2}{C_1} + \frac{C_1}{C_2} \cdot \frac{Q \cdot \omega_0 \cdot L}{\left[1 + C_1 \cdot \left(\dfrac{1}{C_2} + \dfrac{1}{C''}\right)\right]^2} \cdot \frac{1}{R_{\mathrm{b1}} \;/\!/\; R_{\mathrm{b2}} \;/\!/\; r_{\mathrm{be}}} \tag{4-12}$$

当 $r_{\mathrm{be}} \ll R_{\mathrm{b1}} /\!/ R_{\mathrm{b2}}$、$\dfrac{Q \cdot \omega_0 \cdot L}{\left[1 + C_1 \cdot \left(\dfrac{1}{C_2} + \dfrac{1}{C''}\right)\right]^2} \ll R_{\mathrm{c}}$、$C'' \ll C_2$ 时，有

$$\frac{\beta \cdot Q \cdot \omega_0 \cdot L \cdot C''^2}{r_{\mathrm{be}} \cdot C_1^2} > \frac{C_2}{C_1} > \frac{1}{\beta} \tag{4-13}$$

考虑到晶体管 be 结电容与静态工作电流 I_{cQ} 有关，因此 Seiler 振荡器的幅度

起振条件可以近似为

$$\frac{Q\cdot\omega_0\cdot L\cdot C''^2}{C_1^2}\cdot\frac{I_{cQ}}{V_T}>\frac{C_2}{C_1}>\frac{1}{\beta}\tag{4-14}$$

常温(300 K)时，$V_T=26\ \mathrm{mV}$。振荡器能否起振，取决于电容比值 C_2/C_1 和晶体管静态工作电流 I_{cQ} 的数值大小。若静态电流 I_{cQ} 太小，则不能起振；电容比值 C_2/C_1 太大不能起振，反之比值过小也不能起振。

另外，幅度起振条件不等式左边与 ω_0 成正比，振荡频率越高，则幅度起振条件更易满足，因此振荡频率波段覆盖范围比较大。

但 C'' 不可太小，否则幅度起振条件难以满足。

二、预习要求

(1) 预习三点式振荡器的工作原理，能够进行相位起振条件和幅度起振条件的分析与推导。

(2) 预习 Clap 振荡器和 Seiler 振荡器各自的特点，了解振荡频率稳定性和回路 Q 值等基本概念。

(3) 了解射极跟随器容易产生自激振荡的原因。

三、实验内容

1. Clapp 振荡器

(1) 调整静态工作点。

用示波器观察 V_o 电压波形，调整电位器 R_{b1}，使电路产生振荡。分别测量由于 R_{b1} 增大与 R_{b1} 减小致使电路停振时对应的静态工作点电流 I_{cQ}。

(2) 观察电容比 C_2/C_1 对振荡电压峰峰值 V_{opp} 的影响。

① 保持电路稳定振荡时的静态工作点电流 I_{cQ}，$C_1=330\ \mathrm{pF}$。在 $C_2=1\ 000\ \mathrm{pF}$ 两端并接不同电容(1 000 pF、2 000 pF、3 000 pF 直至停振，用示波器测量振荡波形峰峰值 V_{opp}。

② 保持电路稳定振荡时的静态工作点电流 I_{cQ}，$C_2=1\ 000\ \mathrm{pF}$。在 $C_1=330\ \mathrm{pF}$ 两端并接不同电容(300 pF、510 pF、680 pF、820 pF)直至停振，用示波器测量振荡波形峰峰值 V_{opp}。

(3) 测量电路振荡频率范围。

保持电路稳定振荡时的静态工作点电流 I_{cQ}，调节可变电容 C 由大到小，用示波器测量振荡波形峰峰值 V_{opp}，同时测量相应的振荡频率 f，以求出$f_{min}\sim f_{max}$。

2. Seiler 振荡器

(1) 调整静态工作点。

用示波器观察 V'_o电压波形，调整电位器 R_{b1}，使电路产生振荡。分别测量由于 R_{b1} 增大与 R_{b1} 减小致使电路停振时的静态工作点电流 I_{cQ}。

(2) 观察电容比 C_2/C_1、C''对振荡电压峰峰值 V_{opp}的影响。

① 保持电路稳定振荡时的静态工作点电流 I_{cQ}，$C_1 = 330$ pF。在 $C_2 = 1\,000$ pF 两端并接不同电容(1 000 pF、2 000 pF、3 000 pF)直至停振，用示波器测量振荡波形峰峰值 V_{opp}。

② 保持电路稳定振荡时的静态工作点电流 I_{cQ}，$C_1 = 330$ pF，$C_2 = 1\,000$ pF。在 $C'' = 100$ pF 两端并接不同电容(300 pF、510 pF、680 pF、820 pF)直至停振，用示波器测量振荡波形峰峰值 V_{opp}。

(3) 测量电路振荡频率范围。

保持电路稳定振荡时的静态工作点电流 I_{cQ}，调节可变电容 C' 由大到小，用示波器测量振荡波形峰峰值 V_{opp}，同时测量相应的振荡频率 f，以求出$f_{min}\sim f_{max}$。

四、实验要点

(1) 三点式振荡器实验第一步要求必须掌握振荡器的工作原理，如实验原理不清楚，做该实验收获不大。

(2) 电路不起振，首先要检查三极管放大器的静态工作点，确保三极管工作在放大区，然后检查谐振回路，即交流信号通路，再检查电容和电感是否接错或大小不对。

(3) 开始实验时可先不接后级射极跟随器电路，待按照实验要求测试完成电路后再接后级射极跟随器电路，一般能够观察到波形失真或寄生振荡。需要分析原因并采取措施减小失真或寄生振荡。

五、思考题

(1) 为什么 I_{cQ}过小会使振荡器输出电压下降？

(2) 用 C 调节振荡频率时，Clapp 电路振荡幅度为什么随频率升高而下降？

(3) 若用电容量变化范围最大的可变电容器 C，能否进一步提高频率范围？

(4) 为什么提高振荡回路的 Q 值可以提高振荡频率的稳定度？

(5) 三点式振荡器容易产生间歇振荡，请分析原因。实验中如何防止间歇振荡？

(6) 共发射极和共基极的三点式振荡器在实验结果上有什么不同？其性能有什么区别？

第五单元　反馈控制电路

锁相环路能够使受控振荡器的频率和相位均与输入信号保持确定关系，因此应用十分广泛，而集成锁相环更具有体积小、性能可靠、使用方便等一系列优点，因而自20世纪60年代后期集成锁相环路试制成功以来，锁相技术得到了更加广泛的应用。从空间探测、卫星和导弹的跟踪测距、雷达、导航、通信、计算机到电子仪器乃至电视接收机和立体声收录机，其应用范围遍及几乎整个电子技术领域。锁相环实验使学生能对锁相环的基本原理、特性及其应用有一个初步的了解。本单元中的实验仅介绍模拟集成锁相环的基本原理及其在调制(FM)与解调方面的应用。

高频AGC电路，即高频自动增益控制，广泛应用于电视、雷达收音机等方面。如在接收电视信号时，随着不同距离信号强弱不同，可以有几十dB之差。如果不加AGC电路，信号太大将超出线性动态范围，波形就要失真，甚至使放大器处于饱和截止状态；信号太小达不到一定幅度，后面检波器就解调不出信号。因此AGC电路是接收系统必不可少的电路，本单元的附录中将对一个基于模拟乘法器和uA733的高频AGC电路作出介绍。

5.1　锁相环路基本原理

5.1.1　锁相环的组成

所谓锁相，就是通过相位反馈控制，使系统输出信号的相位锁定在输入信号的相位上。而完成两个信号相位锁定的自动控制系统叫做锁相环路(PLL)，锁相环路由3个基本部件组成。它们是鉴相器(PD)、环路滤波器(LF)和电压控制振荡器(VCO)。这3个部件形成一个闭合的相位反馈控制系统，如图5-1所示。

1. 鉴相器(PD)

PD是相位比较装置。它把输入信号$V_i(t)$与压控振荡器VCO的输出信号$V_o(t)$进行相位比较，产生对应于两个信号相位差的误差电压$V_d(t)$。

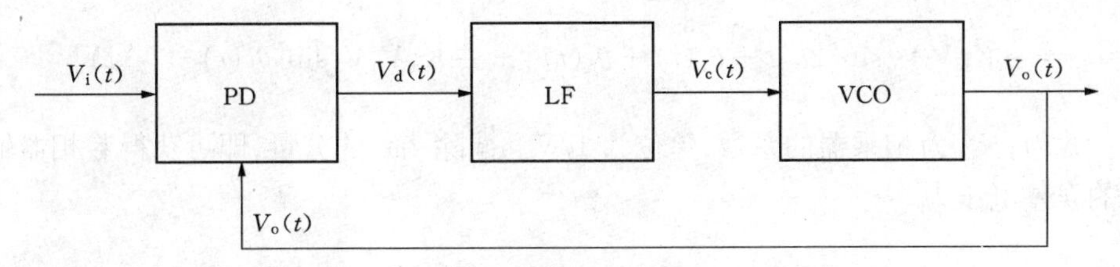

图 5-1　相位反馈控制系统

在单片模拟集成锁相环中,PD 通常采用双平衡模拟相乘电路,如图 5-2 所示。

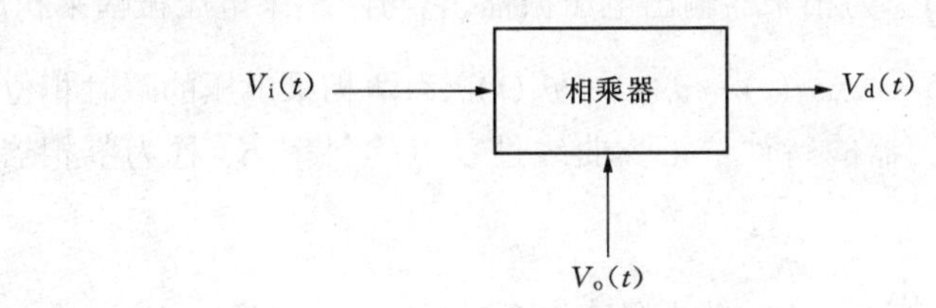

图 5-2　双平衡模拟相乘电路

设输入信号为

$$V_i(t) = V_i \sin[\omega_i t + \theta_i(t)] \tag{5-1}$$

式中,V_i 为输入信号的振幅,ω_i 为输入信号的角频率,$\theta_i(t)$为输入信号以其载波相位 $\omega_i(t)$为参考的瞬时相位。

压控振荡器 VCO 的输出信号为

$$V_o(t) = V_o \cos[\omega_o t + \theta_o(t)] \tag{5-2}$$

式中,V_o 为压控振荡器输出信号的振幅,ω_o 为压控振荡器固有振荡频率,$\theta_o(t)$为压控振荡的输出信号以其固有振荡相位 $\omega_o(t)$为参考的瞬时相位。

由于 $\theta_i(t)$与 $\theta_o(t)$的参考相位不同,不便于直接进行比较,故需改成统一的参考相位 $\omega_o(t)$。将(5-1)式与(5-2)式分别改写为

$$V_i(t) = V_i \sin[\omega_o t + (\omega_i - \omega_o)t + \theta_i(t)] = V_i \sin[\omega_o t + \theta_1(t)] \tag{5-3}$$

$$V_o(t) = V_o \cos[\omega_o t + \theta_2(t)] \tag{5-4}$$

(5-3)式中 $\theta_1(t) = (\omega_i - \omega_o)t + \theta_i(t) = \Delta\omega_o t + \theta_i(t)$, $\Delta\omega_o = \omega_i - \omega_o$ 称为环路的固有频差。

将(5-3)式与(5-4)式相乘得到输出电压为

$$V_d(t) = K_m V_i(t) V_o(t) = K_m V_i \sin[\omega_o t + \theta_1(t)] V_o \cos[\omega_o t + \theta_2(t)]$$

$$= \frac{1}{2}K_m V_i V_o \sin[2\omega_o t + \theta_1(t) + \theta_2(t)] + \frac{1}{2}K_m V_1 V_2 \sin[\theta_1(t) - \theta_2(t)]$$

式中,K_m 为相乘器的系数,单位为 1/V。滤除 $2\omega_o$ 的分量,即可获得鉴相器输出的误差电压为

$$V_d(t) = \frac{1}{2}K_m V_1 V_o \sin[\theta_1(t) - \theta_2(t)] = V_d \sin\theta_d(t) \tag{5-5}$$

式中,$V_d = \frac{1}{2}K_m V_1 V_o$ 为相乘器输出电压振幅,它与两相乘电压振幅乘积成正比。$\theta_d(t) = \theta_1(t) - \theta_2(t) = \Delta\omega_o(t) + \theta_i(t) - \theta_o(t)$,为两相乘电压的瞬时相位差。(5-5)式就是正弦鉴相器的特性。正弦曲线过零点的斜率 K_d 称为鉴相器的灵敏度。其值为

$$K_d = \frac{dV_d}{d\theta_d}\bigg|_{\theta_d=0} = \frac{d}{d\theta_d}(V_d \sin\theta_d)\bigg|_{\theta_d=0} = V_d(\text{V/rad})$$

上式说明 K_d 在数值上与鉴相器输出电压振幅 V_d 相等。所以(5-5)式又可写成如下形式:

$$V_d(t) = K_d \sin\theta_d(t) \tag{5-6}$$

2. 压控振荡器 VCO

VCO 是一个电压-频率变换电路。VCO 的频率受控制电压 $V_c(t)$ 的控制,随 $V_c(t)$ 的变化而变化。

在模拟集成锁相环中,VCO 电路一般采用射极定时多谐振荡器或积分式施密特触发器及差动式压控振荡器等。VCO 的振荡频率 $\omega_v(t)$ 是控制电压 $V_c(t)$ 的函数。在环路锁定点附近其特性近似为线性,可用下列方程表示:

$$\omega_v(t) = \omega_o + k_o V_c(t) \tag{5-7}$$

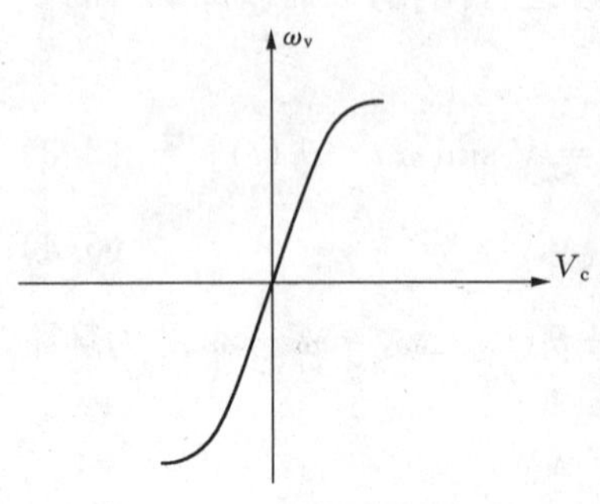

图 5-3 VCO 振荡频率的变化

式中,k_o 是控制特性的斜率,它表示单位控制电压可使压控振荡器角频率变化的大小,又称为压控振荡器的控制灵敏度,其单位为 rad/s · V。图 5-3 所示的是 $\omega_v(t)$ 随 $V_c(t)$ 的变化曲线。

在锁相环中,压控振荡器对鉴相器起作用的不是瞬时角频率而是它的瞬时相位。由(5-7)式可求得 VCO 瞬时相位的表示式为

$$\theta_v(t) = \int_0^t \omega_v(t)\mathrm{d}t = \omega_o(t) + K_o\int_0^t V_c(t)\mathrm{d}t$$

以 $\omega_o t$ 为参考的输出瞬时相位为 $\theta_o(t) = K_o\int_0^t V_c(t)\mathrm{d}t = K_o\dfrac{V_c(t)}{P}$　(5-8)

式中 P 为微分算子，$P = \dfrac{\mathrm{d}}{\mathrm{d}t}$。

由(5-8)式可见，压控振荡器在锁相环路中起了一次积分作用。因此也称它为环路中的固有积分环节。

3. **环路滤波器 LF**

环路滤波器的作用是滤除误差电压 $V_d(t)$ 中的高频成分和噪声，以得到更纯的控制电压 $V_c(t)$ 去控制 VCO 的输出频率 f_v。

模拟锁相环中的环路滤波器是线性电路。由线性元件电阻、电容、电感构成，有时也包含运放。通常使用 RC 低通滤波器、RC 比例积分滤波器等。它们有无源和有源两种。如图 5-4 所示。

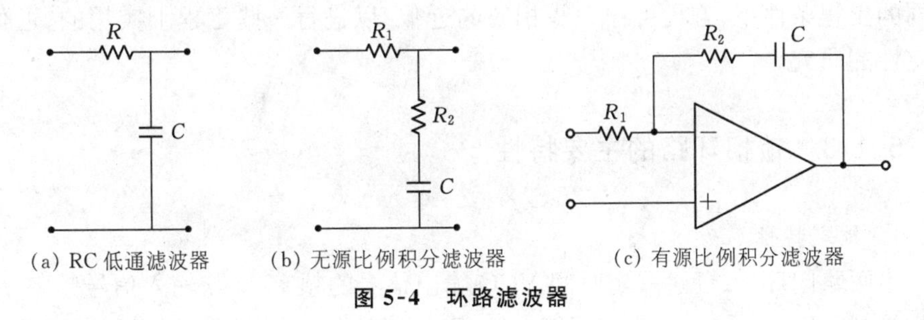

图 5-4　环路滤波器

5.1.2　环路方程

从本质上讲，锁相环路是一个相位负反馈误差控制系统。环路的相位模型如图 5-5 所示。

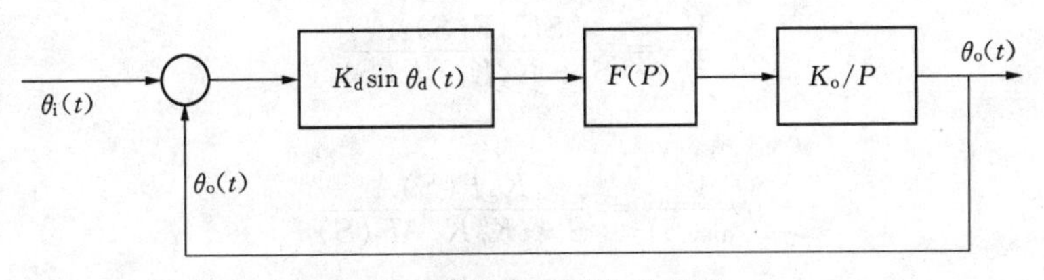

图 5-5　锁相环路的相位模型

在不考虑噪声的条件下，环路方程的一般形式如下：

$$\begin{aligned}\theta_{\mathrm{d}}(t) &= \theta_{\mathrm{i}}(t)-\theta_{\mathrm{o}}(t) \\ &= \theta_{\mathrm{i}}-\frac{K_{\mathrm{o}}F(P)}{P}[K_{\mathrm{d}}\sin\theta_{\mathrm{d}}(t)] \\ &= \theta_{\mathrm{i}}(t)-KF(P)\frac{1}{P}\sin\theta_{\mathrm{d}}(t)\end{aligned} \tag{5-9}$$

式中，$K=K_{\mathrm{o}}K_{\mathrm{d}}$ 称为环路增益。

对(5-9)式微分可得到：

$$\frac{\mathrm{d}\theta_{\mathrm{d}}(t)}{\mathrm{d}t}+KF(P)\sin\theta_{\mathrm{d}}(t)=\frac{\mathrm{d}\theta_{\mathrm{i}}(t)}{\mathrm{d}t} \tag{5-10}$$

(5-10)式就是环路的基本微分方程。它反映了环路输入瞬时相位 $\theta_{\mathrm{i}}(t)$与输出瞬时相位 $\theta_{\mathrm{o}}(t)$之间的关系。一般情况下，这是一个高阶的非线性微分方程，解这个方程可以分析环路工作的各种性能。但一般情况下该方程的求解很困难。在不同的工程条件下，方程可作一些相应的近似，以进行一些工程上实用的、近似的和定性的研究。

5.1.3 锁相环路的主要特性

1. **锁定特性**

当回路闭环后，经过一定时间 VCO 输出信号的频率 f_{v} 与输入信号频率 f_{i} 完全相等，即频差 $f_{\mathrm{i}}-f_{\mathrm{v}}=0$，$f_{\mathrm{v}}$ 和 f_{i} 之间的相位差 $\Delta\theta(t)$不随时间变化，而是一个稳定的值。这一现象称为频率锁定，此时环路工作在锁定状态。

环路在锁定状态下，由于频差为零，相差为一个很小的稳定值，因此环路方程可近似为线性微分方程，整个系统成为线性反馈控制系统。可采用线性反馈系统的分析方法分析环路性能。锁定时环的闭环传递函数为

$$\frac{V_{\mathrm{o}}}{\theta_{\mathrm{i}}}=\frac{SK_{\mathrm{d}}F(S)A}{S+K_{\mathrm{d}}K_{\mathrm{o}}AF(S)} \tag{5-11}$$

或

$$\frac{V_{\mathrm{o}}}{\omega_{\mathrm{i}}(S)}=\frac{K_{\mathrm{d}}F(S)A}{S+K_{\mathrm{d}}K_{\mathrm{o}}AF(S)} \tag{5-12}$$

式中，A 为环路直流增益，K_{d}、K_{o}、$F(S)$的定义同前。

锁相环的频率锁定特性，使它在自动频率控制和频率合成技术等方面得到广

泛应用。

2. 捕捉过程

使回路从未锁定的状态进入信号锁定的状态,这一过程称为捕捉过程。捕捉过程是锁相环性能的一个重要指标。

如果将图 5-1 所示环路中 LF 和 VCO 之间的连线断开,即回路处于开环状态,此时 VCO 的频率为自由振荡频率,亦即中心频率 f_o。假定加在锁相环路输入端的信号频率 f_i 与 VCO 的振荡频率 f_o 之间有一个较小的频差,那么 f_i 和 f_o 信号进入鉴相器相乘,并经过 LF 滤除和频分量后,LF 的输出信号就是一个频率等于 $\Delta f = f_i - f_o$ 的正弦波。如果此时将环路闭合,那么作用在 VCO 上的控制电压就是这个差频正弦波。它使得 VCO 的振荡频率成为时间的正弦函数,交替地一会儿接近输入信号频率,一会儿又离开这个频率。而 PD 的输出又是频率为 f_o 与 f_i 差频的正弦波。当 VCO 频率离开 f_i 时,PD 输出的正弦波频率提高,而当 VCO 频率接近 f_i 时,该正弦波的频率降低。这就使 PD 的输出在捕捉过程中形成一个不对称的波形。它将引起一个附加的直流分量,使 VCO 频率逐渐向 f_i 靠拢,经过一段时间 VCO 的频率与 f_i 完全相等,环路达到锁定状态。捕捉过程所需要的时间称为捕捉时间。输入信号频率围绕 VCO 中心频率 f_o 摆动,在一定的频率偏差范围内,环路能从未锁定状态变成锁定状态,这一频率范围称为捕捉范围。捕捉时间和捕捉范围取决于本身的增益和滤波器的带宽。捕捉范围难于用分析方法求出。作为粗糙的经验方法,可用下式进行估算:

$$|[\omega_i - \omega_o]| < \frac{\pi}{2}K|F[j(\omega_i - \omega_o)]| \tag{5-13}$$

式中,ω_o 为 VCO 中心频率,K 为环路增益,$F(j\omega)$为滤波器传递函数。

3. 跟踪特性

环路处于锁定状态后,若输入信号频率 f_i 的相位 $\theta_i(t)$发生变化时,鉴相器就输出一个正比于相差 $\Delta\theta(t)$的控制电压增量 $\Delta V_c(t)$,控制 VCO 振荡频率 f_v 的相位 $\Delta\theta_v(t)$也随之改变,从而始终保持 $f_v = f_i$,而相差 $\Delta\theta$ 为恒定值。也正由于恒定相差 $\Delta\theta$ 的存在,使环路锁定时鉴相器仍维持有一个固定的输出电压 V_c 控制 VCO 的 f_v 与 f_i 同频。当 f_i 在可以锁定的频率范围内变化时,VCO 的频率将随 f_i 的变化而变化,并始终保持 $f_v = f_i$。这时锁相环工作在同步状态,这一现象称为环路跟踪。

输入信号频率在一定范围内围绕 VCO 中心频率偏摆,而环路仍能保持锁定。超出这个频率范围,环路就不能保持锁定。这个频率变化范围称为锁定范围或同步范围。在大多数情况下,回路锁定范围受相位比较器的相位比较范围所限制。

5.2 集成模拟锁相环电路

模拟集成锁相环有专用电路和通用电路两种。下面介绍的是一个通用集成模拟锁相环电路 LM565。LM565 是一种通用低频单片集成锁相环。该电路具有很高的选频和噪声抑制能力,能在很宽的频率范围内锁定和跟踪输入信号。广泛应用于 FM 调制、FM 解调、FSK 移频键控调制和解调、AM 相干解调、频率合成器等方面。

图 5-6(a)、(b)所示为 LM565 的内部电路原理图和内部电路图。

5.2.1 鉴相器 PD

由 Q_1—Q_9、Q_{37}、Q_{38} 和 R_1—R_4、R_7—R_{11} 等元件构成鉴相器电路,完成鉴相和输出误差电压作用。其中 Q_1—Q_6 组成双平衡模拟相乘器,输入信号 f_i 通过引脚②、③直接加在 Q_2、Q_1 基极上,VCO 信号从引脚⑤送入,通过门控二极管 Q_9 加在相乘器的 Q_4、Q_5 基极,VCO 信号为方波开关信号。Q_7、Q_8 对鉴相输出起限幅作用,使锁相范围对输入信号电平不敏感,这样可以有效地抑制外界干扰,特别是调幅形式出现的工业干扰信号。Q_{37}—Q_{41} 以及 R_3—R_6、R_{15} 等为恒流源电路,作为鉴相器和 VCO 等的直流偏置。

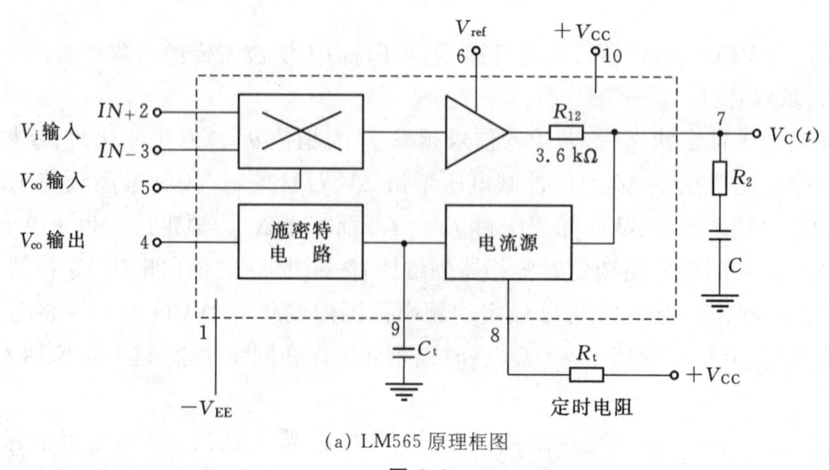

(a) LM565 原理框图

图 5-6

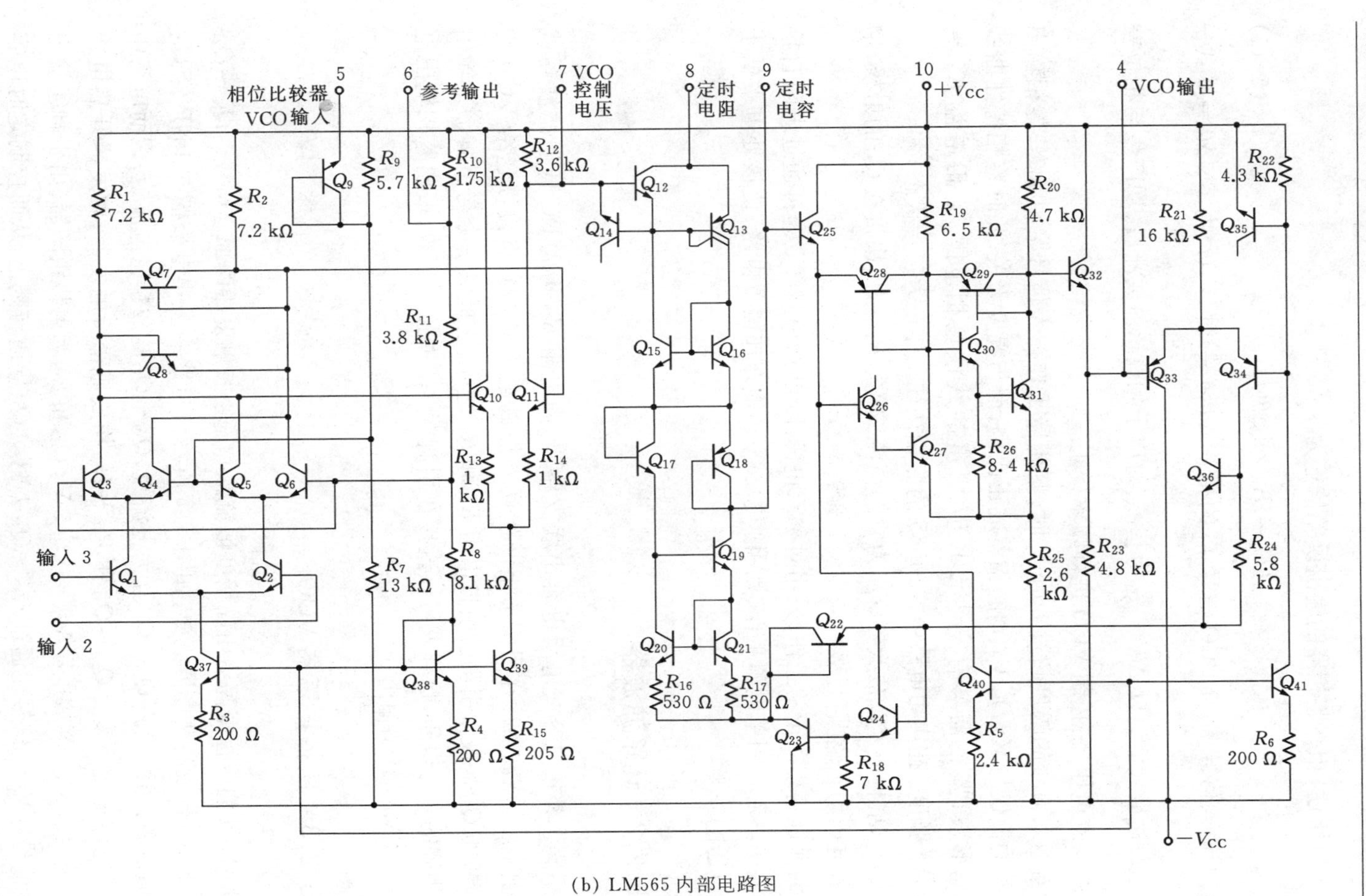

（b）LM565 内部电路图

图 5-6　LM565 电路原理图和内部结构图

如前所述，相乘鉴相器的输出误差信号为

$$V_d(t) = K_d \cos \Delta\theta(t) \tag{5-14}$$

显然，若输入信号 f_i 与 VCO 信号 f_o 的相差 $\Delta\theta = \frac{\pi}{2}$ 时，$V_d(t)$为零；$\Delta\theta = 0$ 或 π 时，$V_d(t)$达最大值。以 $\Delta\theta = \frac{\pi}{2}$ 为基准，对应于相位超前或滞后，均产生与相位差相应的误差电压，去控制 VCO 进行频率校正。

当输入信号的幅度超过 50 mV 时，鉴相器工作在大信号鉴相状态，鉴相输出电压平均值仅与 $V_i(t)$、$V_o(t)$的相差成正比例，而与幅度无关，此时鉴相特性曲线呈三角形波，鉴相器具有宽达 ±1.57 弧度的线性鉴相范围，鉴相增益 K_d = 0.68 伏/弧度。在实用电路中，LM565 的鉴相往往工作在大信号状态。

Q_{10}、Q_{11} 构成差动放大器，Q_{39} 为它的恒流偏置。R_{13}、R_{14} 串接在 Q_{11} 的射极，增加输入电压动态范围，该级可获得 −1.8 倍增益。

为保证鉴相器正常工作，采用对称双电源工作时，引脚②、③可通过电阻直接接零电平。若采用单电源工作，则引脚②、③必须外加偏置电路，使该处电平低于电源电压的一半。

5.2.2 环路滤波器

引脚⑦外接电容或电阻电容串联支路，与内电阻 R_{12} 构成 RC 低通滤波器或 RC 比例积分滤波器。在引脚⑦上产生误差控制电压 $V_c(t)$，直接馈送给 VCO 的控制端，即 Q_{12} 基极。引脚⑥引自电阻 R_{16} 和 R_{11} 之间，它提供一个与引脚⑦上输出电压相等的参考电压，这样就可以直接在引脚⑦、⑥端接入运放，取出鉴相输出电压，作为 FM 的解调输出。

5.2.3 压控振荡器 VCO

LM565 的压控振荡器由高精度恒流源和施密特触发器两部分组成。Q_{12} ~ Q_{24} 和 R_{16} ~ R_{18} 构成高精度恒流源，如图 5-7 所示。电路中多集电极横向 PNP 管 Q_{13} 构成恒流源，与恒流源 Q_{15}、Q_{16} 互为电流镜，Q_{19} ~ Q_{21} 构成精密电流镜，因而电路中的流通电流恒定不变。Q_{25} ~ Q_{31} 和 R_{19} ~ R_{22} 构成施密特触发器，触发器开启电压为 V_H = 1.72 V，释放电压 V_L = −0.7 V。Q_{32} 和 R_{23} 为射极跟随器，由引脚④输出 VCO 信号。VCO 信号还通过 Q_{33} ~ Q_{36} 去驱动 Q_{23} 导通与截止，从而控制定时电容

C_t 的充放电。VCO 的工作原理如下：

若施密特电路输出为低电平，即 Q_{32} 输出低电平，则 Q_{33} 输出低电平，Q_{33} 饱和导通，Q_{34}、Q_{36} 截止，驱使 Q_{23} 也截止。于是由电源流过 R_t 的电流，通过 Q_{13}、Q_{16}、Q_{18} 向 C_t 充电。由于充电电源为恒流，所以 C_t 上电压线性上升。当 C_t 上电压上升到施密特开启电压 $V_H = 1.72$ V 时，施密特电路翻转，Q_{32} 输出高电平，Q_{33} 截止，Q_{34}、Q_{36} 导通，因而又驱使 Q_{23} 也导通。于是 C_t 又通过 Q_{19}、Q_{21}、Q_{17}、Q_{23} 到地放电。同样，由于放电电流也为恒流，而且电流相等，所以 C_t 上电压线性下降，下降速率和上升速率也相同。当 C_t 上的电压下降到施密特电路的释放电压 $V_L = -0.7$ V时，施密特电路又翻转，Q_{32} 输出低电平，如此重复上述过程，周而复始，VCO 输出方波，占空比近似于 50%，VCO 振荡频率为

$$f_o = \frac{1.5}{4.8 R_t C_t} \tag{5-15}$$

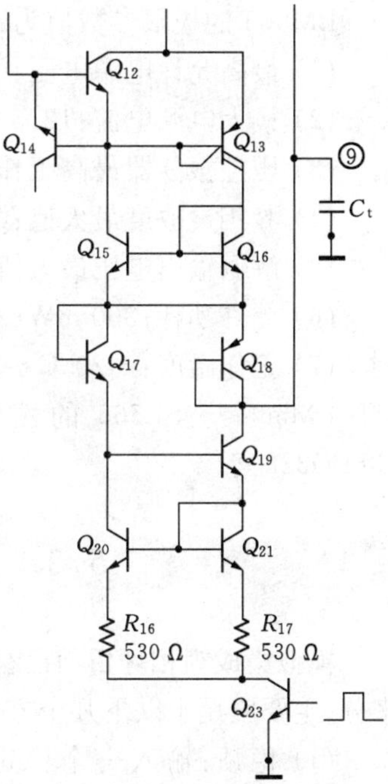

图 5-7　LM565 的 VCO 恒流源电路

鉴相器输出的误差电压经滤波放大以后，直接加在恒流电路输入管 Q_{12} 的基极。误差控制电压 $V_c(t)$ 所产生的电流通过 Q_{12} 控制恒流电路的电流大小，即电容 C_t 充放电电流的大小，从而改变充放电的速率，也就是改变电容 C_t 上三角波电压的周期，即控制了 VCO 输出波形的频率，实现了压控特性。由计算可得 VCO 的压控灵敏度为

$$K_o = \frac{50 f_o}{V} \tag{5-16}$$

V 为加在电路上的总电源电压，用正负电源时，$V = +[|V_c| + |V_s|]$。环路增益为鉴相增益、直流放大器增益和压控灵敏度之积，

$$K_v = K_d \cdot A \cdot K_o \tag{5-17}$$

显然 LM565 的锁相范围相当宽，因此用该集成锁相环构成解调器时，一般只需采用简单的 RC 低通滤波器就可以了，只有要求较高时，才采用比例积分滤波器。另外，由于受施密特触发器和恒流电路转换时间的限制，$f_o < 500$ kHz，因此 LM565 的工作频率不高。

LM565 的极限参数值为：

(1) 最高允许电源电压：±12 V(常用电源电压±6 V)；

(2) 最大电源电流：12.5 mA；

(3) 压控振荡器最高工作频率：500 kHz；

(4) 鉴相灵敏度最大值：0.9 V/弧度；

(5) 解调输出电压最大值：400 mVpp(±10%频偏)；

(6) 允许功耗：300 mW(25 ℃)；

(7) 工作温度：−20 ℃～70 ℃。

LM565 与 SL565 的性能及引脚完全相同，同类产品还有 SE/NE565、x38BG322 等。

5.3 模拟集成锁相环的应用

模拟集成锁相环目前已被广泛地应用在电子技术的各个领域，按其环路功能来分，主要应用于以下几个方面：

(1) 稳频：输入一个稳定的标准频率，通过环路来实现分频、倍频与频率合成。

(2) 调制：利用环路中 $V(t)$ 对 VCO 振荡频率的控制特性，实现 FM 调制。

(3) 解调：输入 FM 或 FSK(移频键控调制)信号时，利用环路对载频的调制跟踪特性实现解调。

(4) 同步：利用锁相环可实现载波同步和位同步，被应用于相干解调和数字滤波器中。

(5) 控制：锁相环可实现对电机转速、自动频率校正及相位自动校正等功能。

(6) 测量：锁相环可实现对两个信号的频差、相差的测量，被应用于测距、测速等方面。

下面介绍的是用模拟集成锁相环 LM565 实现 FM 调制、解调的电路。

5.3.1 FM 调制

图 5-8 所示是采用 LM565 构成的调频电路。LM565 的 VCO 振荡中心频率为 FM 的载频。由前面关于 LM565 内部电路的分析已知，该电路的 VCO 振荡中心频率可由下式确定：

$$f_o = \frac{1.5}{4.8R_tC_t} \quad (5\text{-}18)$$

可知改变 C_t、R_t 的大小即可调整 f_o。

调制信号通过 C_3 加在 R_{t1} 和 R_{t2} 的连接点，通过 R_{t2} 改变压控振荡器恒流源电流的大小以实现调频。假设调制信号为 $V_\Omega(t) = V_\Omega \cos \Omega t$，则 VCO 的瞬时角频率(即载波的瞬时角频率)随调制信号的幅度大小成正比变化，即

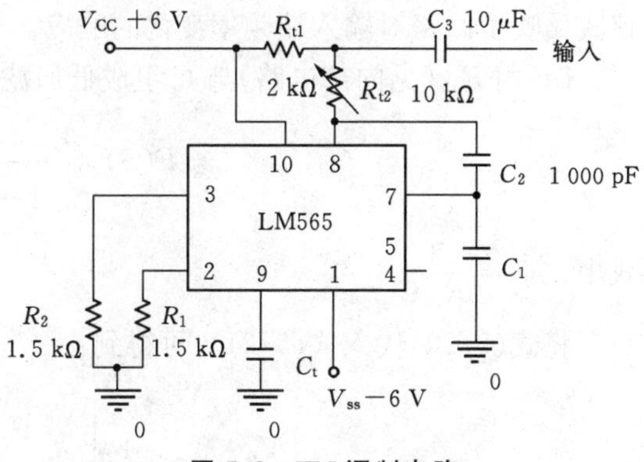

图 5-8　FM 调制电路

$$\omega(t) = \omega_o + K_o V_\Omega \cos \Omega t \quad (5\text{-}19)$$

式中，$K_o V_\Omega \cos \Omega t$ 表示载波信号受到调制信号调制时，其瞬时角频率偏离原角频率 ω_o 的大小。K_o 为压控振荡器的控制灵敏度。

5.3.2　FM 解调

图 5-9 所示是用 LM565 构成的 FM 解调电路。VCO 的中心频率 f_o 调整为 FM 载波频率，VCO 的输出信号与调频信号分别加到 PD 的输入端(引脚⑤与引脚②)，PD 的输出信号滤去高频分量后，在输出端得到解调信号。

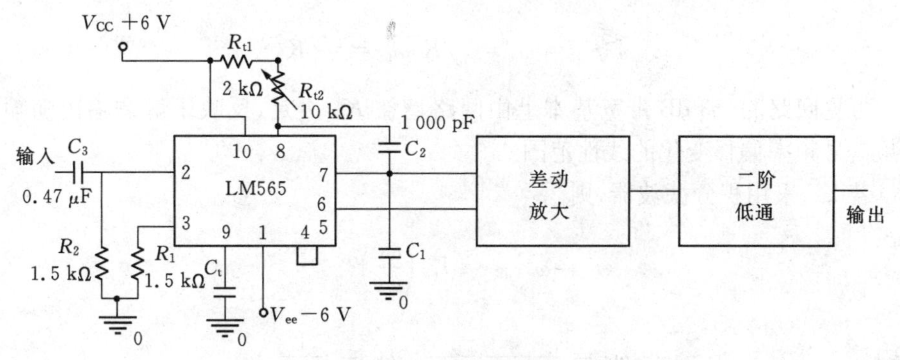

图 5-9　FM 解调电路

锁相解调时，环路锁定于载波信号。这时环路的传递函数为

$$\frac{V_o(S)}{\omega_i(S)} = \frac{K_d F(S) A}{S + K_d K_o F(S) A} = \frac{1}{K_o} \frac{K_v F(S)}{S + K_v F(S)} \quad (5\text{-}20)$$

该式反映了回路对输入端频率变化的响应。

LF 由 R_{12}(见内部电路)与 C 组成低通滤波器,其传递函数为

$$F(S)=\frac{1}{1+\dfrac{S}{\omega_1}} \tag{5-21}$$

式中,$\omega_1=\dfrac{1}{R_{12}C}$。

将式(5-20)代入式(5-21),可得到:

$$\frac{V_o}{\omega_i}(s)=\frac{1}{K_o}\left[\frac{1}{1+\dfrac{S}{K_v}+\dfrac{S^2}{\omega_1 K_v}}\right]$$

$$=\frac{1}{K_o}\left[\frac{1}{\dfrac{S^2}{\omega_n^2}+2\dfrac{\xi}{\omega_n}S+1}\right] \tag{5-22}$$

式中,$\omega_n=\sqrt{K_v\omega_1}$,$\xi=\dfrac{1}{2}\sqrt{\dfrac{\omega_1}{K_v}}$,$\xi$ 为阻尼系数。取 $\xi=\dfrac{1}{\sqrt{2}}$ 时,可获得最大平坦响应。此时应取为

$$\omega_1=2K_v$$

而传递函数的 -3 dB 频率为

$$\omega_{-3\ \mathrm{dB}}=\omega_n=\sqrt{K_v\omega_1}=\sqrt{2}K_v$$

可见回路的 -3 dB 带宽基本上由回路增益 K_v 决定,反映了解调输出随输入调频信号频率偏移变化的线性范围。

若 LF 采用积分滤波器,则

$$\omega_{-3\ \mathrm{dB}}=K_v\left(\frac{\omega_1}{\omega_2}\right)$$

式中,
$$\omega_1=\frac{1}{C(R_1+R_2)},\ \omega_2=\frac{1}{CR_2}$$

R_1 即图 5-7 中的 R_{12}。

图 5-9 中的差分放大器用于减去 V_o 中的直流成分,并将 PD 输出信号放大。低通滤波器用以滤除所需信号以外的高频成分。

5.4 锁相环同步范围与捕捉范围的测试方法

测试锁相环同步范围与捕捉范围的方框图如图 5-10 所示。信号源为一个频率稳定并能连续可变的信号发生器。信号发生器的信号 V_i 加到 PLL 输入端,用双踪示波器同时观察输入信号 V_i 和 VCO 输出信号 V_o。示波器用触发扫描,触发源选自 VCO 信号输入通道。调整输入信号的频率,当 PLL 锁定时,即 $f_i = f_o$ 时,示波器两个通道的信号同步,两个通道均呈现清晰的波形。当 PLL 失锁时,即 $f_i \neq f_o$ 时,示波器上 V_i 信号与 V_o 不同步。由于示波器触发扫描的触发源是选自 VCO 信号输入通道的,因此这时在示波器上 VCO 信号仍为清晰的波形,而 V_i 信号则呈现一条模糊的带子。用这样的方法可以方便地测出 PLL 的同频范围与捕捉范围。

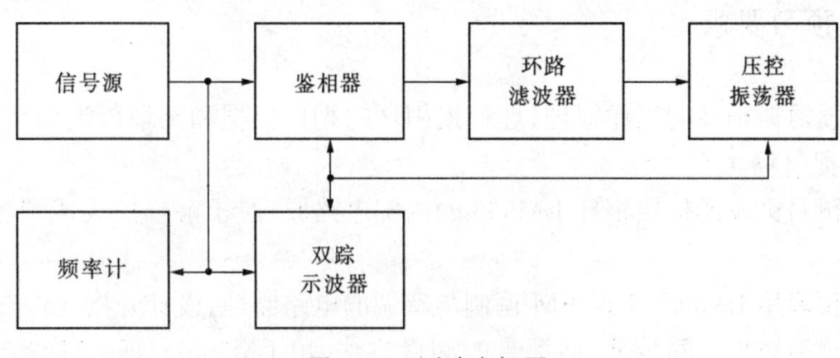

图 5-10 测试方框图

5.4.1 同步范围的测试

先将 f_i 调在 f_o 附近使 PLL 锁定。然后缓慢地向高和向低调节 f_i,使之偏离 f_o。观察示波器,并测出 PLL 失锁时的两个边界频率 f_h 和 f_L 的两者之差即为同步范围。而 $(f_h - f_L)/2$ 称为同步带。f_h 和 f_L 可用频率计测,没有频率计亦可用示波器测。

5.4.2 捕捉范围的测试

将 f_i 调高直至 PLL 失锁,然后缓慢地向低调节 f_i,找到 PLL 入锁时上界频率。再将 f_i 向低调至 PLL 失锁,然后缓慢地向高调节 f_i 找到 PLL 入锁时下界频率。上下界入锁频率之差即为捕捉范围,捕捉带定义为上下界入锁频率之差的一半。测试中应注意 f_i 的调节需缓慢，以使测试结果尽量正确。

5.5 实验题目

实验 FM调制与解调实验

一、实验原理

本实验的原理已在本单元前四节原理部分作了详细阐述，请自行参阅有关部分。

二、预习要求

(1) 预习锁相环的工作原理，理解锁相环的相位模型和闭环传递函数，了解锁相环的捕捉过程。

(2) 预习集成模拟锁相环 LM565 的内部电路原理，了解模拟集成锁相环的主要应用。

(3) 预习用 LM565 实现 FM 调制与解调的电路原理，设计外接元件参数。

(4) 预习锁相环同步带、捕捉带的测量方法，用 LM565 实现 FM 调制与解调的实验步骤。

三、实验内容

1. 同步带与捕捉带测试

LF 采用 RC 低通滤波器，环路-3 db 带宽按最大平坦度响应设计 $\left(\text{即}\ \xi=\frac{1}{\sqrt{2}}\right)$。

(1) 参照图 5-9，不接减法器和有源滤波器，即在锁相环闭环的情况下，检查电路无误后接通电源，并调整 VCO 的中心频率 f_O 为 250 KHz。

(2) 在电容 C_3 左边输入频率 250 KHz、幅度 2 V 左右的方波，用示波器双踪观察输入方波和锁相环 4 脚 VCO 输出，应该观察到两者相差 90°。

(3) 用 § 5.4 节介绍的方法测量同步带与捕捉带。

2. 用锁相环实现调制电路

(1) 参照图 5-8，实际是利用 PLL 内部的 VCO 作调制电路(PLL 不需要闭环)。

(2) 根据实验指标要求确定元件参数后安装电路。

(3) 检查电路无误后接通电源,并调整 VCO 的中心频率 f_0 为 250 kHz(f_0 可用频率计或示波器测试)。

(4) 加入 $f_0 = 1$ kHz 的调制信号,在 VCO 输出端观察调频输出。若波形不正常,调整电路使之工作正常。

3. **用锁相环实现解调电路**

(1) 参照图 5-9,根据实验指标要求,确定元件参数后安装电路。

(2) 在 PLL 开环状态,调整 VCO 的中心频率 $f_{02} = 250$ kHz。

(3) 将调制电路 VCO 输出与解调电路 VCO 输出分别输入示波器的 Y_1、Y_2 通道。调整解调电路的 f_{02} 使之与调制电路的 f_{01} 一致。(判别两路信号频率一致的方法可参照"同步范围的测试"一节)。

(4) 将解调电路闭环,观察 VCO 输出波形,确定电路工作正常后,将调频信号接到解调电路输入端。观察 PD 输出波形(引脚 7)是否正常并调整之。

(5) 检查差动放大与二阶低通滤波器工作正常后连到 PD 输出端,分别观察放大器和滤波器输出端使电路工作都正常。

4. **锁相环特性测试**

用"调制电路 VCO 输出"作信号源,调节 R_{t2} 使 VCO 频率变化并达到测量范围。按§5.4 节所述方法,测试解调电路锁相环的锁定范围与捕捉范围。

5. **电路测试**

(1) 当调制信号频率为 1 kHz 时,测试解调输出最大不失真 V_{opp} 及相应的调制信号幅度 V_{vpp}(在调制电路输入端测)。

(2) 改变调制信号频率,测试解调输出频响特性。

四、实验要点

(1) 锁相环实验中,如电路工作不正常,应先进行静态工作点测试。工作点正常,则考虑电路中电容大小是否正确,连接是否正确。

(2) 关于同步带捕捉带的测量,一定要注意在进行锁相环中心频率设置时,锁相环闭环且不能输入方波信号。当设置好锁相环中心频率后,输入相同频率的方波信号后,示波器双踪观察锁相环输入方波信号和输出信号,两者应该是 90°的相位关系。随着输入信号频率的变化,相位关系也跟着变化,直到两者相位接近 0°或 180°时环路失锁。注意同步带和捕捉带测量的不同之处。

(3) FM 调制与解调时,仍要将两片锁相环分别调至中心频率(两片锁相环先不要连接,分别调至中心频率),然后再将两片锁相环相连,在不输入调制信号时,两者输出的方波应该是 90°相差;输入调制信号后,解调电路输出应该是粗线条的正弦波(示波器水平坐标应在 1/4 调制信号周期左右范围),滤波后输出波形仍有毛刺,应注意电路中直流电源是否退耦。

五、思考题

(1) 除了 FM 调制与解调,LM565 还有哪些常见的应用?

(2) 在 FM 调制实验中,LM565 并没有闭环,如果考虑到锁相环 VCO 中心频率不稳定,为了稳定锁相环 VCO 中心频率,可以将锁相环闭环,如果用闭环后的锁相环实现 FM 调制,画出电路框图,并说明电路的设计要点有哪些?

(3) 锁相环 CD4046 与 LM565 在性能特点上有什么不同?什么是数字鉴相?常用的数字鉴相电路有哪些?什么是全数字锁相环?

附　录

宽带AGC放大器实验

本实验通过采用扫频仪或高频信号源对宽带放大器进行带宽增益的测试。掌握宽带放大器的一些指标测试及仪器使用。了解带宽与增益的关系及高频电路的一些特点(接地、退耦、防振等)。了解 AGC 电路的性能及指标测试。

一、实验原理

高频 AGC 电路,即高频自动增益控制,广泛应用于电视、雷达收音机等方面。如在接收电视信号时,随着不同距离信号强弱不同,可以有几十 dB 之差,如不加 AGC 电路,信号太大超出线性动态范围波形就要失真,甚至使放大器到饱和截止状态;信号太小达不到一定幅度,后面检波器就解调不出信号。因此 AGC 电路是接收系统必不可少的电路,即使在最简单的收音机中也有 AGC 电路,使其能适应不同距离、不同电台的接收。

宽带 AGC 电路图 5-11 是由 uA733 宽带放大器、MC1496 模拟乘法器、二极管检波及滤波电路构成。信号由 MC1496 的 4 端输入经 6、12 双端输出,由 RC 耦合

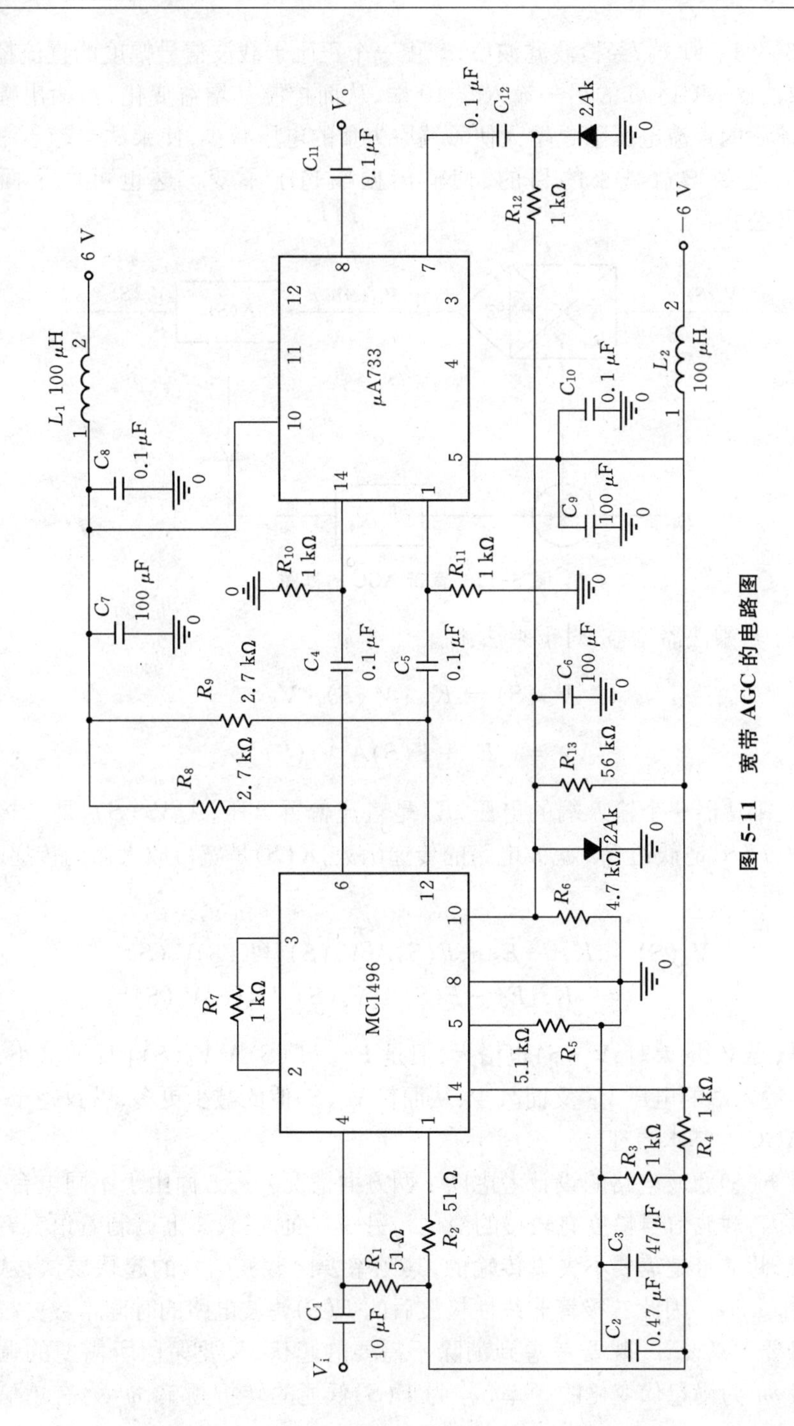

图 5-11　宽带 AGC 的电路图

至 uA733 的 1、14 端，经检波滤波后，产生一个正比于载波信号幅度的直流控制信号加到乘法器 MC1496 的另一输入端 10 端，从而控制其增益变化，当输出幅度变大时，整流后的直流电压随之增大使⑩端原先负的电压减少，使乘法器趋于平衡而载波减小，达到增益减小的目的，使输出振幅趋于不变。这也可由下面的框图 5-12 及公式看出。

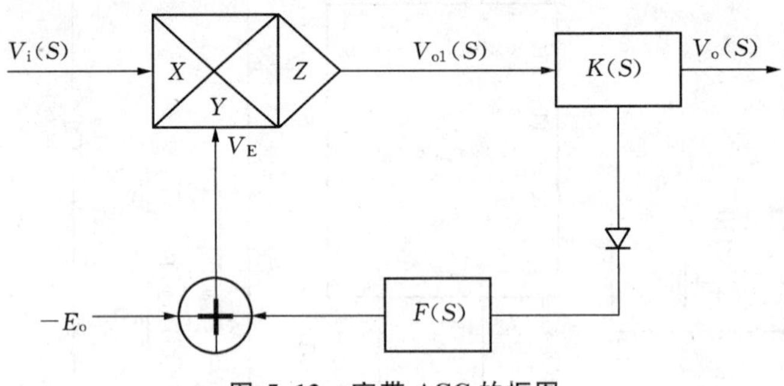

图 5-12　宽带 AGC 的框图

设 K_x 是乘法器增益，对于乘法器有

$$V_{o1}(S) = K_x \cdot V_i(S) \cdot V_E$$

其中，

$$V_E = -E_o + F(S)A[V_o(S)]$$

V_E 是乘法器一个输入端的电压，E_o 是直流偏置电压，$A[V_o(S)]$是二极管非线性函数，$F(S)$是低通 RC 滤波电路的传递函数，$K(S)$是宽带放大器的传递函数。

由此可得：

$$\begin{aligned} V_o(S) &= K_x\{-E_o + F(S)A[V_o(S)]\}K(S)V_i(S) \\ &= -K_x\{E_o - F(S)A[V_o(S)]\}K(S)V_i(S) \end{aligned}$$

这样，当 V_i 增大时，$V_o(S)$也增大，但是 $E_o - F(S)A[V_o(S)]$ 反而减小，即乘法器一个输入端的电压 V_E 反而减少，从而使 $V_o(S)$值的减少更多，以致趋于不变。这就是 AGC 的基本原理。

对于 $F(S)$滤波电路的设计考虑以下两方面情况。一方面由于不同电台、距离远近等原因，载波信号幅度有较慢的变化。另一方面，在载波上调制着语言音乐等有用信号，此信号是需要不失真传输的，其频率要比载波信号的起伏要快，从几十 Hz 到几十 kHz。因此二极管非线性检波后的 $F(S)$滤波电路的时间常数要根据不同的信号要求来设计，既要考虑到消除不需要的起伏，又要保留所需要的调制信号。如设 ω_1 为慢起伏变化的频率，ω_2 为 $F(S)$低通的转折频率，ω_3 为有用信号的调制频率，则它们有以下的关系式：$\omega_1 \ll \omega_2 \ll \omega_3$。

实验中宽带放大器及模拟乘法器的原理参见教材有关章节。可变增益的器件除了乘法器外，还有恒流源差分放大器(二象限乘法器)、二极管对、正向AGC三极管(电视机高频调谐器中用)等等。为了增加可控范围可采取多级控制，如电视机中在高频、中频部分都加有AGC电路以适应不同大小的输入信号。

二、实验内容

如图5-11构成宽带AGC电路。

(1) 测量AGC的范围，即测量输出信号V_o幅度变化不超±10%时输入信号的范围。输入$f_c = 5$ MHz的等幅波，用示波器测出可控范围(dB)和起控信号的大小。示波器的两个输入端可分别用来观察V_i及V_o。

(2) 研究观察AGC的$F(S)$时间常数对调制信号的影响。输入$f_c = 5$ MHz的等幅波，调制信号频率为1 kHz、调制度$M = 20\%$的调幅波，V_i幅度在可控范围内。观察滤波电容分别为0.1 μF及100 μF时对调幅波$V_o(S)$包络的影响，并分析其原因。

三、集成宽带放大器uA733的内部电路

美国仙童公司uA733型宽带放大器具有增益高、频带宽、转换速度快等优点，使用范围很广，可用作中频放大器、宽带高频放大器和宽带示波器中的Y放大器、LC和晶体振荡器、脉冲电路中的触发器、方波发生器、高频有源滤波器等等。uA733宽带放大器可用双电源，也可以用单电源。在使用过程中，改变引脚4～11、3～12的连接方式，就可以改变增益和带宽，使用起来极为方便。uA733的最大增益可达55 dB以上，最大带宽可从直流至120 MHz。

图5-13(a)是uA733的内部电路，由图可知uA733是由一级差分输入级、一级差分放大级、一级射极输出器及直流偏置电路4部分组成。其中差分对管T_1、T_2组成差分输入级，R_1、R_2分别为T_1、T_2的集电极电阻，R_3、R_4和R_5、R_6分别为T_1、T_2的射极电阻，改变4、11、3、12端的连接方式就可以改变T_1、T_2的射极反馈电阻值，从而改变增益和带宽，负反馈电阻的最大值为$R_3 + R_4 = 640\ \Omega$，为该级提高了深度负反馈，此时，带宽最宽，增益最低。T_7、R_7组成差分输入级的恒流源偏置电路。差分放大级由对管T_3、T_4组成，R_9、R_{10}分别为T_3、T_4的集电极电阻，T_9、T_{16}构成T_3、T_4的恒流偏置电路。为了保证这一级有足够的带宽和增益，

R_9，R_{10}的数值仅为 1.1 kΩ，不到 R_1、R_2 的一半。R_1、R_2 接在输出端和第二级差分放大级输入端起电压并联负反馈作用，目的是为了一步展宽带宽。T_5、T_6 构成射极输出级，利用射极跟随器输入电阻高、输入电容小的特点，提高第二级的增益带宽积，其基极分别接在差分放大器 T_3、T_4 的集电输出端，因而 uA733 的输出 8、7 端是差动输出的。T_{10}、T_{11}分别为 T_5、T_6 的有源负载，起到稳定 T_5、T_6 工作点和改善跟随特性以及降低输出电阻的作用。

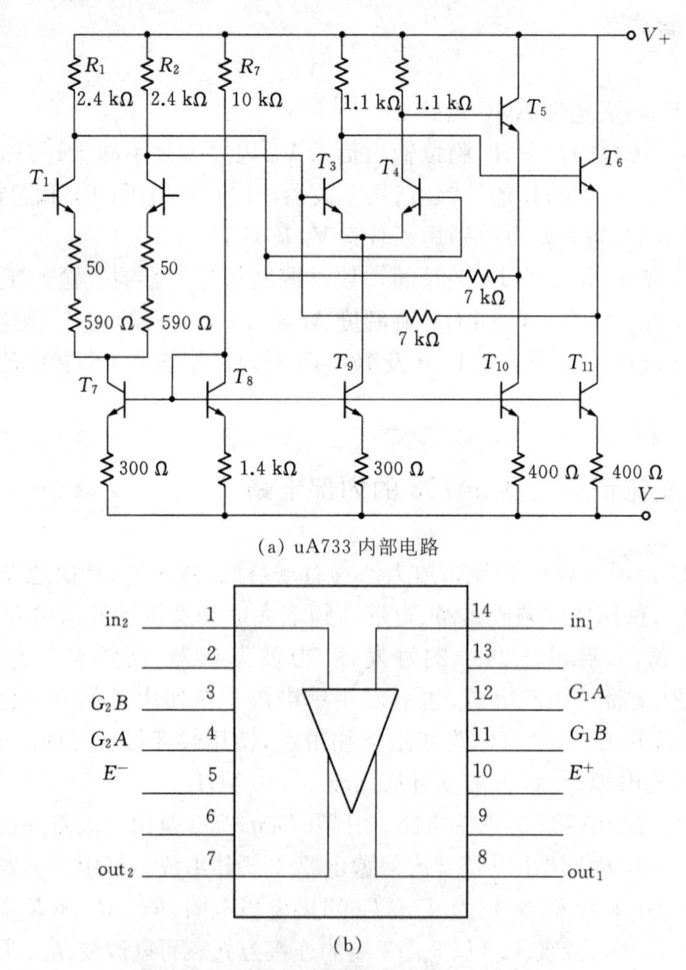

(a) uA733 内部电路

(b)

图 5-13　集成宽带放大器 uA733

在分析差分放大器的电压增益时，考虑到两管射极总电流恒定不变，将差分放大器在差模输入时的交流等效电路可画成图 5-14，即可以看作由两个单管共发放大器组合而成，而差动输出时的电压增益与单管共射放大器相同。根据这一原理，并考虑到射极输出器的电压增益近似于1,在分析uA733的电压增益时,可以把它的内部电路画成如图5-14所示的原理图。由图可知,第一级为电流串联反馈放大器,其电压增益 G_1 为

$$G_1 \approx \frac{R_1}{r + R_3 + R_4}$$

式中,r 为 T_1 或 T_2 的射极电阻。在室温下,r 取11 Ω左右。

第二级为电压并联负反馈放大器,其电压增益 G_2 为

$$G_2 \approx \frac{R_{11}}{R_1}$$

所以uA733的电压增益 G_v 为

$$\begin{aligned} G_v &= G_1 \cdot G_2 \\ &= \frac{R_{11}}{r + R_3 + R_4} \end{aligned}$$

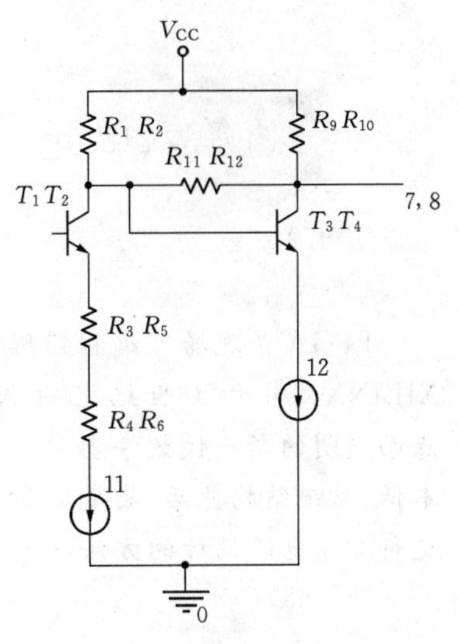

图5-14　差分放大器(uA733)的交流等效电路

将图中 R_3、R_4、R_{11} 的数值代入式中,得到uA733的 G_v 为10.57倍;连接3、12端,即使 $R_4=0$, G_v 为114.75倍;连接4、11端,即使 $R_3+R_4=0$, G_v 为636.36倍。可见改变3、12、4、11的连接方式可以很方便地改变uA733的电压增益。因为放大器的增益带宽之积是一个常数,所以也就很方便地改变了带宽。增益越低,带宽也就越宽。uA733的主要特性参数如表5-1。

表5-1　uA733的主要特性参数

	电压增益	带宽	输入电阻	输入电容	最大输入电压	输出电阻	最大输出电压	输出电流	电源电压	电源电流
符号	G_v	$\Delta f_{3\,dB}$	R_1	C_1	V_6	R_6	$V_{\mu M}$	f_o	E	I_o
单位	dB	MHz	kΩ	pF	V	Ω	V	mA	V	mA
都不接	20	120	250							
接3、12	40	90	30	2	1	20	4	3.6	6	18
接4、11	52	40	4							

第六单元　数字电路的 FPGA 实现

FPGA 是现场可编程门阵列(Field Programmable Gate Array)的简称,它是 XILINX公司于 20 世纪 80 年代中期在传统的掩蔽膜编程门阵列基础上克服其缺点而发明的新一代数字器件。使用 FPGA 开发产品具有周期短、风险小、开发成本低、系统结构灵活、集成度高的特点。通过该单元实验,使学生掌握利用 FPGA 进行数字电路设计的方法和步骤。

6.1　概　　述

可编程逻辑器件(Programmable Logic Device, PLD)是在专用集成电路基础上发展起来的新型逻辑器件,它利用软件将设计者的硬件语言描述电路转换为硬件电路,FPGA 是现场可编程门阵列(Field Programmable Gate Array)的简称,是 Xilinx 公司在 1985 年推出的一种采用单元结构的新型 PLD,它采用 CMOS 和 SRAM 工艺制作,内部有许多独立的可编程逻辑单元,各单元间可编程互连,具有密度高、速度快、编程灵活、可重新配置等优点。现在 PLD 的发展趋势是高密度、低功耗、高速度,而且由于专用集成电路(ASIC)具有芯片设计周期长、难点多、功耗大等缺点,用 FPGA 来代替一般的 ASIC 芯片进行系统设计越来越普遍。目前 FPGA 的主要生产厂商有 Xilinx 公司、ALTERA 公司、ACTEL 公司、AT&T 公司、LATTICE 公司等。

实验所用 Xilinx 公司的 Spartan3E 系列 FPGA 芯片由可编程的可配置逻辑块(Configurable Logic Blocks, CLBs)、可编程的输入输出块(Input/Output Blocks, IOBs)、数字时钟管理(Digital Clock Manager, DCM)块、RAM 块、乘积块(Multiplier Blocks)等构成,如图 6-1 所示。其中 IOBs 在 FPGA 封装管脚和内部逻辑电路之间提供一个可编程的单向或双向接口,CLBs 包含 4 个逻辑片(slices),每个逻辑片包含两个查找表(Look-Up Tables, LUTs)和两个存储单元,如图 6-2 所示。乘法器可实现高速的低功耗的乘法器、累加器。DCM 包括延迟锁相环(Delay-Locked Loop, DLL)、相移器(Phase Shifter, DPS)、数字频率合成器(Digital Frequency Synthesizer，DFS)等。RAM 块用于实现大容量的数据存储。

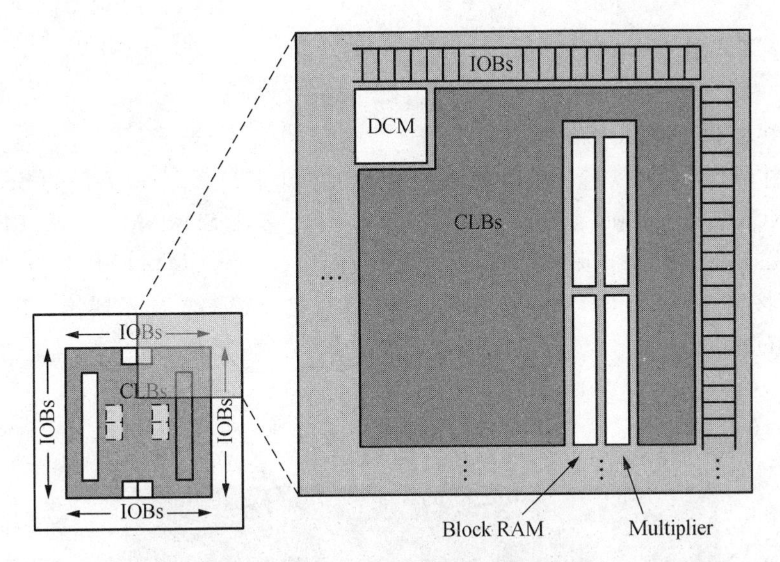

图 6-1　Spartan3E 系列 FPGA 内部结构

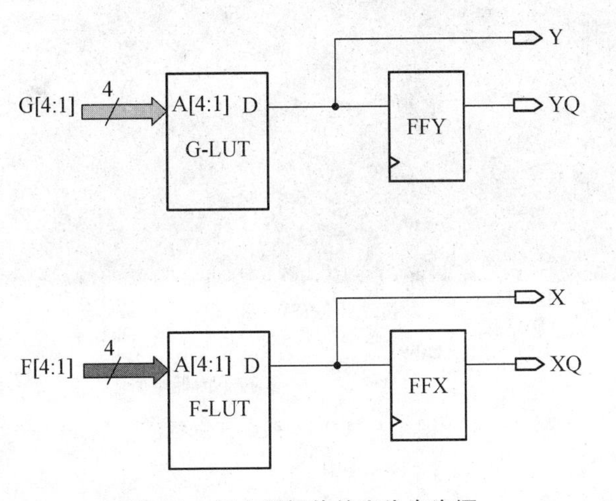

图 6-2　每个逻辑片的查找表资源

6.2 FPGA 系统设计方法

6.2.1 软硬件环境

1. 实验用 FPGA 系统开发板

如图 6-3 所示为实验用 FPGA 系统开发板。主芯片采用 50 万门的 Spartan3E FPGA-XC3S500E, 208 脚贴片封装, 集成一片 8M SDRAM, 一块 EEPROM XCF04S, 16×2 字符点阵 LCD,四位七段数码管,一个八位拨码开关,10 个 LED 指示灯,按键 12 个,LCD 液晶显示器,PS2 键盘接口,VGA 显示器接口以及 A/D 转换和蜂鸣器等。

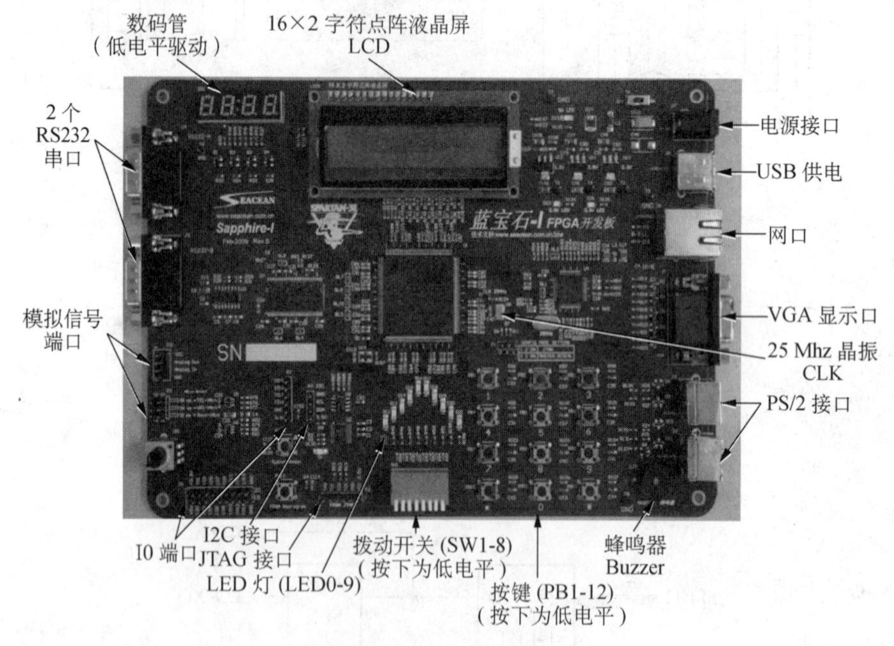

图 6-3　FPGA 系统开发板

2. 软件开发环境

FPGA 系统开发采用 Xilinx ISE9.1i 软件。

6.2.2 FPGA 设计步骤及方法

采用 Xilinx ISE9.1i 进行数字电路设计的一般步骤如下：

(1) 新建项目工程；

(2) 电路逻辑设计；

(3) 综合项目工程；

(4) 设计测试波形；

(5) 仿真测试；

(6) 管脚分配、布线和生成下载的 bit 文件；

(7) 下载验证。

6.3 FPGA 数字电路实验板

6.3.1 常用板上资源 I/O 管脚定义

1. 按钮、LED 灯、数码管和晶振

FPGA 数字电路实验板的按键、LED 灯、数码管和晶振详见表 6-1。

表 6-1 FPGA 数字电路实验板的按钮、LED 灯、数码管和晶振

资源标识	资源名称		I/O 管脚定义		备注
按钮	PB1 PB2 PB3 PB4 PB5 PB6	PB7 PB8 PB9 PB10 PB11 PB12	P58 P71 P72 P91 P54 P57	P43 P51 P169 P31 P32 P33	按下为低电平
LED 灯	LED0 LED1 LED2 LED3 LED4	LED5 LED6 LED7 LED8 LED9	P16 P18 P19 P22 P23	P24 P25 P28 P29 P30	高电平点亮，低电平熄灭

续表

<table>
<tr><th>资源标识</th><th colspan="2">资源名称</th><th colspan="2">I/O 管脚定义</th><th>备注</th></tr>
<tr><td>晶振 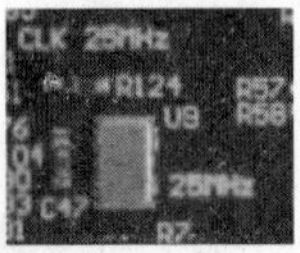</td><td colspan="2">CLK</td><td colspan="2">P80</td><td>25M 时钟</td></tr>
<tr><td>数码管位
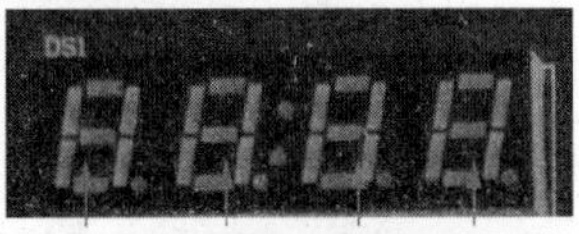
DLA3 DLA2 DLA1 DLA0</td><td colspan="2">DLA3
DLA2
DLA1
DLA0</td><td colspan="2">P153
P144
P137
P139</td><td>数码管低电平驱动</td></tr>
<tr><td>数码管段 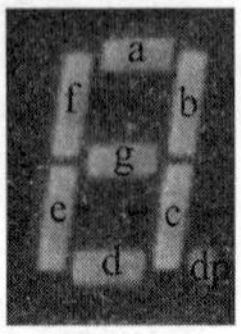</td><td>DL a
DL b
DL c
DL d</td><td>DL e
DL f
DL g
DL DP</td><td>P151
P138
P145
P150</td><td>P152
P146
P140
P147</td><td></td></tr>
</table>

2. 数码开关、蜂鸣器

数码开关置于“OFF”状态时，对应的信号为高电平，置于“ON”状态时为低电平。拨码开关与 FPGA 的管脚对应如表 6-2 所示。

表 6-2 拨码开关与 FPGA 数字电路实验板的管脚对应

信号	SW0	SW1	SW2	SW3	SW4	SW5	SW6	SW7
I/O 管脚	P204	P194	P20	P26	P184	P34	P175	P174

可以通过控制 FPGA 输出脉冲的频率来控制蜂鸣器发出不同频率的声音，蜂鸣器管脚为 P74。

3. LCD

I/O 的管脚定义如表 6-3 所示。

表 6-3 I/O 的管脚定义

信号	D0	D1	D2	D3	D4	D5	D6	D7	Lcd_RS	Lcd_RW	Lcd_E
I/O 管脚	P132	P129	P128	P127	P126	P123	P122	P120	P135	P134	P133

关于 LCD 的编程请参考 LCD1602 相关资料。

6.3.2　FPGA 实验板使用步骤

接通实验开发板电源(USB 电源)和 JATG 下载线,用 JTAG-USB 下载线将 PC 机与 Sapphire 板卡 JTAG 接口连接起来,具体连线如图 6-4 所示。

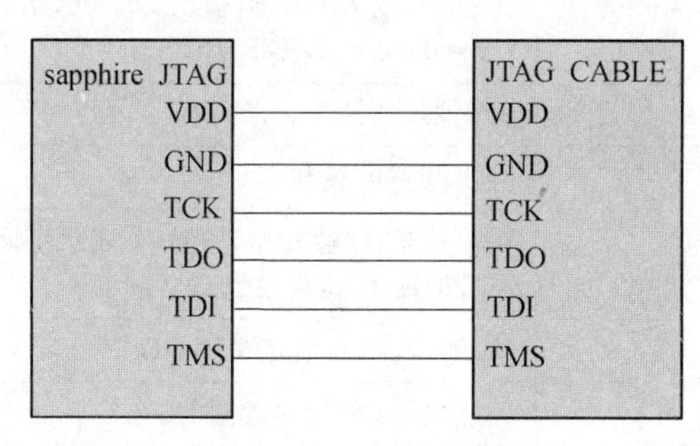

图 6-4　JTAG 接口

6.4　Spartan 库说明

常用的器件说明如表 6-4 所示。

表 6-4　Spartan 库说明

编号	常用器件	Spartan 库说明
1	ACC	累加器,(Load)L=1 装载数据从($D_{n-1}-D_0$),ADD 为 1 表示加法,ADD 为 0 表示减法,R 同步清零,C_O 无符数的进位(借位),OFL 有符号数的溢出标志
2	ADD	加法器
3	ADSU	累加器,加法/减法器
4	AND(m)B(n)	与门 m 个输入端,其中有 n 个反变量输入
5	BRLSHFT	移位寄存器,S2、S1、S0 表示向左移几位(循环)
6	BUF	缓冲器
7	CB(n) (C, R, L, E, D)	n 位二进制计数器,C 异步清零,R 同步清零,L 装载数据,E 使能,D=1 加法计数,D=0 减法计数(以上都是高有效)
8	CC(n) (C, R, L, E, D)	n 位二进制计数器,参数定义同 CB
9	CD(n) (C, R, L, E, D)	十进制计数器,参数定义同 CB

续表

编号	常用器件	Spartan 库说明
10	CJ(n)(R, C, E)	约翰逊计数器,参数定义同 CB
11	COMP(n)	比较器,输入 $A=B$,输出 $EQ=1$
12	COMPM(n)	比较器,输入 $A=B$,输出 $GL=0$, $LT=0$; $A>B$, $GT=1$, $LT=0$; A<B, GT=0, LT=1
13	D(n)_(2^n)E	译码器,如:D3_8 译码器
14	DECODE	输出开路的线与
15	FD	F 触发器,D 触发器,参数_1 表示下降沿触发,P 异步置 1,S 同步置 1,其余参数意义同 CB
16	FJK	JK 触发器,参数定义同 FD
17	FT	T 触发器,参数定义同 FD
18	GND, Vcc	地,电源
19	IBUF	输入缓冲器
20	IBUFG	全局时钟输入缓冲器
21	OBUF	输出缓冲器
22	IFD	输入 D 触发器(I/O 中)
23	ILD	输入锁存器(I/O 中)
24	INV	倒相器
25	LD	锁存器
26	NAND	与非门,其余同 AND
27	NOR	或非门,其余同 AND
28	OFD	输出 D 触发器(I/O 中)
29	M(n)_1E	多路选择器,如:M4_1E 表示四选一
30	0R	或门(同 AND)
31	PULLUP PULLPOWN	上拉、下拉电阻
32	RAM(mXn)(D, S)	可读写存储器,D 表示双口,即读写线独立
33	ROM	只读存储器
34	SR	移位寄存器,L:1 装载,L:0 右移
35	XNOR	同或门
36	XOR	异或门

6.5 建立 ISE 工程、功能仿真、下载验证实验步骤

6.5.1 建立 ISE 工程

建立 ISE 工程的具体步骤如下：

① 打开 ISE，选择"开始"→"程序"→"Xilinx ISE 9.1i"→"Project Navigator"（或者直接双击桌面 Xilinx ISE9.1i 的图标进行启动）。

② 新建一个工程项目，选择菜单命令"File"→"New Project"（如果打开 ISE 后，上面已经有存在的工程项目，请选择"File"→"Close Project"），如图 6-5 所示。

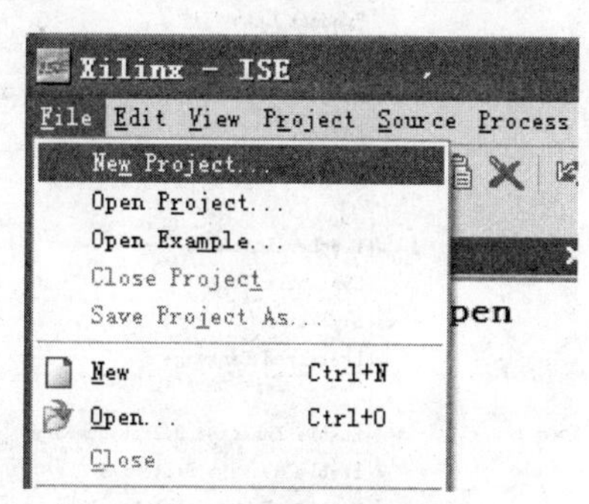

图 6-5 新建工程

③ 通过"…"按钮，选择工程存放路径，在"Project Name"编辑框中输入工程名称（这里以输入 project 为例），"Top-Level Source Type"选"Schematic"，然后点击"Next"按钮，如图 6-6 所示。

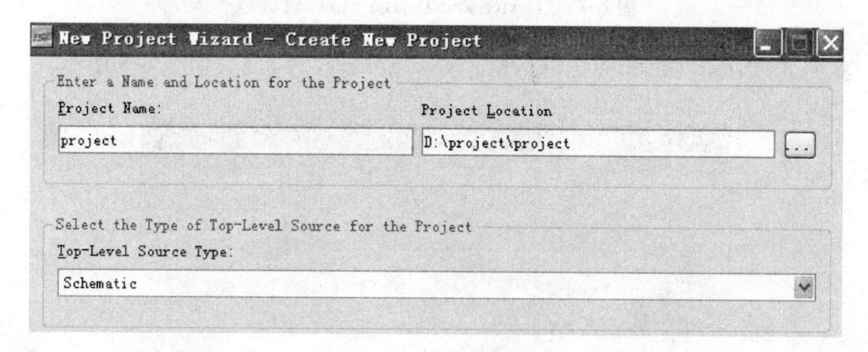

图 6-6 新建工程向导

④ 在弹出的"Device and Design Flow"对话框中选择 FPGA 的型号、仿真工具和硬件描述语言类型，如图 6-7 所示。具体如下：

Family：Spartan3E

Device：XC3S500E

Package:PQ208

Speed Grade: −4

Synthesis Tool: XST (VHDL/Verilog)

Simulator: ISE Simulator (VHDL/Verilog)

Preferred Language: VHDL

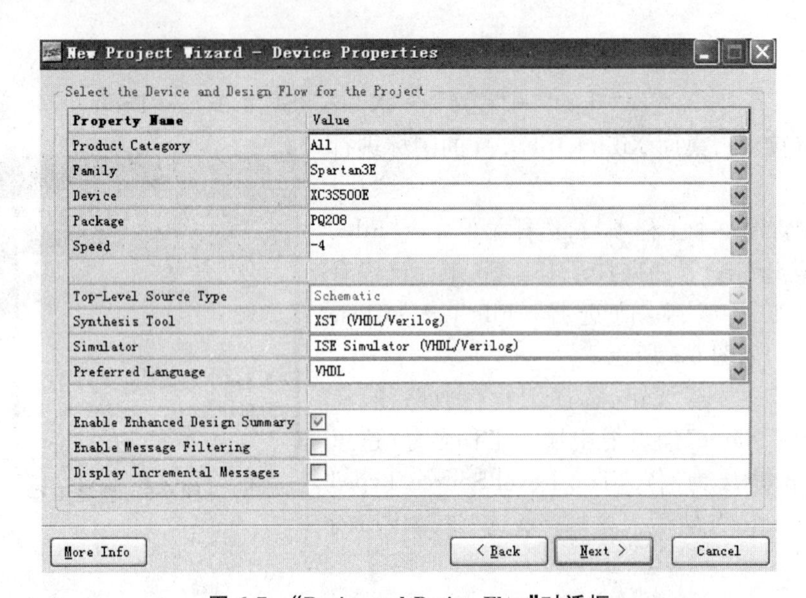

图 6-7 "Device and Design Flow"对话框

⑤ 点击"Next"按钮,弹出"Create New Source"对话框,如图 6-8 所示。

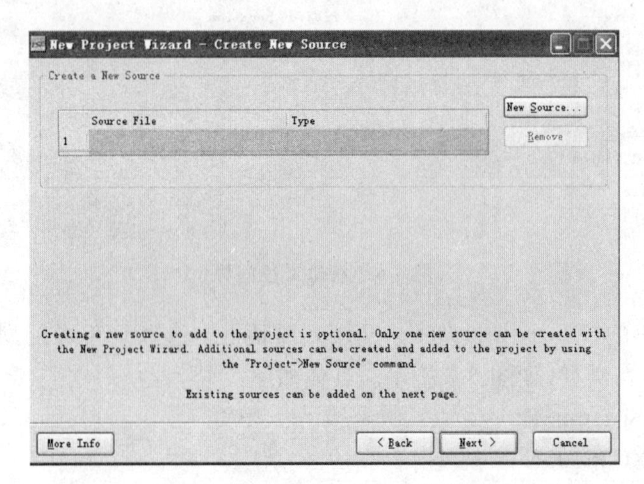

图 6-8 "Create New Source"对话框

⑥ 点击"Next"按钮,弹出"Add Existing Sources"对话框,如图 6-9 所示。

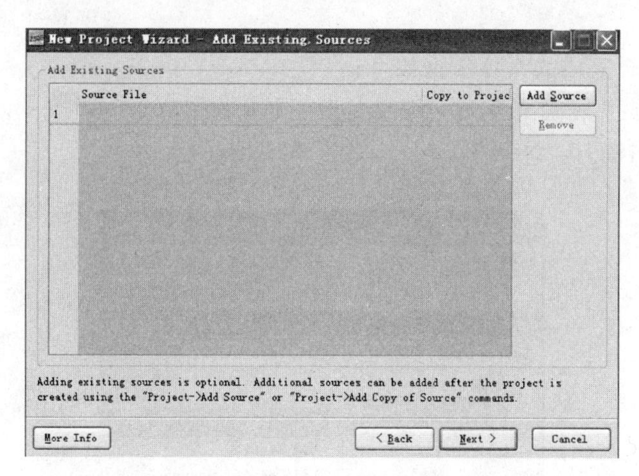

图 6-9　"Add Existing Sources"对话框

⑦ 点击"Next"按钮,在弹出的"Project Summary"对话框里再点击"Finish"按钮,完成工程的建立,如图 6-10 所示。

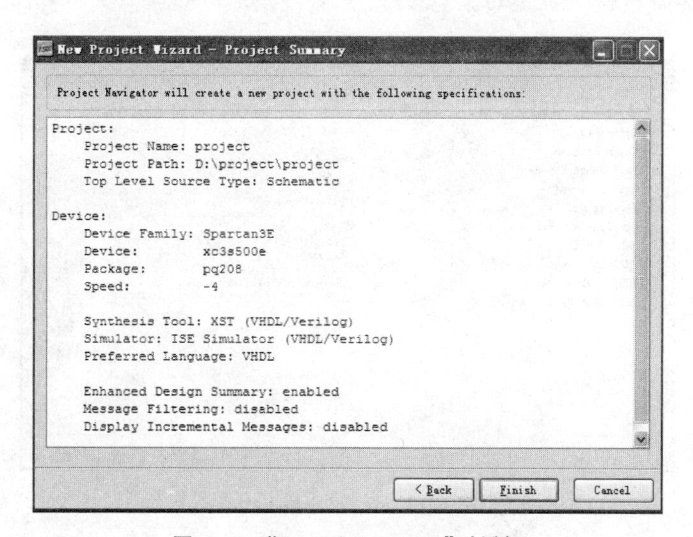

图 6-10　"Project Summary"对话框

6.5.2 原理图编辑并完成综合

原理图编辑完成的具体步骤如下：

① 在新建工程向导完成以后，点击工程界面“Sources”按键，在“xc3s500e-4pq208”上按右键，选“New Source”，如图 6-11 所示。

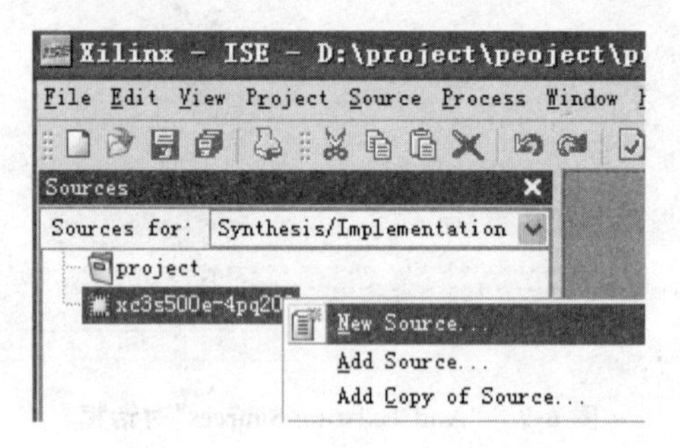

图 6-11 选择“New Source”

② 在出现的“New Source”对话框里选择“Schematic”，并在“File name”里输入要创建的原理图名字，如图 6-12 所示。点击“Next”按钮后，双击工程中的 lib1. sch 文件后可直接进入步骤⑥。

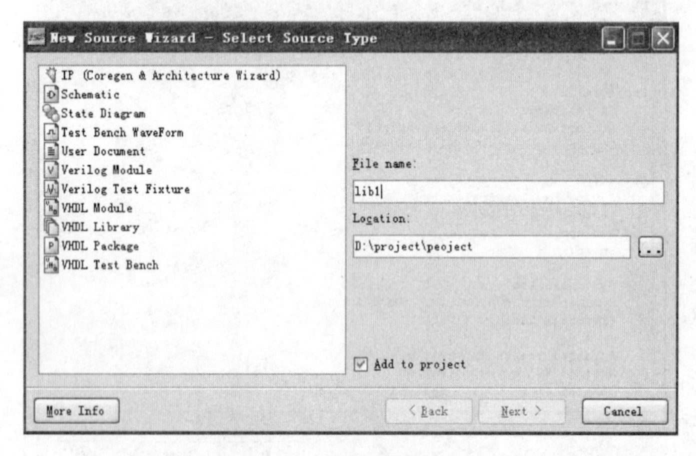

图 6-12 选择“Schematic”

③ 待程序设计完成后，也可以选择菜单“File”→“Save As”修改保存文件的名字，在文件名里填写要修改保存文件的名字，然后单击“保存”按钮，如图 6-13 所示。

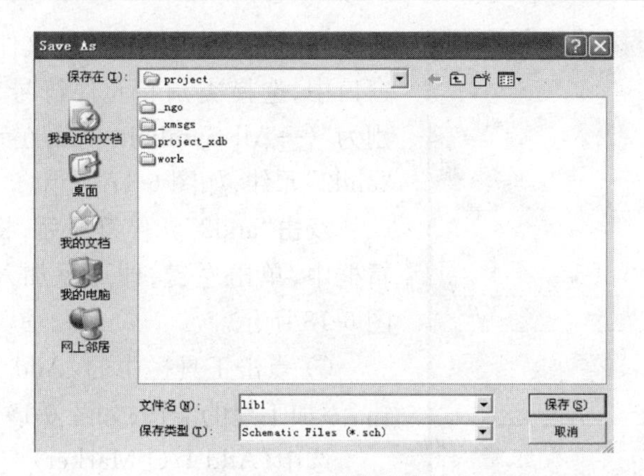

图 6-13　保存文件

④ 也可以点击工程界面“Sources”按键,在“xc3s500e-4pq208”上右键点击“Add Source”,加入已经建立的电路图,如图 6-14 所示。

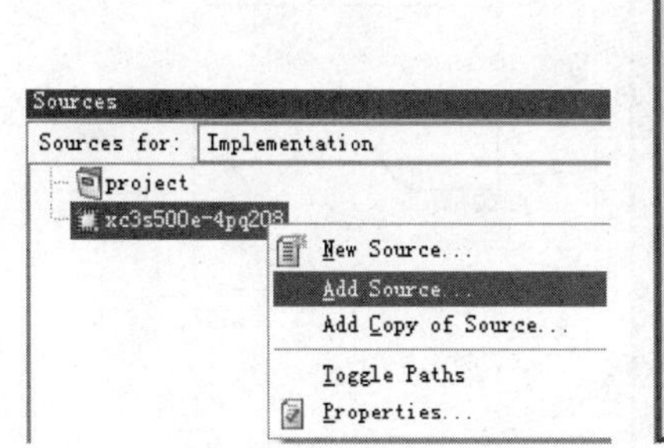

图 6-14　加入源代码

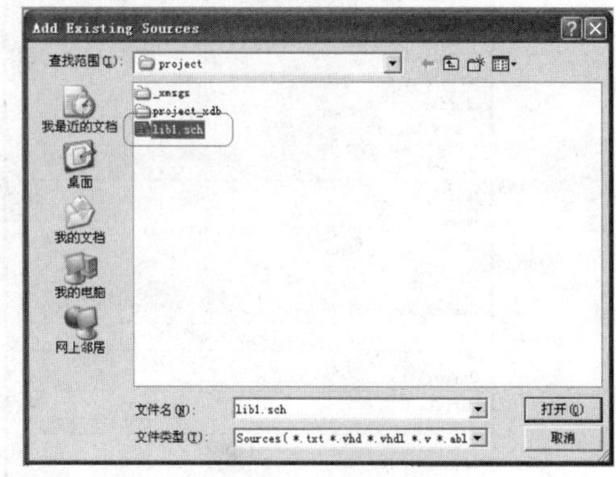

图 6-15　选择电路图

⑤ 选择 lab1. sch 文件,点击打开,如图 6-15 所示。

⑥ 点击“OK”按钮,如图 6-16 所示。

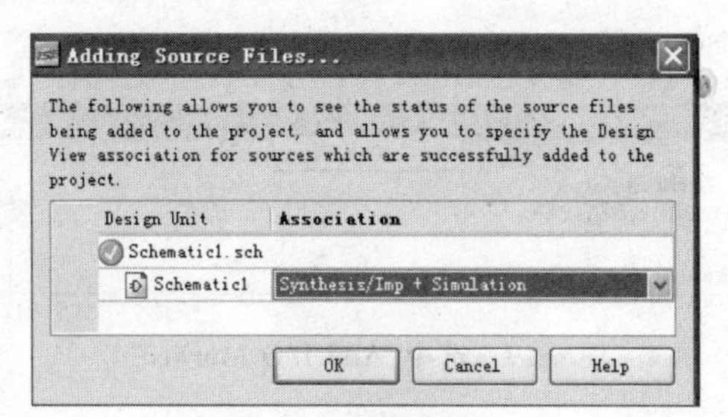

图 6-16　添加源文件

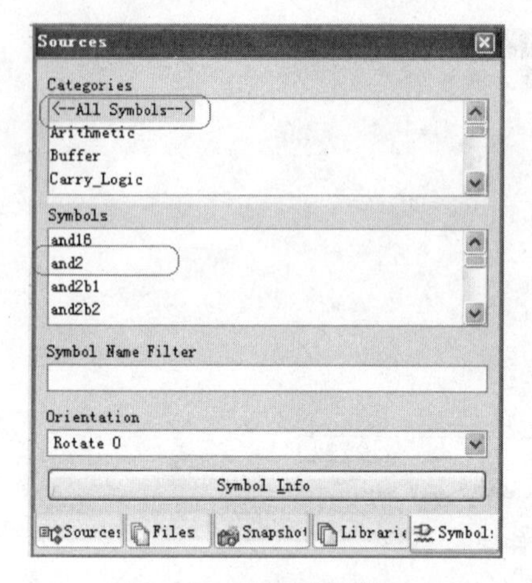

图 6-17 选择元件符号

双击工程中的lib1. sch文件后，在〈Sources〉窗口中，选择类别和元件符号，在这里选择类别为“〈—All Symbols—〉”，在元件符号中选择“and2”元件，如图6-17所示。

双击“and2”元件符号后，将鼠标移动到编辑框中，单击左键，即可添加入and2元件，如图6-18所示。

⑦ 点击工具栏中的〈Add I/O Marker〉按钮，添加工程的端口，如图6-19所示。

选中〈Add I/O Marker〉按钮后，移动到元件端口线圆底上，单击左键，端口自动增加，如图6-20所示。

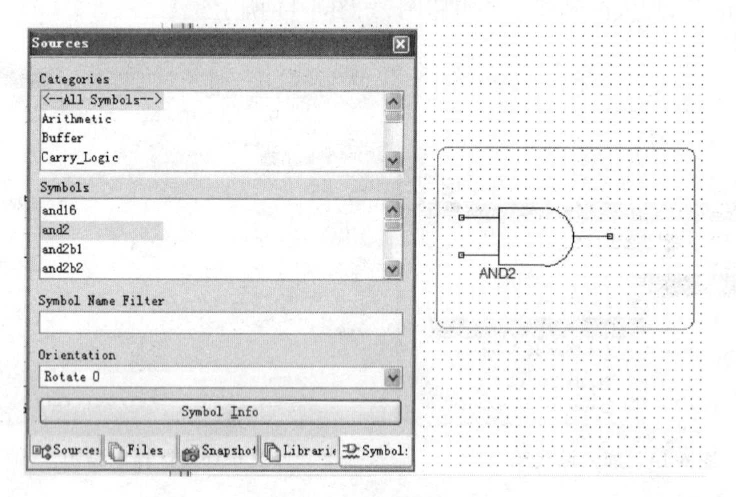

图 6-18 添加元件

图 6-19 选中“Add I/O Marker”

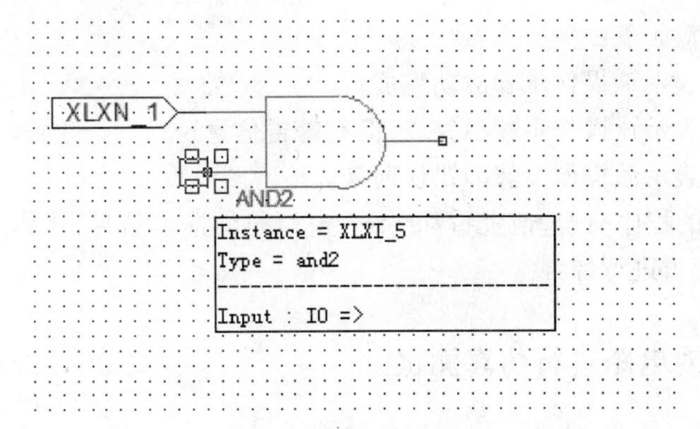

图 6-20　添加元件端口

添加好端口后，修改端口名称。在端口上双击，弹出对话框，在〈Name〉的 Value 处，修改端口名称，如图 6-21 所示。

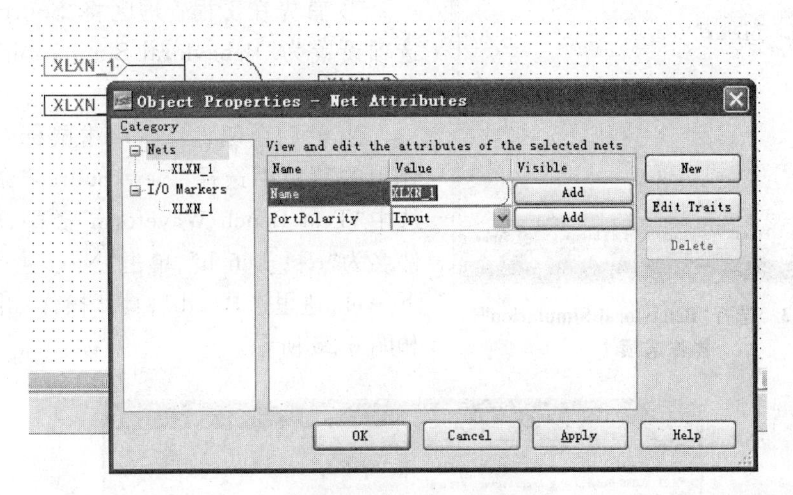

图 6-21　修改端口名称

在工程的"Sources"窗口里，单击"lab1.sch"；在工程的资源操作窗（Processes）里双击"Synthesize -XST"进行综合，综合完成后如图 6-22 所示。

注意：综合完成后，在"Synthesize-XST"上会显示一个小图标，表示该步骤的完成情况。其中有些警告是可以忽略的。

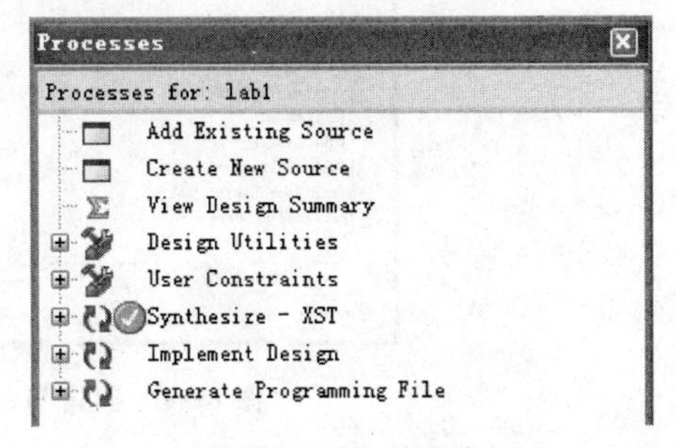

图 6-22　综合设计

图标的具体示意如下：

- “对号”表示该操作步骤成功完成；
- “叹号”表示该操作步骤虽完成，但有警告信息；
- “叉号”表示该操作步骤因错误而未完成。

如果编写的程序有误，请查看“errors”窗口里的提示信息，并修改相应的错误代码，然后保存再进行综合。

6.5.3 对电路进行仿真测试

功能仿真测试的具体步骤如下：

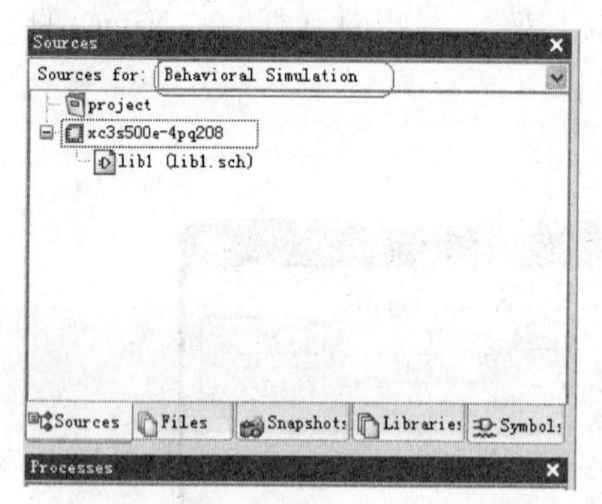

图 6-23 选择“Behavioral Simulation”操作选项

在 ISE 中创建 testbench 波形，然后验证设计功能是否正确。

① 首先在工程管理区将“Sources for”选项设置为“Behavioral Simulation”，如图 6-23 所示。

② 然后在任意位置单击鼠标右键，在弹出的菜单中选择“New Source”命令，再选中“Test Bench Waveform”类型，输入文件名为“test_bench”，单击“Next”按钮进入下一页，这里选择 lib1，具体操作如图 6-24 和图 6-25 所示。

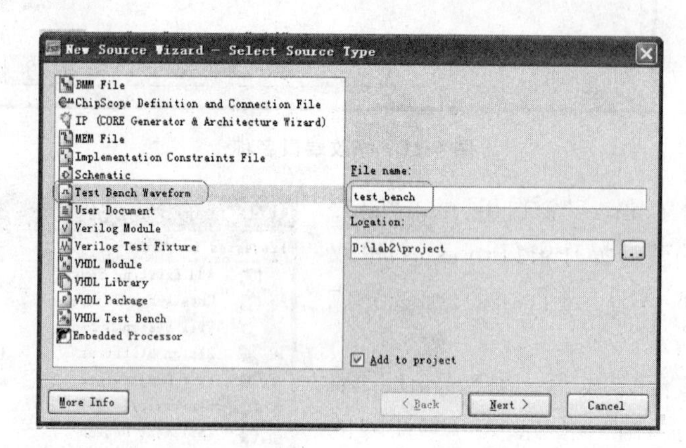

图 6-24 创建“Test Bench Waveform”文件

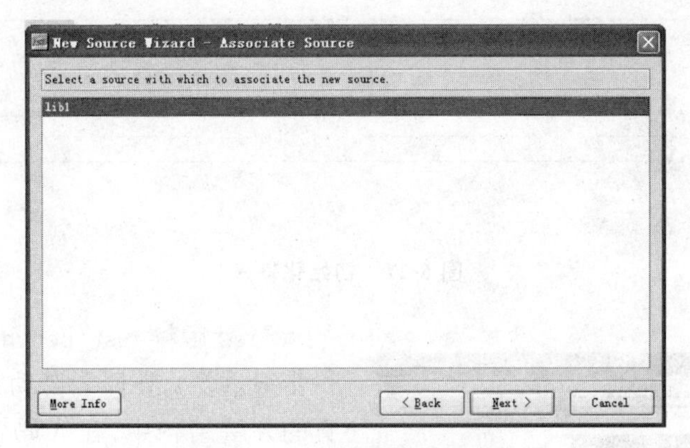

图 6-25　选择待测模块对话框

③ 用鼠标选中“lib1”，单击“Next”按钮进入下一页，直接单击“Finish”按钮。此时 HDL Bencher 程序自动启动，等待用户输入所需的时序要求，如图 6-26 所示。

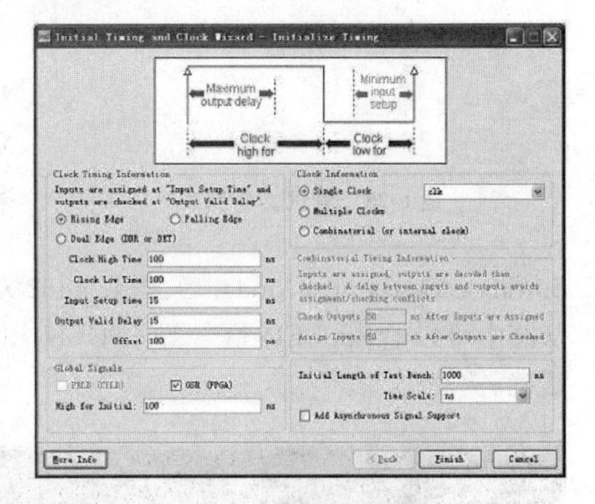

图 6-26　时序初始化窗口

时钟高电平时间和时钟低电平时间一起定义了设计操作必须达到的时钟周期，输入建立时间定义了输入在什么时候必须有效；输出有效延时定义了有效时钟延时到达后多久必须输出有效数据。默认的初始化时间设置如下：

时钟高电平时间(Clock High Time)：100ns；

时钟低电平时间(Clock Low Time)：100ns；

输入建立时间(Input Setup Time)：15ns；

输出有效延时(Output Valid Delay)：15ns；

偏移时间(Offset)：100ns。

单击“Finish”按钮，接受默认的时间设定。

④ 接下来是初始化输入(注：灰色部分不允许用户修改)，修改的具体方法如下：选中信号，在其波形上单击，从该点所在周期开始，在往后所有的时间单元内该信号电平反相。单击 SW 信号(波形中浅绿色处)，其变高；再单击时，变为低，设置波形如图 6-27 所示。

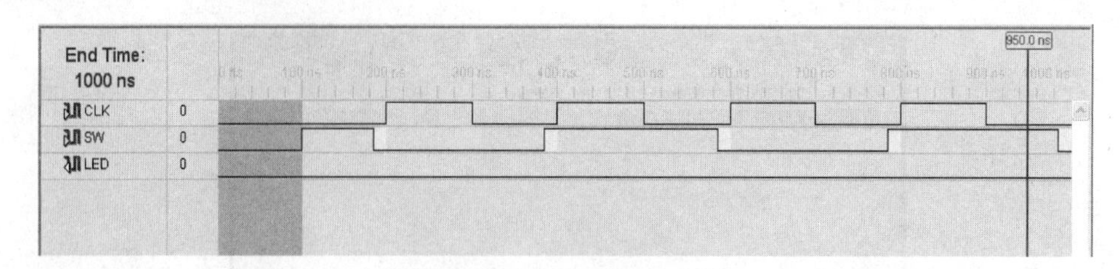

图 6-27　初始化输入

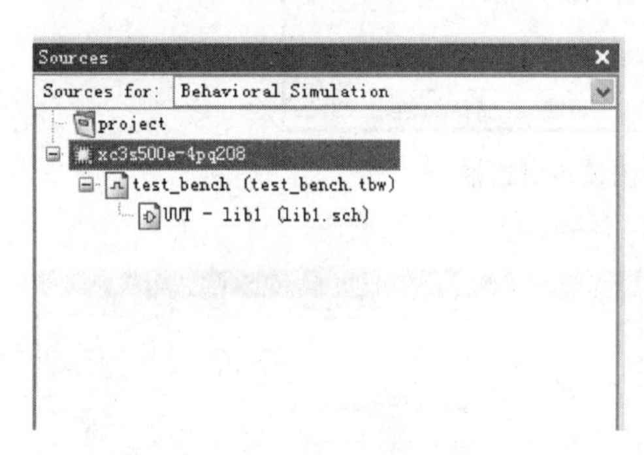

图 6-28　测试文件列表

⑤ 然后将 test_bench 文件存盘(这一步很重要),ISE 会自动将其加入到仿真的分层结构中,在代码管理区会列出刚生成的测试文件 test_bench. tbw,如图 6-28 所示。

⑥ 选中 test_bench. tbw 文件,然后双击过程管理区的 Simulate Behavioral Model,可完成功能仿真。同样,可在 Simulate Behavioral Model 选项上单击鼠标右键,设置仿真时间等。双击 Simulate Behavioral Model 后,得到 add2 双输入与门的仿真结果如图 6-29 所示。从图中可以看出,LED 信号等于 CLK 和 SW 相与后得到的结果,设计的功能正确。

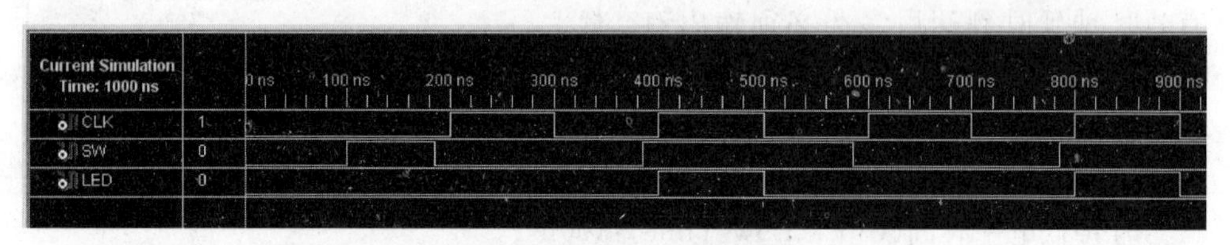

图 6-29　功能仿真结果

6.5.4　分配管脚并完成布线和生成下载文件

分配管脚并完成布线和生成下载文件的具体步骤如下:

① 在工程的"Sources"窗口中,确保"Sources for"选择了"Synthesis/Implementation"选项。此时单击工程的顶层文件 lab1. sch。在工程的资源操作窗

(Processes)中，展开“User Constraints”，并双击“Create Area Constraints”(如未定义 I/O 管脚，可选“Assign Package Pins”，如图 6-30 所示。

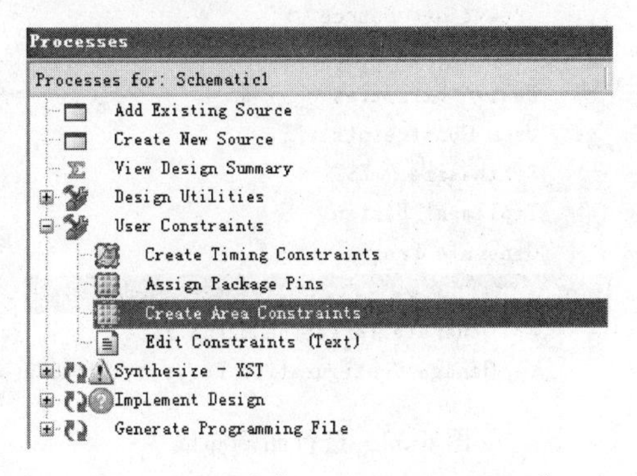

图 6-30　双击“Assign Package Pins”

② 在出现的“Project Navigator”对话框里，点击“Yes”按钮，如图 6-31 所示。

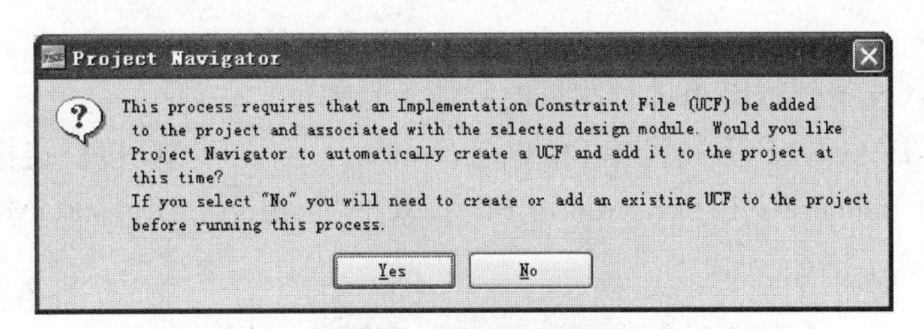

图 6-31　确定配置管脚

③ 在“Xilinx PACE”中浏览“Design Object List-I/O Pins”窗口，在“Loc”中输入对应的管脚，图 6-32 所示为配置好此试验的管脚图表。

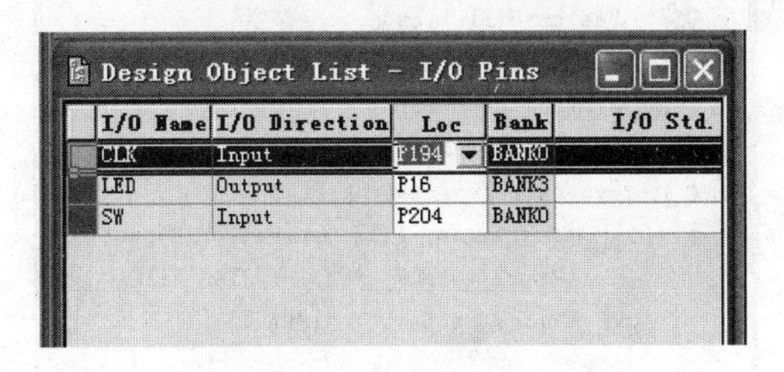

图 6-32　文件配置管脚

④ 关闭“Xilinx PACE”窗口。在工程的资源操作窗(Processes)里双击“Implement Design”，进行布局布线和生成下载文件，如图 6-33 所示。

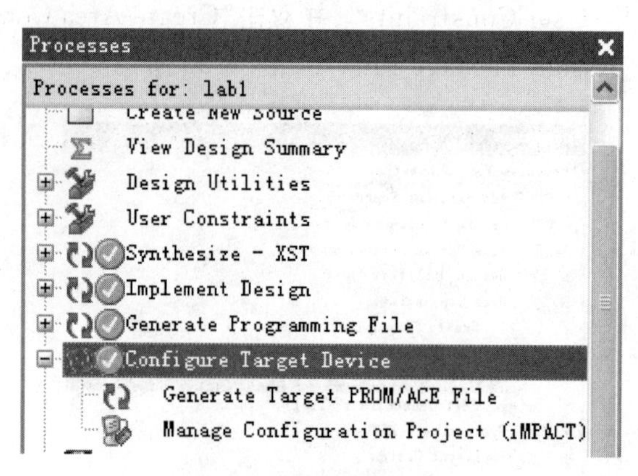

图 6-33 进行布局布线

注意:布局布线完成后,如有错误出现,请查看芯片类型和管脚配置是否正确。

6.5.5 下载 bit 程序到板卡上进行测试

下载 bit 程序到板卡上进行测试的具体步骤如下:

① 用 JTAG-USB 下载线将 PC 机与 Sapphire 板卡 JTAG 接口连接起来。

② 展开"Generate Programming File",双击"Configure Device(iMPACT)"如图 6-34 所示。

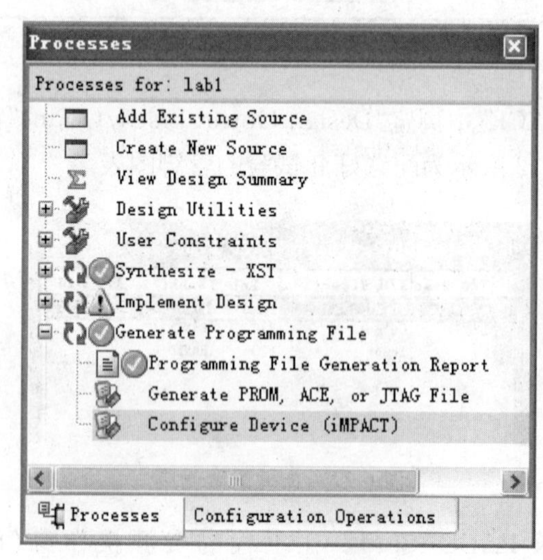

图 6-34 启动 iMPACT

在出现“iMPACT-Welcome to iMPACT”对话框后，选“Finish”按钮，如图 6-35 所示。

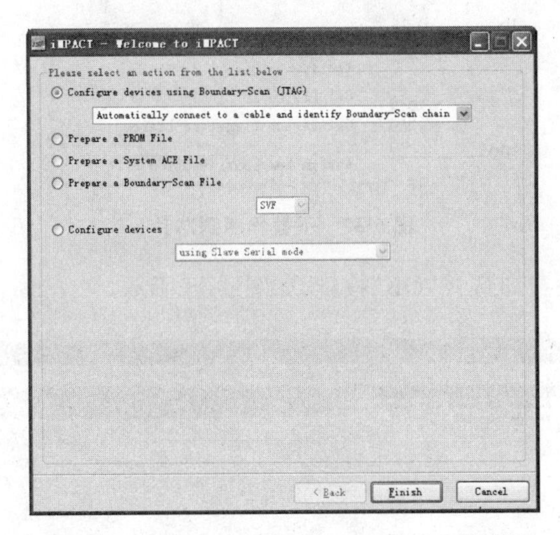

图 6-35　iMPACT-Welcome to iMPACT 对话框

③ 在出现为 xc3s500e 芯片选择对应的下载程序时，选“lab1. bit”，点击“Open”按钮。在随后出现的 xcf04s 芯片选择对应的下载程序时，选择“Bypass”按钮，如图 6-36 所示。

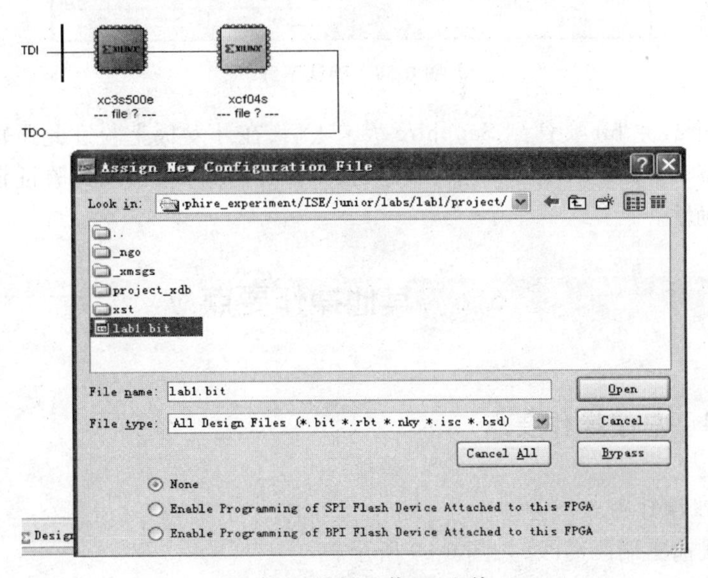

图 6-36　选择下载 bit 文件

④ 在 xc3s500e 芯片上右键选择“Program”,如图 6-37 所示。

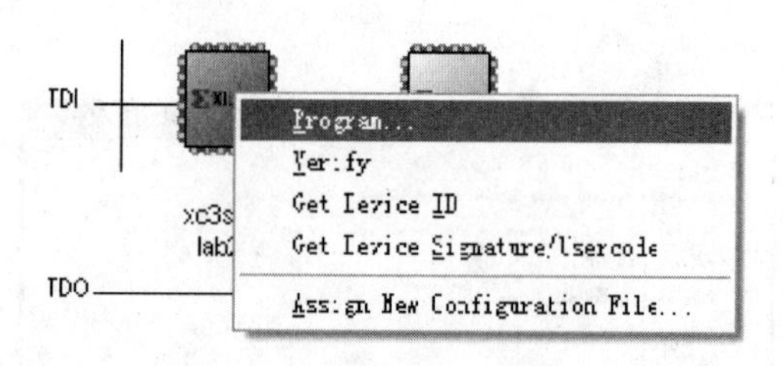

图 6-37 下载程序到芯片

弹出程序属性窗口选择“OK”按键,如图 6-38 所示。

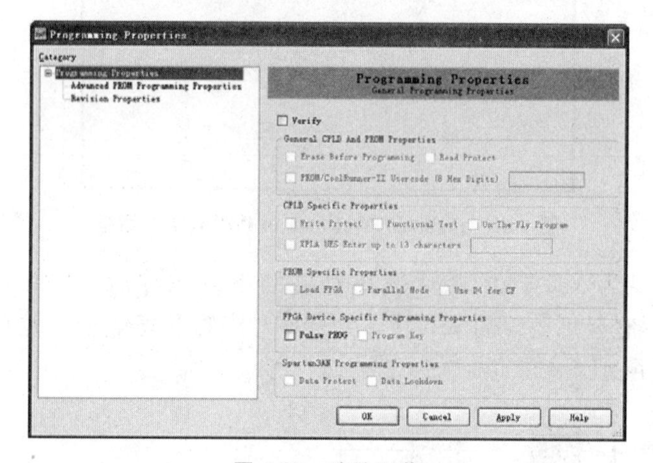

图 6-38 确认下载

⑤ 等下载完 bit 文件到 Sapphire 板卡上后,在开发板上验证此逻辑程序的正确性。观察 led 发光二极管的运行状态,按下按钮进行复位,以此验证该逻辑电路设计的正确性。

6.6 其他操作要点

6.6.1 总线操作要点

1. 总线操作要点

在总线输出端画短线,如图 6-39 所示。

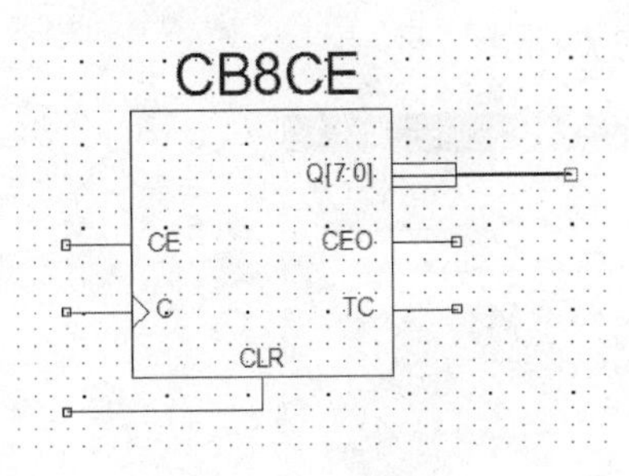

图 6-39　画短线

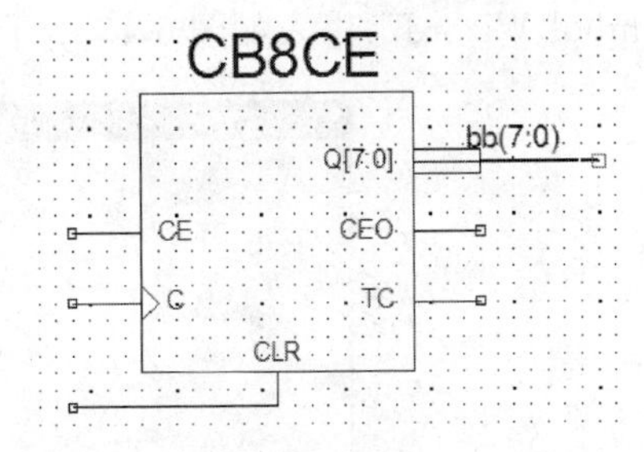

图 6-40　总线命名

选窗口工具栏的"ABC"按钮，根据总线宽度，在"Option and Symbols"的"Name"下输入总线名，如"bb(7:0)"，然后拖动鼠标到刚画的总线处("十"字与总线交叉)，再点鼠标左键，完成总线命名，如图 6-40 所示。

2. 总线的抽出

假定要将图 6-40 的 bb(7:0)中的 bb(0)和 bb(5)抽出输入到一个与门，先在与门两个输入端画短线，然后点窗口工具栏的"ABC"按钮，在"Option and Symbols"的"Name"下输入短线名字，如"bb(0)"，然后拖动鼠标到刚画的总线处("十"字与总线交叉)，再点鼠标左键，完成短线命名，如图 6-41 所示。这实际上已经完成了抽出总线连接工作。

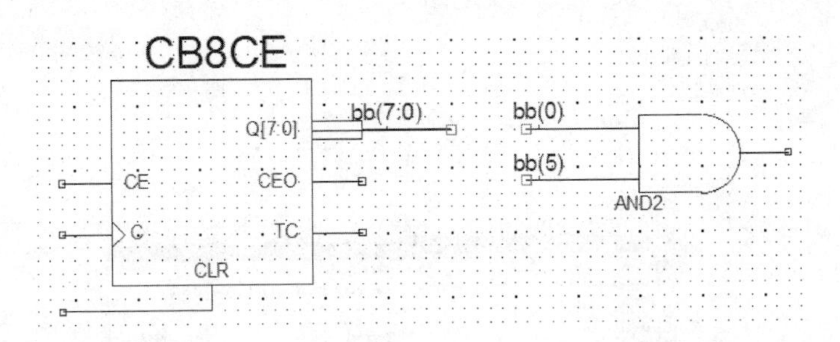

图 6-41　抽出总线

也可以将总线拉长，在总线上加入"Bus Tap"(在工具栏"Add I/O Maker"图标的左边)，如图 6-42 所示。

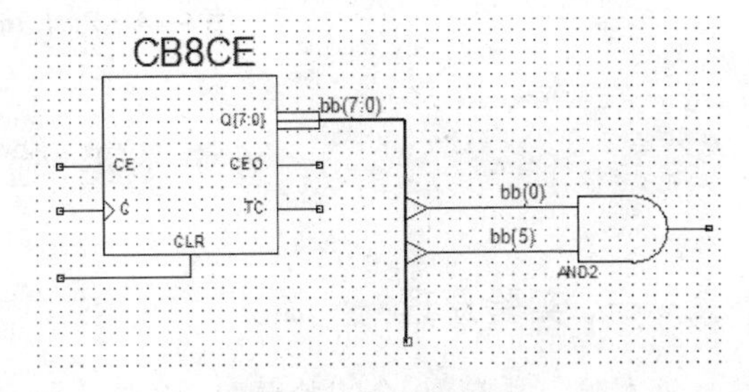

图 6-42　加入 Bus Tap

6.6.2　宏模块操作

原理图窗口中，在"Tool"菜单下

选“Symbol Wizard”,进入如图 6-43 所示的界面。

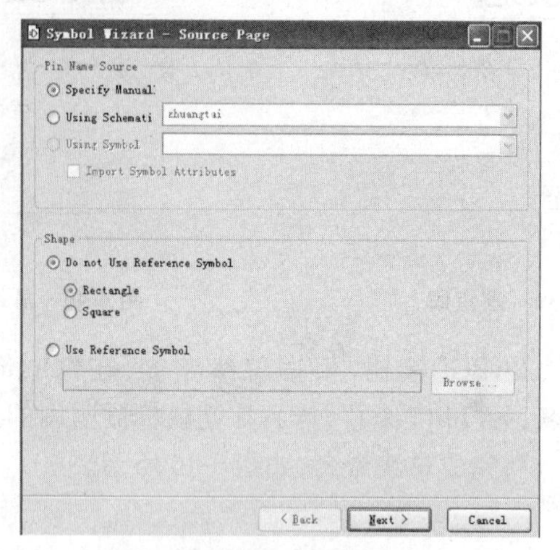

图 6-43 选 Symbol Wizard

若选“Specify Manual”可以创建一个空白的宏模块,选“Using Schematic”可以将画好的电路图做成宏模块。模块创建好后,可以在元件库中看到并拖到电路中,选中宏模块,按鼠标右键,如图 6-44 所示,选“Symbol”中的“Push into Symbol”进入宏模块,可以在模块中加入或修改电路。

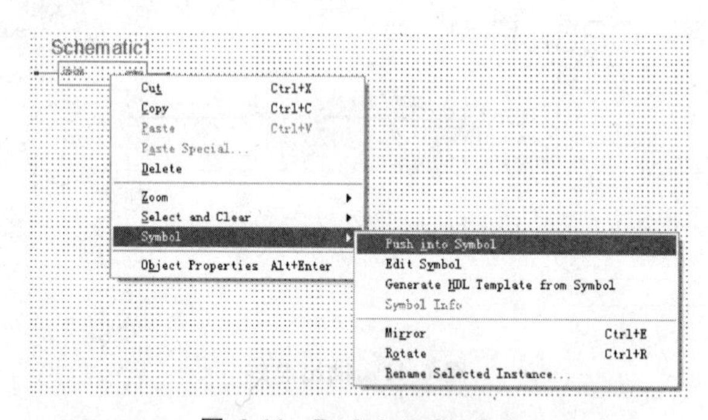

图 6-44 Push into Symbol

6.7 实验题目

一、实验原理

本单元共有 10 个实验题目,其中只有一个必做实验题目由教师课堂安排,在完成必做实验内容后可以在剩下的实验题目中选做。本单元大部分实验原理和实验步骤已经在前文讲述，这里补充讲解单活跃(*One-Hot*)状态编码。有限状态机设计采用 *One-Hot* 编码比较简单，也符合 *FPGA* 有限状态机设计要求。采用 *One-Hot* 编码可以减少设计时间，电路图可以直接由 *ASM* 获得，更适合于计算机来进行状态分配。*One-Hot* 编码实现状态的触发器数目多，但组合电路相对简单。一个 16 个状态的状态机，用普通的二进制状态编码需要 4 个触发器，每个触发器代表二进制的一位，这种编码方案适合于 *PLD* 结构，而 *One-Hot* 编码 16 个状态的状态机需要 16 个触发器，每个状态有它自己的触发器或寄存器，状态机已经是"译码的"，可以有效减少组合逻辑的复杂度，适合于 *FPGA* 结构。例如有 4 个状态 *A*、*B*、*C*、*D*，普通的二进制状态编码和 *One-Hot* 编码分别如表 6-5 所示。

表 6-5　二进制状态编码和 One-Hot 编码

	二进制状态编码	One-Hot 编码
状态	$y_1 y_0$	$y_3 y_2 y_1 y_0$
A	00	0001
B	01	0010
C	10	0100
D	11	1000

采用 One-Hot 状态编码，可以将状态机直接转换为电路图，如图 6-45 所示。

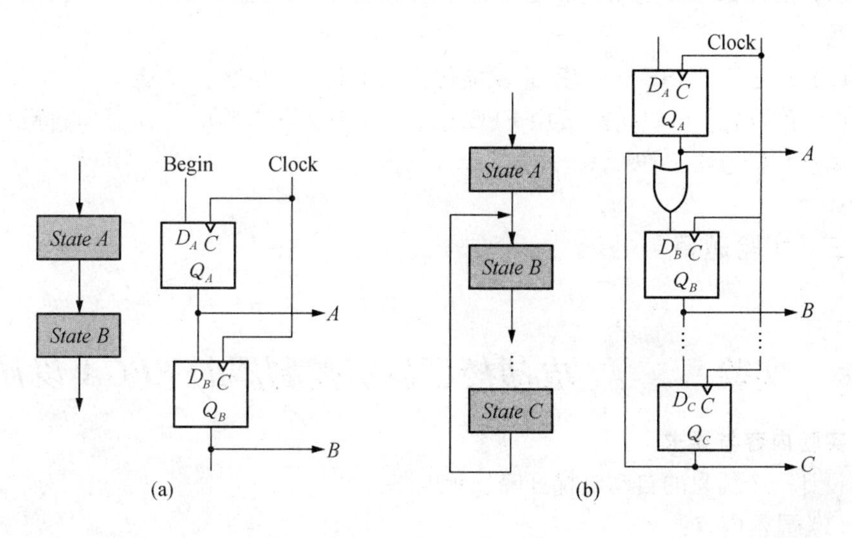

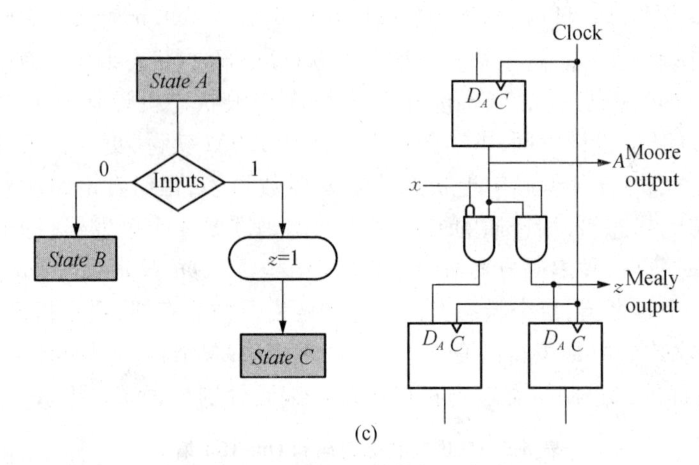

图 6-45　状态机直接转换为电路图

对于图 6-48 所示的洗衣机状态图，状态"放水态"对应的 D 触发器的激励方程可直接根据状态图写出：

$$D_{放水态} = Q_{漂洗态} \cdot T_{漂洗时间到} + Q_{放水态} \cdot \overline{T}_{放水时间到}$$

二、预习要求

(1) 预习 FPGA 的结构和工作原理，了解用 FPGA 进行数字电路设计的步骤和方法。

(2) 预习关于 ISE 建立项目、功能仿真和下载验证的实验步骤。

(3) 预习数字电路实验板中 FPGA 芯片外围实验电路的工作原理，特别是数码管动态扫描电路工作原理。

三、实验题目

实验 6-1　电梯楼层显示控制器的 FPGA 设计

实验内容与要求

设计一个简易的自动电梯升降显示电路。

(1) 显示内容：

① 升或降用两个发光二极管表示，其中一个亮表示升，另一个亮表示降；

② 1 个数码管显示 1～4 楼层。

(2) 外围开关件，用 1 个开关 1 或 0 的位置，表示要求升或降。用 4 个开关分别表示需到达的楼层。

实验 6-2　计数型控制器的 FPGA 设计

实验内容与要求

试设计一个控制器，要求控制器在开机 T 秒后启动某节拍分配器开始工作，而节拍分配器运转 T 秒后自行停止，以后不断重复 T(停)、N(走)两种状态。T 值和 N 值可根据一组开关的预置进行选择，节拍分配器的输出要求按下列程序工作：

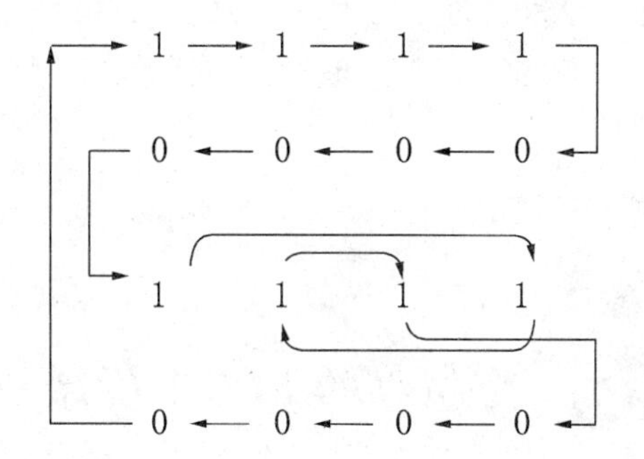

实验 6-3　出租车候时计价系统的 FPGA 设计

实验内容与要求

设计实现一个单价可预置的出租车计价系统，用数码管显示价格，通过实验板上的开关预置单价和起步价，要求系统具有起停和复位功能，价格超过 999.9 元，系统自动给出溢出报警显示（"999.9"闪烁）。

提高实验：单价和起步价要求用键盘按钮输入。

实验 6-4　时钟的 FPGA 设计

实验内容与要求

显示小时、分钟和秒，具有启停和复位以及预置时间（小时和分钟）功能。

补充要求(选做)

(1) 具有整点报时功能;

(2) 具有闹钟功能。

实验 6-5 音乐的 FPGA 设计

实验内容与要求

设计一段音乐,能够循环播放。要求如下:

音阶	1	2	3	4	5	6	7
低音(Hz)	130	146	164	174	196	220	246
中音(Hz)	261	293	329	349	392	440	493
高音(Hz)	522	586	658	698	784	880	986

补充要求(选做)

外接按键,可实现手工弹奏。

实验 6-6 交通灯的 FPGA 设计

实验内容与要求

要求交通灯工作的一个周期为:红灯 30 s,绿灯 20 s,绿灯闪烁 5 s,黄灯 5 s。

补充要求(选做)

(1) 要求交通灯设为左转灯的一个工作周期为:左转信号(绿灯 15 秒,绿灯闪烁 5 秒,黄灯 5 秒)→直通信号(绿灯 25 秒,绿灯闪烁 5 秒,黄灯 5 秒)→停止信号(红灯 60 秒)。并且具有能够手工控制是否需要左转的信号。

(2) 显示当时状态的倒计时(以秒为单位),例如当前的绿灯还有几秒结束。

(3) 手工设定各种状态的时间。

实验 6-7 运动员反应时间测量电路

实验内容与要求

设计实现一个运动员反应时间测量电路,该电路用来测量短跑运动员的反应速度，要求时间测量精确到毫秒，假定运动员的反应时间不可能小于 200 ms，所以要求当反应时间小于 200 ms 时，要给出犯规信号。电路设计框图如图 6-46 所示。其中计数控制电路的状态转换如图 6-47 所示。

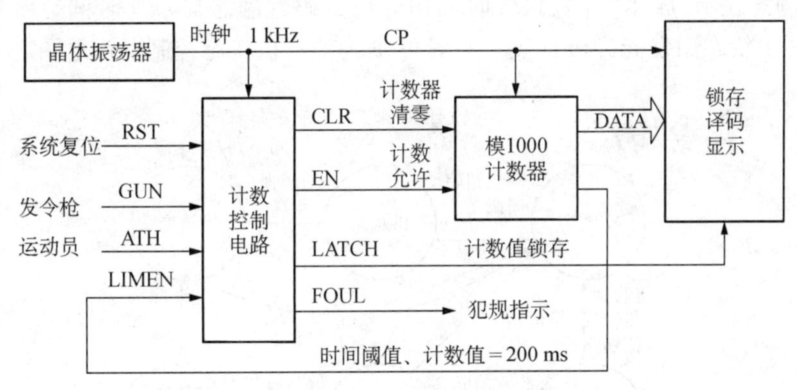

图 6-46　运动员反应时间测量电路框图

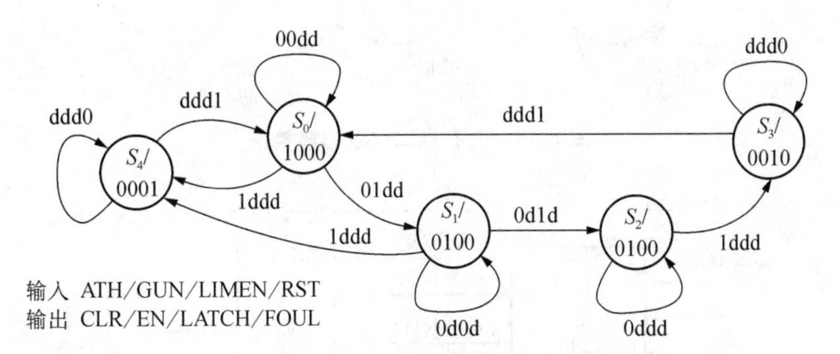

图 6-47　运动员反应时间测量系统状态转换图

该电路如果不考虑犯规情况，可以很方便地修改为测量短跑运动员短跑成绩电路，只需将其中的 ATH 信号改为运动员到达终点碰线信号即可。

设计提示：图 6-47 有限状态机设计采用 ONE－HOT 编码比较简单，也符合 FPGA 有限状态机设计要求。

实验 6-8　洗衣机状态控制电路

实验内容与要求

设计实现一个洗衣机状态控制电路，设洗衣机共有 6 个状态：空闲态、供水态、漂洗态、放水态、脱水态、报警态。洗衣机工作状态转换如图 6-48 所示。其中启动信号和水满信号由 FPGA 外接开关控制,漂洗时间 10 min,放水时间 30 s,脱水时间 5 min,报警时间 10 s。漂洗时间和脱水时间用三位数码管动态扫描显示加两位数码管静态显示,放水时间、报警时间用二位数码管静态显示。时间显示精确到 0.1 s,各个状态用发光二极管显示。图 6-49 为洗衣机状态控制电路框图。

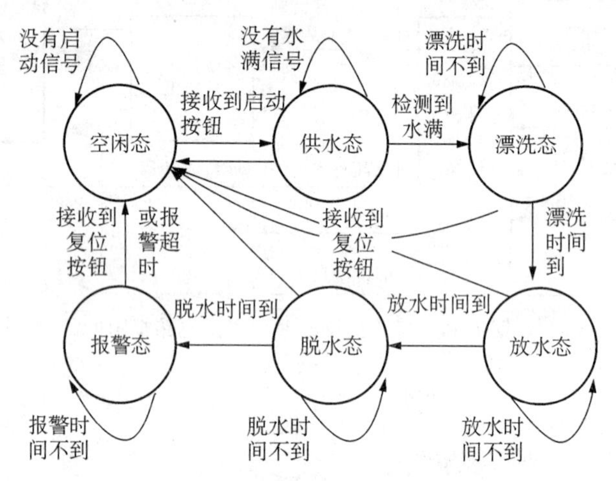

图 6-48 洗衣机工作状态转换图

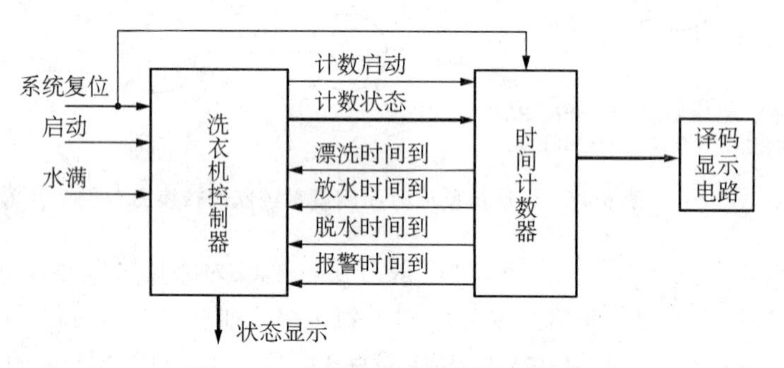

图 6-49 洗衣机状态控制电路框图

实验 6-9 数字密码锁设计

实验内容与要求

设计一个四位密码锁电路,当输入的四位密码与预先存储的四位密码相同且顺序相同时，则开锁。要求具有密码设置、修改（要求给出原始密码方可修改）功能。自行定义密码键、密码设置键、密码修改键、开锁键和回车键。

实验 6-10　两位十进制计算器设计

实验内容与要求

设计一个两位十进制计算器，要求具有键盘输入加数和被加数、数码管显示加数和被加数以及加法结果的功能，能够实现连加操作，自行定义数字键、加法运算键和回车键。

四、实验要点

（1）设计电路要采用模块化的设计思路，采用循序渐进的设计步骤，例如出租车候时计价系统的实验题目，应先设计秒信号发生器模块，下载实验成功后，再设计数码管动态扫描模块和 4-7 译码模块。数码管动态扫描模块是出租车计价器核心模块之一，要求理解数码管动态扫描的原理和设计要点。其中多路数据（输入）选择（输出）的设计是该模块的主要核心内容，将秒信号发生器模块与数码管动态扫描模块和 4-7 译码模块相连并下载实现，确认无误后，再设计其他控制模块。依此类推，这样出现问题能够迅速锁定故障产生的模块、快速查找故障原因，而不会出现无从下手的情况。因此一定要从模块设计入手，分模块分层次设计电路。

（2）功能和时序仿真也是设计电路成功的必要步骤，根据设计要求设置合适的测试输入和输出变量，根据输入输出测试波形观察电路的逻辑关系是否满足设计要求。

（3）在用到按键输入时，如按键作为脉冲输入信号，要考虑进行按键防抖动处理。

五、思考题

（1）CPLD 和 FPGA 在结构和性能上有什么不同？在实际应用中应如何选用？

（2）给出一个一位全加器的查找表实现过程说明。

（3）同步分频和异步分频有什么区别？分频电路毛刺是如何产生的？

（4）按键开关容易产生抖动，如何设计电路消除抖动？

第七单元　脉冲电路及其应用

在数字电路和数字系统中，时钟信号和定时控制信号的产生电路称为脉冲电路，这些脉冲信号的获取方法一般有两种：一种是各种形式的多谐振荡器直接产生所需要的脉冲信号；另一种是通过整形电路对已有的信号进行波形变换，使之满足系统要求。脉冲电路的形式可以多种多样，但都离不开两个主要的组成部分：一个是开关，用以产生暂态过程；另一个是惰性电路，用以控制暂态过程的快慢和形状。在脉冲电路中的开关元件可以是晶体二极管、三极管和数字集成电路等，而惰性电路由RC、RL或RLC串联组成。

7.1　晶体管的开关特性

7.1.1　晶体二极管的开关特性

二极管电路如图7-1所示，其开关特性如图7-2所示，在输入为正电压的时间内，二极管P-N结存储了多余的少数载流子(P区为电子，N区为空穴)，因此当输入信号由正电压变到负电压时，二极管不会立即断开，在t_s这段时间(称为存储时间)内，二极管继续呈现低阻抗并有很大的反向电流($i_d \approx -E_2/R$)，只有当过剩载流子逐渐消失后，反向电流才会逐渐减小，再经过一段时间t_f(称为下降时间)，i_d才会达到I_o。$t_R = t_s + t_f$，t_R称为二极管的反向恢复时间。

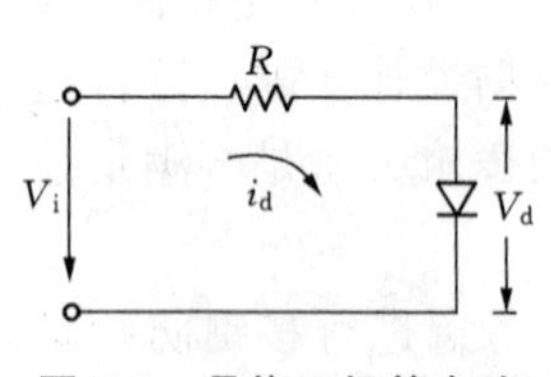

图7-1　晶体二极管电路

二极管的反向恢复时间与管子本身的结构有关，如开关管的t_R就比较小。反向恢复时间还与输入信号幅度的大小和直流电平的高低有关。由于正向导通电流小，存储的少数载流子少，会使t_R变小，反向电流大，对过剩载流子驱散快，也会使t_R变小。因此晶体管手册上给出的反向恢复时间都是在一定正向和反向电流条件下给出的。

二极管由反向截止转到正向导电也有一段暂态过程，但由于这段时间极短，通常可以忽略不计。应该指出，除了少数载流子存储效应以及二极管的结电容会引

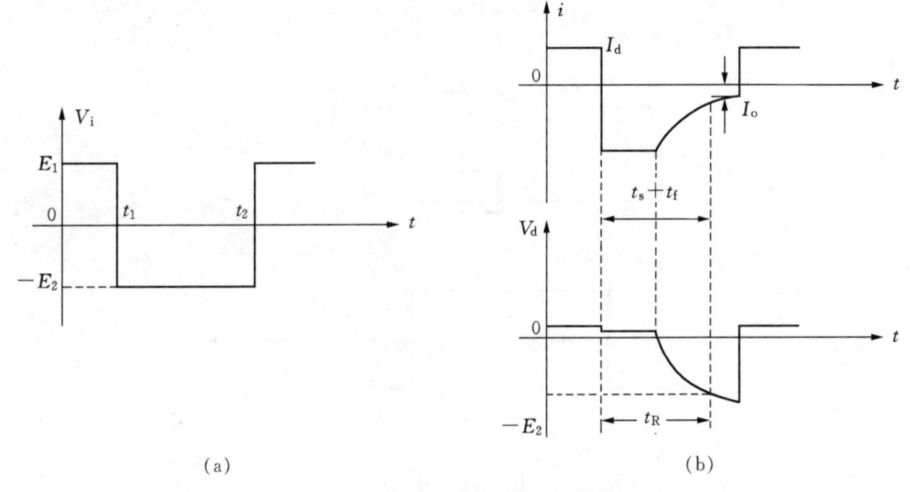

图 7-2　晶体二极管的开关特性

起开关暂态外,寄生电容对开关时间也会有影响,尤其对高速开关管,因为结电容很小,寄生电容的影响往往会突出一些。

7.1.2　晶体三极管的开关特性

晶体三极管在开关过程中的电流和电压波形如图 7-3 所示。其中 i_b 的变化规律与二极管 i_d 的变化规律相同。集电极电流的开关特性可分为 4 个阶段。

1. 延迟时间 t_d

从 t_o 时刻起(即输入信号由 $-E_2$ 跃变到 $+E_1$ 的时刻),到 i_c 上升到 $0.1I_{cs}$ ($I_{cs}\approx V_{cc}/R_c$,为集电极饱和电流)所对应的这段时间称为延迟时间,以 t_d 表示。不难理解,基极直流偏置越负,输入信号绝对值 E_2 越大或 E_1 越小, R_b 越大,则 t_d 越大。

2. 上升时间 t_r

i_c 从 $0.1I_{cs}$上升到 $0.9I_{cs}$所对应的时间称为上升时间,上升时间与饱和深度有关。饱和越深,管子从截止到导通越容易,所需上升时间越少,因此加大基极正向注入电流 I_b,可以减少上升时间。上升时间还与基区宽度有关,基区宽度越小,t_r 也越小,因此高频开关管的基区都做得很薄, t_r 的大小还与集电结的结电容 $C_{b'c}$有关,若 $C_{b'c}$小,则 t_r 也小。

3. 存储时间 t_s

输入信号由$+E_1$ 突变到$-E_2$ 开始,直至 i_c 下降到 $0.9I_{cs}$所对应的时间,称为

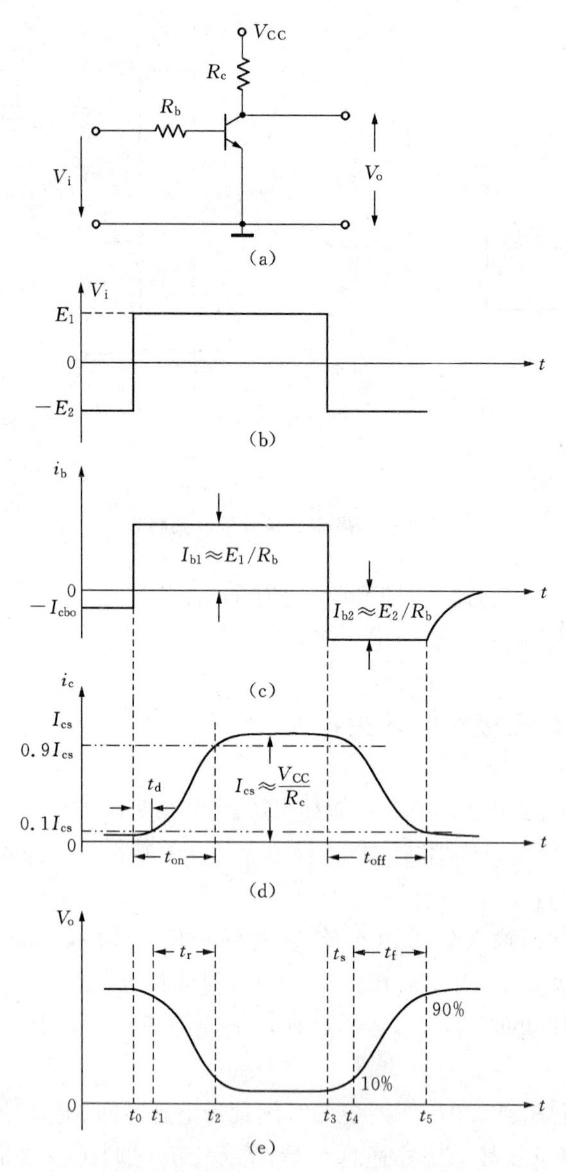

图 7-3 晶体三极管在开关过程中的电流和电压波形

存储时间 t_s。存储时间也与饱和深度有关，当增大基极正向注入电流 I_{b1} 使饱和深度加深时，t_s 将变大，而当增大基极反向注入电流 I_{b2} 使存储电荷加快驱散时，t_s 将变小。因此，为缩短存储时间，在电路上可加大反向基极电流和避免晶体管进入过饱和状态，在管子制造时可采用“掺金”等特殊工艺，以加速存储电荷的复合过程。

4. 下降时间 t_f

存储时间结束后，i_c 开始下降，i_c 从 $0.9I_{cs}$ 下降到 $0.1I_{cs}$ 所对应的这段时间称为下降时间。加大基极反向注入电流 I_{b2}，可缩短下降时间 t_f。

由上述可知，不同的输入驱动电流将对三极管的开关时间产生很大的影响。正向基极电流 I_{b1} 增大可使上升时间缩短，但存储时间 t_s 加大。反向基极电流 I_{b2} 增大，则存储时间和下降时间都将缩短。

在晶体管手册上一般都给出了开关管的 t_{on} 和 t_{off} 两个参数值。$t_{on}=t_d+t_r$，通常称为三极管的"导通时间"，$t_{off}=t_s+t_f$ 通常称为三极管的"截断时间"，它们都是在一定的输入电流条件下测得的。

在上面分析讨论的过程中未考虑外界电容的影响，在实际电路中集电极外界电容（负载电容和寄生电容）的影响往往是不能忽略的，它将影响开关的上升时间和下降时间。在有些情况下，外界电容还可能成为决定开关特性的主要因素。

7.1.3 加速电容的作用

从上面的分析可知，增大驱动电流 I_{b1} 可以缩短 t_r，但 t_s 将增大。因此理想的驱动电流应当先大（加速建立过程）后小（不使管子进入过饱和状态），利用加速电容可以做到这一点。

采用加速电容的开关电路如图 7-4(a) 所示，电容 C_b 为加速电容。在 t_0 时，V_i

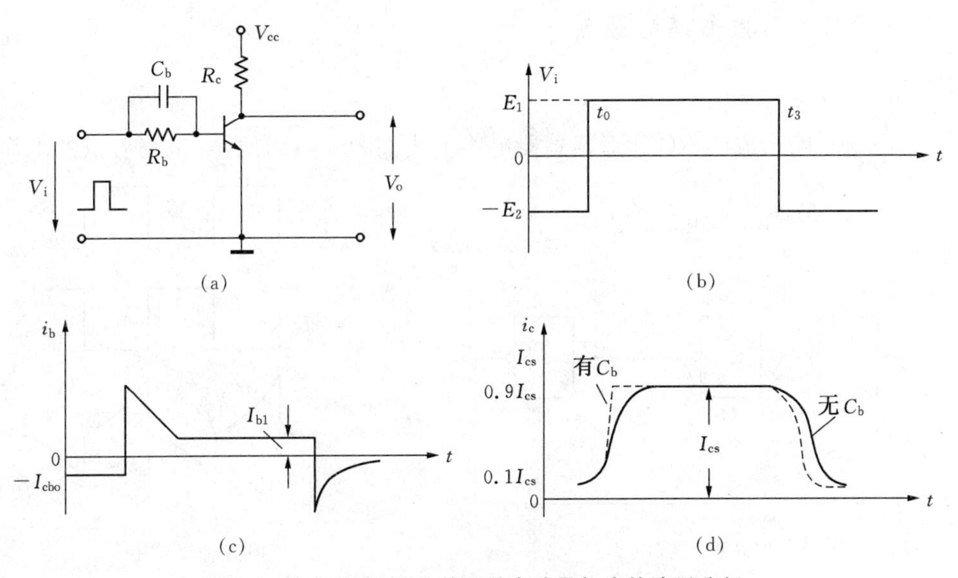

图 7-4　含加速电容 C_b 的开关电路及相应的波形分析

从$-E_2$跳变到$+E_1$，由于C_b的存在，R_b相当于被短路，V_i几乎全部加到基极，形成一个瞬时很大的正向基极电流，它促使基区电荷快速增长，使t_d和t_r大大缩短。i_b的变化如图7-4(c)所示，随着C_b被充电，i_b将逐渐减小，充电完毕后，基极电流将减小到$I_{b1}=E_1/R_b$。只要使I_{b1}略大于$I_{bs}\approx I_{cs}/\beta_0$，即维持管子在浅饱和状态，使基区存储电荷不很多，就可以缩短t_s。

在t_3时，由于V_i从$+E_1$跳变到$-E_2$，负跳变被C_b短路到基极，造成一个瞬时很大的反向基极电流，因此大大加快了存储电荷的消散，缩短了t_s和t_f的时间。同样，随着C_b放电，也会使i_b减小，从而开关管很快稳定在截止状态。

用加速电容促进管子在饱和与截止之间快速转换，既加速了"导通"，又加速了"截断"，因此在脉冲电路中获得广泛的应用。加速电容C_b的数值要选取适当，若C_b太小，大电流存在的时间太短，作用不大，若C_b太大，则可能在输入方波结束时，i_b还没有达到稳定，起不到减少存储的作用。C_b值与R_b、R_s大小有关，并且开关管应用的场合不同C_b值也不同，C_b值应由实验确定。

7.2 集成门电路组成的脉冲单元电路

用集成门电路组成的脉冲单元电路有自激多谐振荡器、单稳态触发器、施密特触发器等，它具有结构紧凑、工作可靠和成本低等优点。

7.2.1 自激多谐振荡器

1. 环行振荡器

由与非门组成的RC环形振荡器电路形式如图7-5(a)所示，电路各点的工作

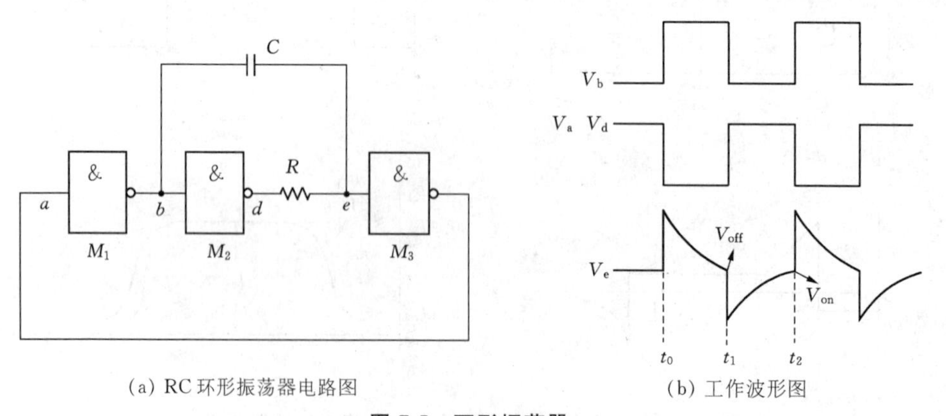

(a) RC环形振荡器电路图 (b) 工作波形图

图7-5 环形振荡器

波形如图 7-5(b)所示。

根据图 7-5(b)分析图 7-5(a)所示电路的工作过程,可知电路具有两个暂稳态期。在第一暂稳态期($T_1 = t_1 - t_0$)期间,电路进入 M_1 关闭、M_2 和 M_3 开启状态,而在第二暂稳态期($T_2 = t_2 - t_1$)期间,电路进入 M_1 开启、M_2 和 M_3 关闭状态,第一暂稳态期的充电回路和第二暂稳态期间的充电回路如图 7-6 所示。由于通过 R 对 C 充放电的进行,两个稳态期不断交换而形成振荡。显然,振荡周期 $T = T_1 + T_2$。根据三要素公式,$\mathrm{T_1}$ 由下式表示:

$$T_1 = \tau \ln \frac{V_e(0) - V_e(\infty)}{V_e(T_1) - V_e(\infty)} \tag{7-1}$$

其中,$\tau = R \cdot C$,

$$V_e(0) = V_{on} + V_{OH} - V_{OL} \tag{7-2}$$

$$V_e(T_1) = V_{off} \tag{7-3}$$

$$V_e(\infty) \approx \frac{V_{cc} - V_{be}}{R + R_b} \cdot R \tag{7-4}$$

所以
$$T_1 \approx RC \cdot \ln\left(1 + \frac{V_{OH}}{V_{off} - V_e(\infty)}\right) \tag{7-5}$$

同样,作适当近似,T_2 可由下式表示:

$$T_2 \approx (R \mathbin{/\!/} R_b) C \ln\left(1 + \frac{V_{OH}}{V_e(\infty) - V_{on}}\right) \tag{7-6}$$

式中,$V_e(\infty) \approx V_{OH}$ 与上面的 $V_e(\infty)$ 不同。

V_{be} 为图 7-6 中三极管的发射结电压,约为 0.6～0.7 V, T_1 和 T_2 的公式再次表明,这种振荡器的两个暂稳态期 T_1、T_2 不相等($T_1 > T_2$),输出波形不是方波,并且当改变 R 以改变重复周期时,T_1/T_2 的比值也随之改变。

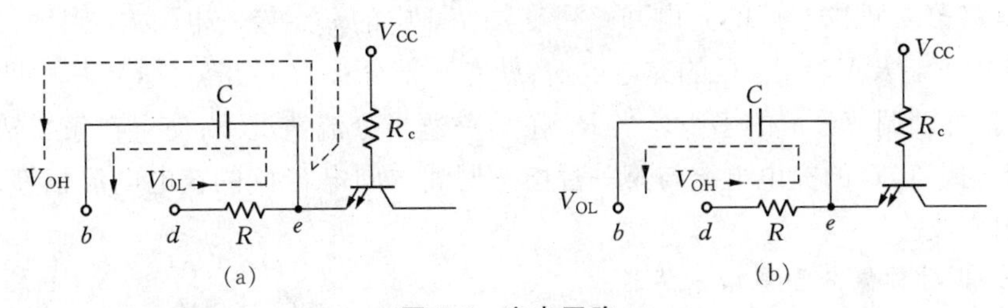

图 7-6　充电回路

下面分析这种电路的振荡条件。在图 7-5 中,如果 R 取得较大,使得 R 与 M_3

内部电路 R_b 的分压导致 M_3 输入端电压 V_3 的静态值大于 M_3 的开门电平 V_{on}，则 M_3 开启、M_1 关闭和 M_2 开启，使 D 点为“0”电平的状态一直保持下去，这将导致电路不能起振。由此可知，电路的起振条件应为

$$V_e = \frac{V_{cc} - V_{be}}{R + R_b} \cdot R < V_{off} \tag{7-7}$$

或

$$R < \frac{V_{off} R_b}{V_{cc} - V_{be} - V_{off}} = R_{max} \tag{7-8}$$

可见这种电路只有在 $R < R_{max}$ 时，才能起振。R_b 的大小可由下式求出：

$$R_b = \frac{V_{CC} - V_{be}}{I_{se}} \tag{7-9}$$

图 7-5(a)所示的电路若再增加一只电阻 R_1，如图 7-7 所示，则通过调节 R_1 即可使输出波形成为方波（暂稳态期 $T_1 = T_2$）。此时方波的重复周期可由下式给出：

$$T \approx 2(R \mathbin{/\!/} R_1) C \ln\left(1 + \frac{V_{OH}}{V_{off}}\right) \tag{7-10}$$

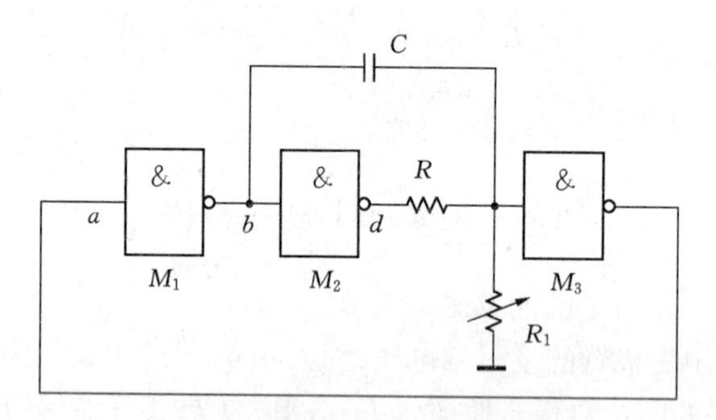

图 7-7　含电阻 R_1 的环形振荡器

电路第二暂稳态期的充电回路可在图 7-6 中的 e 点接一电阻 R_1 到地，这样，图 7-6 中 V_{OH} 及 V_{cc} 流向 C 的充电电流，就有一部分被 R_1 分流到地上去。调节 R_1 大小，就可以调节分流的多少。当 R_1 在某一适当分流情况下，使得在第二暂稳态期间内向电容 C 的充电电流与第一暂稳态期间内向电容 C 的充电电流相等，电路即输出方波。

2. 非对称微分型多谐振荡器

非对称微分型多谐振荡器的电路形式如图 7-8 所示，电路各点的工作波形如图 7-8(b)所示。

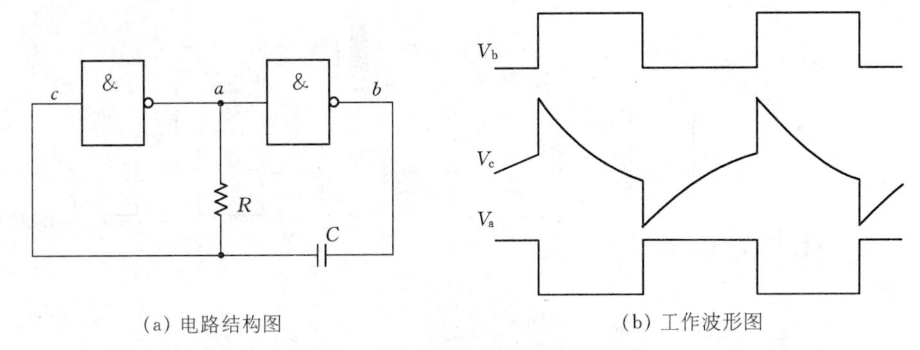

(a) 电路结构图　　(b) 工作波形图

图 7-8　非对称微分型多谐振荡器

设开始时，a 点的电压 V_a 为高电平，则 b 点电压从 1 返回 0，b 点电压从 0 跳至 1。由于电容两端的电压不能突变，因此 c 点电压瞬间产生一正向跳变使 $V_c > V_a$，产生一充电电流经 R 对 C 进行充电。随着充电的进行，V_c 按指数规律下降，一旦下降到 M_1 的关门电平 V_{off}，由于门 M_1 输出从 0 跳至 1，门 M_2 输出从 1 返回 0。同样，因电容两端电压不能突变，V_c 产生一个负向的跳变，使 $V_c < V_a$，而 $V_c < V_a$ 使 a 点电压经 R 对 C 进行反向充电。随着反向充电的进行，c 点电压按指数规律上升，一旦其值上升到门 M_1 的开门电平 V_{on}，由于门 M_1 输出从 1 返回 0，M_2 输出从 0 跳至 1，于是电路又回到初始的状态，如此不断循环，电路即可形成振荡。

图 7-8 所示微分型多谐振荡器的振荡频率为

$$f \approx \frac{1}{2.3RC} \tag{7-11}$$

3. *石英晶体振荡器*

前面介绍的多谐振荡器，其幅度稳定性比较好，但频率稳定性较差，当对频率稳定度要求较高时，多在电路中接入石英晶体组成的石英晶体振荡器。石英晶体振荡器不仅频率稳定性好，而且由于石英晶体的 Q 值很高，因而振荡器的选频特性也很好。

下面将介绍几种常用的石英晶体振荡器电路。

图 7-9(a)是一个由与非门或倒相器组成的石英晶体振荡器。图中晶体和电阻 R 跨接在 M_1 门的两端，为使电路易于起振，R 的选择应使门 M_1 的静态工作点处于电压传输特性的过渡区。门 M_2 用于防止负载对振荡器工作频率的影响，同时对门 M_1 输出信号进行整形，电容 C_1、C_2 用于构成振荡的反馈回路，同时对振荡频率进行微调。

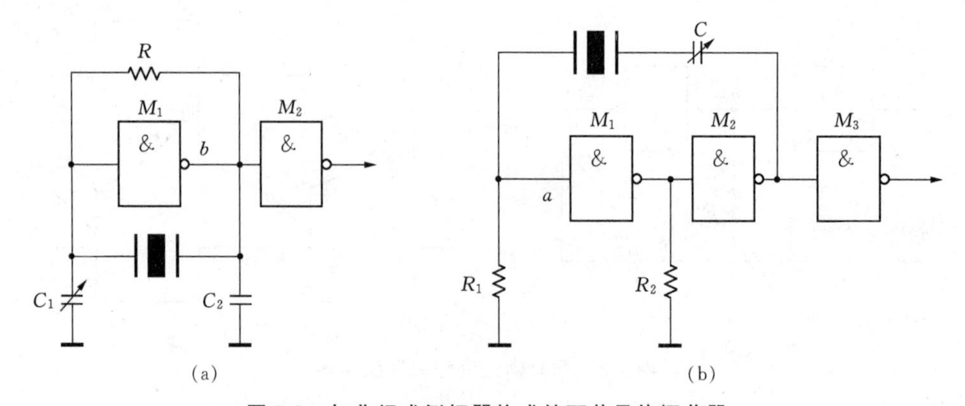

图 7-9 与非门或倒相器构成的石英晶体振荡器

图 7-9(b)是一个由两只 CMOS 与非门或倒相器组成的石英晶体振荡器。门 M_1 与 M_2 相当于构成一个二级放大器,因此必须适当选择 R_1 与 R_2,使门 M_1 与 M_2 的静态工作点均设置在线性区。M_2 的输出通过电容与晶体的串连网络回到 M_1 输入端,构成正反馈而产生振荡。门 M_3 的作用同图 7-9(a)中的门 M_2。

图 7-10 是一个由两只 TTL 与非门或倒相器组成的实用石英晶体振荡器,其工作原理不予赘述。

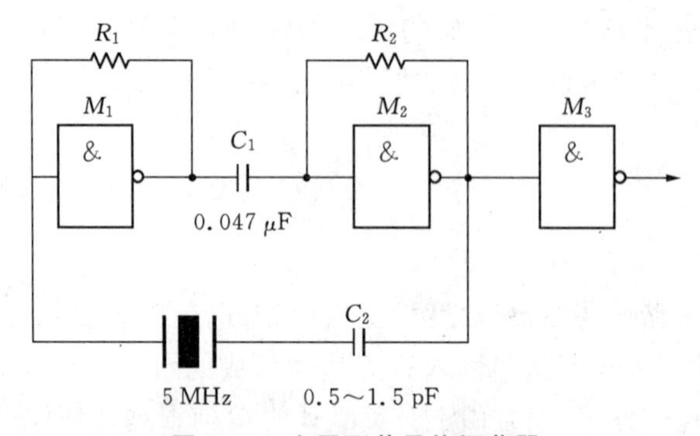

图 7-10 实用石英晶体振荡器

7.2.2 单稳态触发器

1. 积分型单稳态触发器

如图 7-11 所示,积分型单稳态触发器电路中 M_1、M_2、RC 为开关元件,RC 为积分延迟元件,R_1 为稳态设置元件。

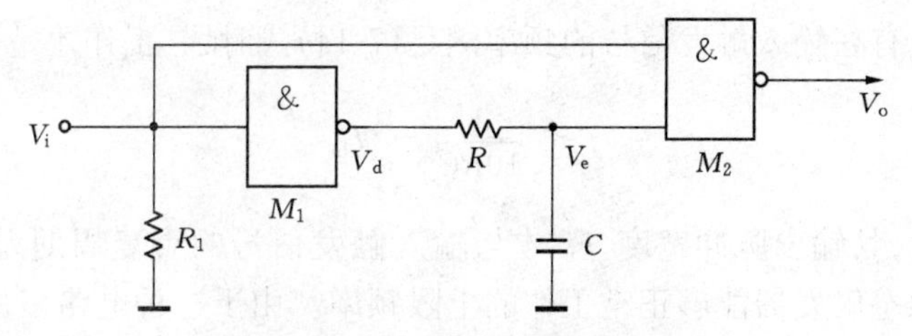

图 7-11 积分型单稳态触发器

单稳态电路有两个状态:一个是稳态,一个是暂稳态。在没有外加信号触发时,电路应处于稳态;当有外加信号触发时,电路处于暂稳态。暂稳态期间的长短由 RC 延时元件决定,暂稳态期结束后,电路恢复到稳态。

图 7-11 所示电路的稳态是门 M_1、M_2 均关闭(其输出端均为"1")。

在 $t=t_0$ 时刻,当电路输入一个幅度适当的正阶跃触发信号时,电路各点波形如图 7-12 所示。

由于 V_i 正阶跃信号的加入,使门 M_1、M_2 输出端波形 V_d 与 V_o 均由稳态时的 V_{OH}阶跃下降至 V_{OL}。但因 RC 电路的积分延迟作用,使 V_e 波形不能像 V_d 一样作阶跃下降,而按指数规律下降。直到 t_1 时刻 V_e 下降到 M_2 关门电平 V_{off}时,因门 M_2 关闭,其输出 V_o 才由"0"阶跃上升至"1"。

由以上分析可知,这种电路应以正脉冲触发,对触发脉冲宽度的要求是必须大于所需输出脉冲的宽度。输出为一负向窄脉冲,其脉冲宽度 T_u 可由下式表示:

$$T_u = RC\ln\frac{V_{OH}-V_e(\infty)}{V_{off}-V_e(\infty)} \qquad (7\text{-}12)$$

其中

$$V_e(\infty)=\frac{E_c-V_{be}}{R+R_b}\cdot R \qquad (7\text{-}13)$$

如图 7-12 所示,在 $t=t_0$ 时刻,当触发信号 V_i 阶跃下降至静态低电平时,由于门 M_1 被关闭,输出端 V_d 阶跃上升至 V_{OH}。同样,由于 RC 电路的延迟作用,门 M_2 输入端电压 V_e 也只能按指数上升。当 V_e 完全上升到 V_{OH} 值时,电路恢复过程结束,等待下一个正阶跃触发信号的到来。

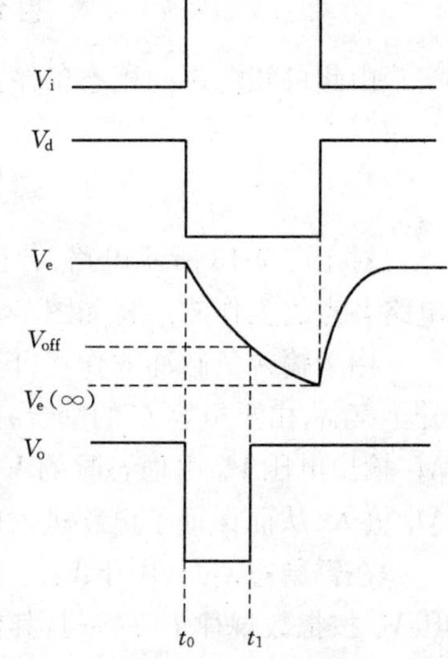

图 7-12 积分型单稳态触发器各点波形图

应当强调指出的是,图 7-11 所示的积分型单稳态触发器只有在输入触发信号的频率满足(7-14)式时，其工作才是正常的。

$$f \leqslant \frac{1}{10RC} = f_{h1} \tag{7-14}$$

只有此时，其输出脉冲宽度 T_u 才与输入触发信号的重复周期无关。f_{h1} 被称为积分型单稳态触发器能够正常工作的上限频率。由于这种电路多用于将输入的宽脉冲转换成为窄脉冲输出，因此也可称它为宽变窄单稳电路。

2. **微分型单稳态触发器**

如图 7-13 所示，微分型单稳态触发器电路中的门 M_1、M_2 为开关元件，R、C 为微分延迟元件，R 同时还是稳态设置元件。电路的稳态是门 M_1 开启、门 M_2 关闭。为使电路具有这一稳态，要求门 M_2 输入端的电平 V_R 小于关门电平 V_{off}，即

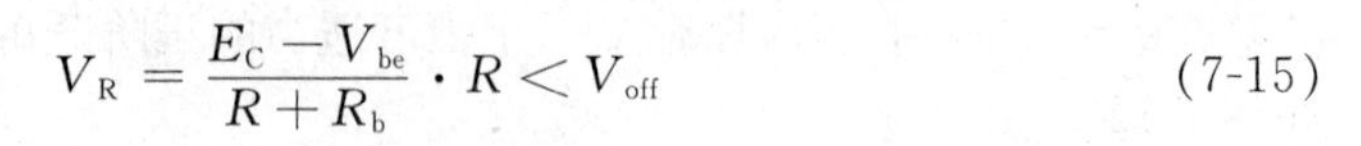

$$V_R = \frac{E_C - V_{be}}{R + R_b} \cdot R < V_{off} \tag{7-15}$$

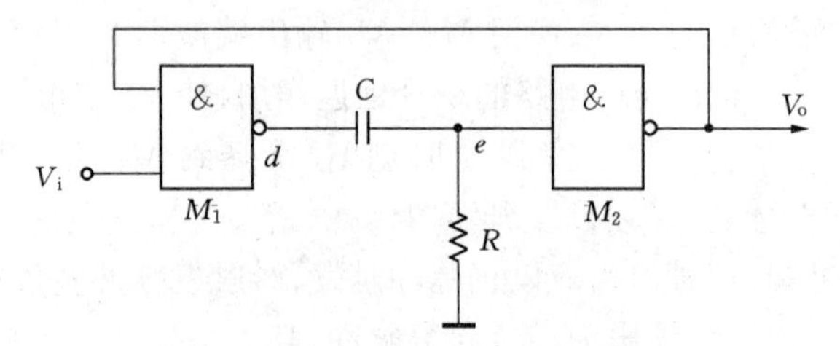

图 7-13 微分型单稳态触发器

由此可知电路的稳态条件为

$$R < \frac{V_{off} R_b}{E_C - V_{be} - V_{off}} \tag{7-16}$$

对于图 7-13 所示电路，若在 $t = t_0$ 时刻输入一个幅度适当的负向触发脉冲，则电路各点的工作波形将如图 7-14 所示。

由于输入负脉冲的作用，门 M_1 被关闭，其输出电压 V_d 由稳态时的 V_{OL} 阶跃上升至 V_{OH}，由于电容 C 的耦合，门 M_2 输入端的电压 V_e 也随之作阶跃上升，于是门 M_2 输出电压 V_o 由稳态时的 V_{OH} 阶跃下降至 V_{OL}，这个低电平 V_{OL} 经反馈加至门 M_1 输入，从而保证了电路进入门 M_1 关闭、门 M_2 开启的暂稳状态。

在暂稳态期间，由于 $V_e > 0$，电流经 R 给 C 充电。随着充电的进行，e 点的电压 V_e 按指数规律下降，一旦其值下降到门 M_2 的关门电平 V_{off} 使门 M_2 关闭，门 M_2 的输出电压 V_{OL} 阶跃上升到 V_{OH}，从而输出一个宽度为 T_u 的负向脉冲信号。该脉冲信号的宽度为

$$T_{u} \approx RC\ln\frac{V_{OH}-V_{OL}}{V_{off}-V_{e}(\infty)} \tag{7-17}$$

式中，$V_{e}(\infty)$为暂态波形V_{e}在稳态时的直流电平，其值为

$$V_{e}(\infty) \approx \frac{E_{C}-V_{be}}{R+R_{b}} \cdot R \tag{7-18}$$

由图 7-14 可见，对于脉宽小于 T_{u} 的窄脉冲的触发信号，电路的恢复期从 t_1 开始；而对于脉宽大于 T_{u} 的宽脉冲信号（见图 7-14 中虚线），电路的恢复期则要从 t_2 才开始。由于 $t_1 < t_2$，因此对于同一微分型触发器电路，为使电路的恢复期短（允许触发脉冲具有更高的工作频率），多采用脉宽小于要求输出脉宽 T_{u} 的窄脉冲进行触发。当用窄脉冲触发时，不但电路恢复期短，而且输出脉冲的后沿（上升沿）要比用宽脉冲触发时来得陡峭。基于上述两方面的原因，微分型单稳态触发器电路多用于将输入的窄脉冲转换成为宽脉冲输出，因此也可称它为窄变宽单稳态触发器电路。

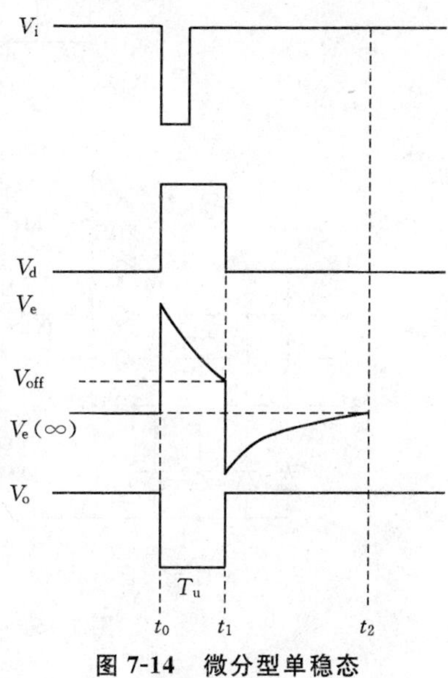

图 7-14　微分型单稳态触发器各点波形图

对于微分型单稳态触发器电路，应当指出的是，只有在窄脉冲触发信号的频率满足

$$f \leqslant \frac{1}{T_{u}+3RC} = f_{h2} \tag{7-19}$$

时，其工作才是正常的。也只有此时，其输出脉宽才与输入触发信号的重复周期无关。f_{h2}被称为微分型单稳态触发器电路能够正常工作的上限频率。

7.3　施密特电路和 555 定时器

7.3.1　施密特电路

图 7-15(a)和(b)分别给出普通的 TTL 与非门电路和施密特门电路。从电路内部结构可以看出两者的主要区别是施密特门电路中多了 Q_1、Q_2、R_4 构成的射级耦合正反馈施密特电路，其输入部分是用二极管组成的与门。此电路工作过程如下：

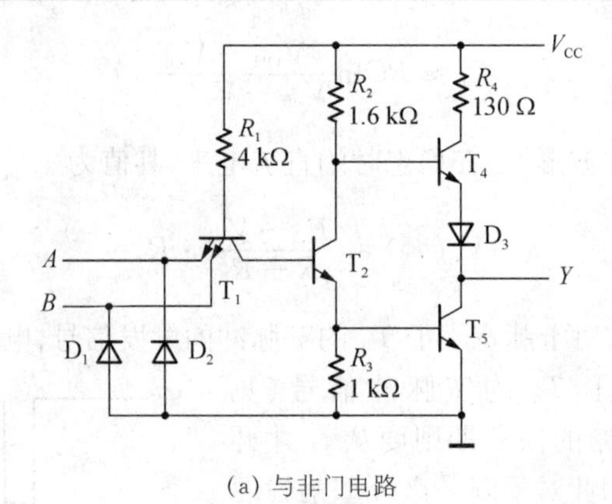

(a) 与非门电路

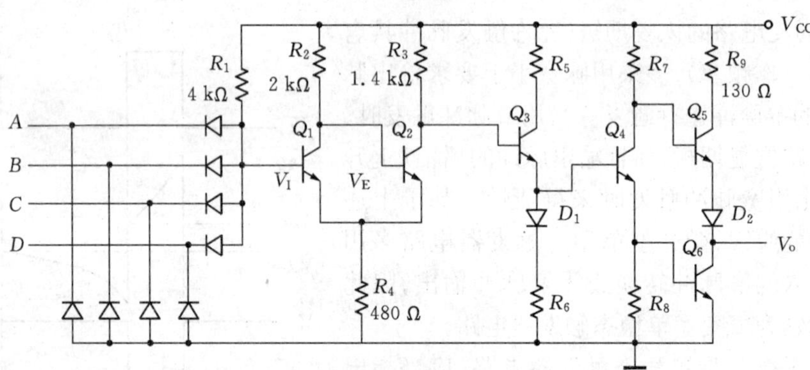

(b) 施密特门电路

图 7-15 与非门电路和施密特门电路

令 V_{T+}、V_{T-} 分别为上下触发电平，在输入电压 $V_I > V_{T+}$ 时，$V_I \uparrow \to i_{C1} \uparrow \to V_{C1} \downarrow \to i_{C2} \downarrow \to V_E \downarrow \to V_{BE1} \uparrow \to i_{C1} \uparrow$，$Q_1$ 因正反馈迅速饱和，Q_2 截止。同样，当 $V_I < V_{T-}$ 时，$V_I \downarrow \to i_{C1} \downarrow \to V_{C1} \uparrow \to i_{C2} \uparrow \to V_E \uparrow \to V_{BE1} \downarrow \to i_{C1} \downarrow$，$Q_2$ 也因正反馈迅速饱和，Q_1 截止。

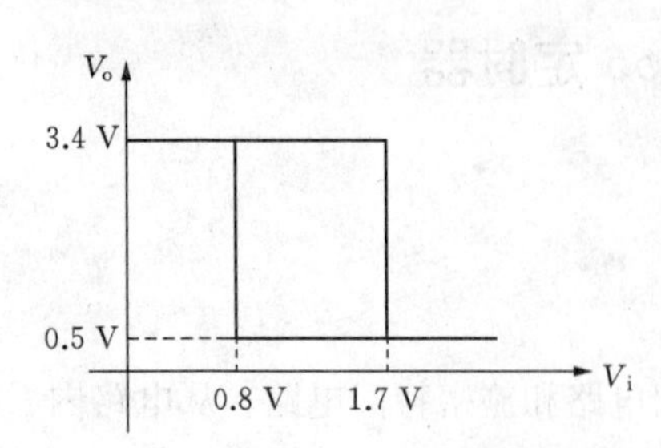

图 7-16 集成施密特触发器 74LS13 输入输出的迟滞特性

由于 $R_2 > R_3$，设 V_E 在 Q_1 饱和时为 V_{E1}，V_E 在 Q_2 饱和时为 V_{E2}，则 $V_{E2} > V_{E1}$。因为 $V_{T+} = 0.7\ \text{V} + V_{E2}$，$V_{T-} = 0.7\ \text{V} + V_{E1}$，则 $V_{T+} > V_{T-}$，据计算可得不同的上下触发电平 V_{T+}、V_{T-} 的大小为

$$V_{T+} \approx 1.7\ \text{V},\ V_{T-} \approx 0.8\ \text{V}$$

由图 7-16 可知，集成施密特触发器 74LS13 的输入输出有迟滞特性。

如图 7-17(a)所示,输入波形上有毛刺干扰或振荡波形。只要其波动不超过上下触发电平 V_{T+}、V_{T-},则输出无干扰,如图 7-17(b)所示。

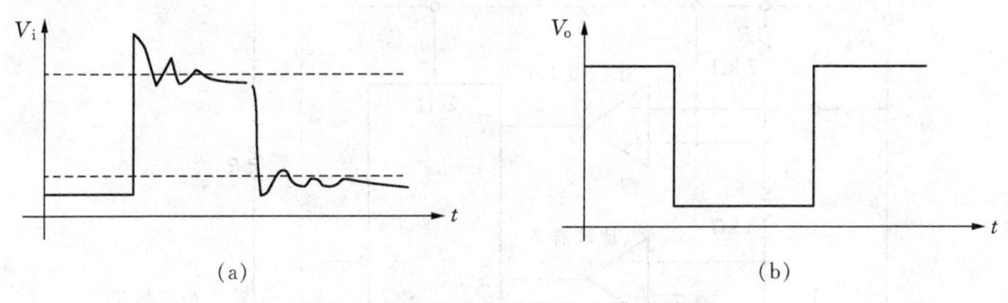

图 7-17　施密特电路的输入输出波形

7.3.2　555 定时器

目前使用最多的集成施密特 IC 组件是 555 和 556。555 是 1972 年研制成功的允许用以产生从几 ms 直至几分钟相当准确的延迟。

555 的内部电路以及外部 R、C 元件的连接如图 7-18 所示。其内部电路由比较器、RS 触发器和输出级组成。三个 5 kΩ 电阻 R_1、R_2 和 R_3 形成一个电压分压器键,提供比较器 1 输入负端所需的$\frac{2}{3}V_{cc}$电压和比较器 2 输入正端所需的$\frac{1}{3}V_{cc}$电压。"触发"输入 2 脚通过电阻 R 接到 V_{cc},因此无触发脉冲输入时比较器 2 的输出为 0,触发器输出 $\overline{Q}$ 为 1,强迫内部放电三极管导通,7 脚几乎为 0 V,电容 C 不可能被充电,同时"输出"为 0 V。一旦负向触发脉冲加至 555 的 2 脚,比较器 2 的输出瞬时变为高电平而使触发器置位,$\overline{Q}$ 输出变为低电平。由于 $\overline{Q}$ 变为低电平,放电三极管截止,在 555 的 3 脚输出变为高电平的同时,电容 C 通过 R_1 被充电,电容两端电压按指数规律上升,当电压上升超过$\frac{2}{3}V_{cc}$时,由于比较器 1 的输出变高电平而使内部触发器复位,$Q=0$, $\overline{Q}=1$,结果因三极管导通而使定时电容快速放电。与此同时"输出"转为 0,输出脉冲的宽度 t_{PW} 为

$$t_{PW} = 1.1R_AC \tag{7-20}$$

555 输出脉冲波的上升和下降时间约为 100 ns,幅度约为$(V_{cc}-1.4)$V。负载可以接在输出与地或输出与 V_{cc}之间,可允许流出或吸入 200 μA 的电流。555 除了上面已提到的"门限"、"放电"、"触发"和"输出"端外,另外还有两个输入端"复位"和

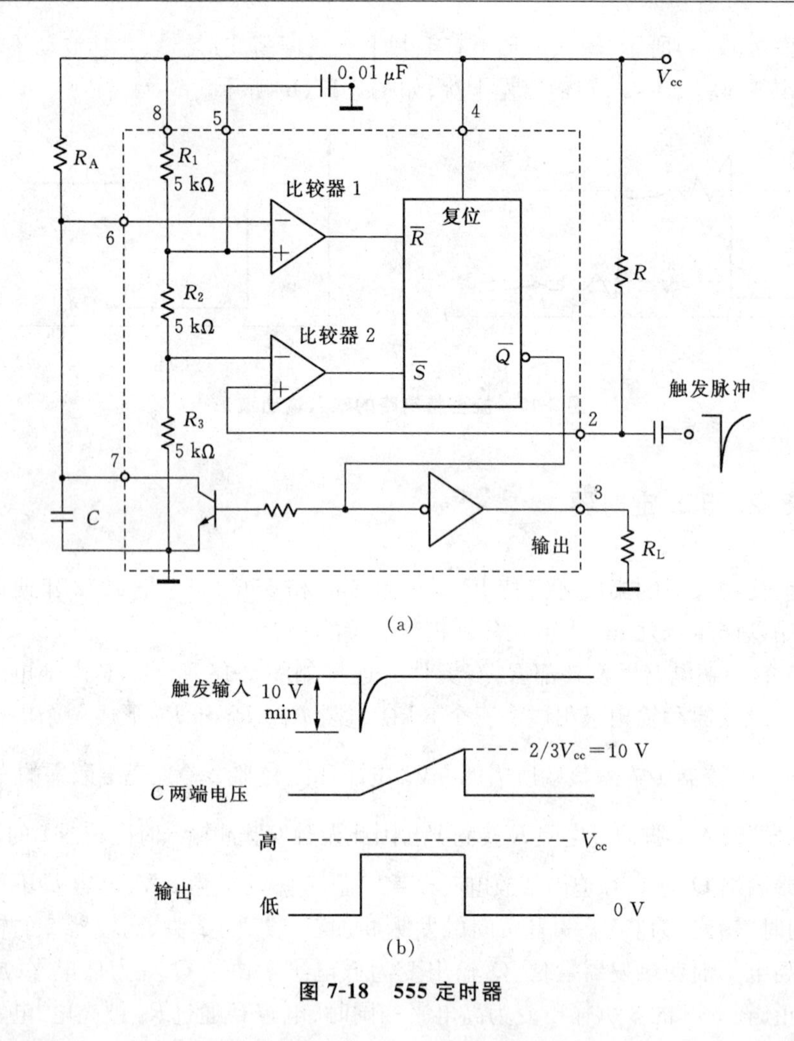

图 7-18 555 定时器

“控制”。“复位”端(555 的 4 脚)可用于中断定时和通过输入一个负脉冲使输出为 0,不用时可与 V_{cc}短接。

控制端(555 的 5 脚)可用于修改和调整时间延迟,此时加至 5 脚的电压应超过内部电阻设置的$\frac{2}{3}V_{cc}$直流电平。平时不需要调整时,通常通过 0.01 μF 电容接地,以防止外界噪声干扰对定时的影响。

555 的定时基本上不受电源电压变化的影响,为每伏变化不超过定时准确度的 0.1%,定时的准确度和稳定度主要取决于外部定时元件 R_A 和 C 的质量。

由上述可知,555 实质上是一个施密特电路,而其上下限触发电平由两个比较器的内置比较电平决定。它也可以组成自激振荡器，因此，如图 7-19 所示，将上下两控制输入端 2、6 相连，电压+5 V 通过 R_1、D(二极管正向)往 C_1 开始充电，当 C_1 上的电压上升超过上限触发电平时，基本 RS 触发器翻转，并通过输出控制内部放电三极管导通，使 C_1 电容上的电压通过 W 及 R_2 至 7 端放电，放至下限触发电平时，才能使 RS 触发器翻转，并使放电三极管截止，C_1 又开始充电。此时充电的电阻仍为 R_1、D(二极管正向)。由基本 RS 触发器特性可知，C_1 电压只能上升至上限触发电平时，才能使 RS 触发器又一次翻转，这样 C_1 电压在上下限触发电平之间来回往复形成自激振荡，通过调节电位器 W 使充放电的时间常数相等，从而得到对称方波，它的频率可由下式进行估算：

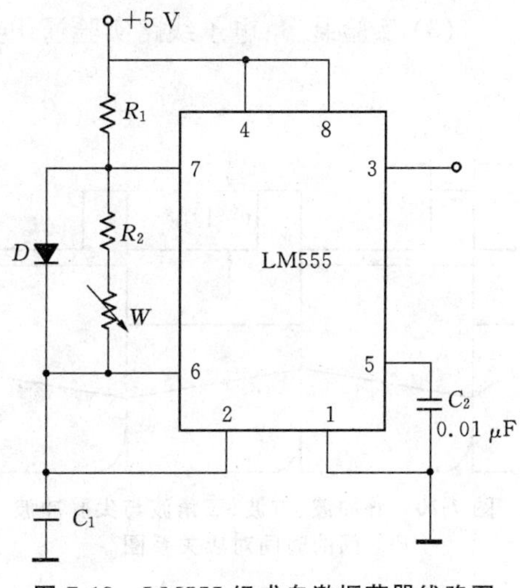

图 7-19　LM555 组成自激振荡器线路图

$$f=\frac{1.443}{[R_1+(R_2+W)]C} \tag{7-21}$$

7.4　实验题目

实验　低频脉冲信号发生器电路设计

一、实验目的

了解环行振荡器、单稳态电路、脉冲变换电路与晶体管开关电路的综合应用。

二、实验仪器、器件与实验装置

(1) 实验仪器：稳压电源，双踪示波器，信号源。

(2) 器件：74LS00，74LS74，9011，9012，74LS14，电阻、电容、电位器若干。

(3) 实验装置:电子线路实验通用实验板。

三、实验内容与要求

试设计一个低频脉冲信号发生器,要求在频率为5～100 kHz的范围内,能够输出脉宽为1～6 μs、幅度从0到12 V可调,而且零电平起跳的脉冲波;同时还能输出周期可调的方波、三角波和尖脉冲波,周期调节范围为20～400 μs,脉冲波、方波、三角波和尖脉冲波之间的对应时间关系如图7-20所示。

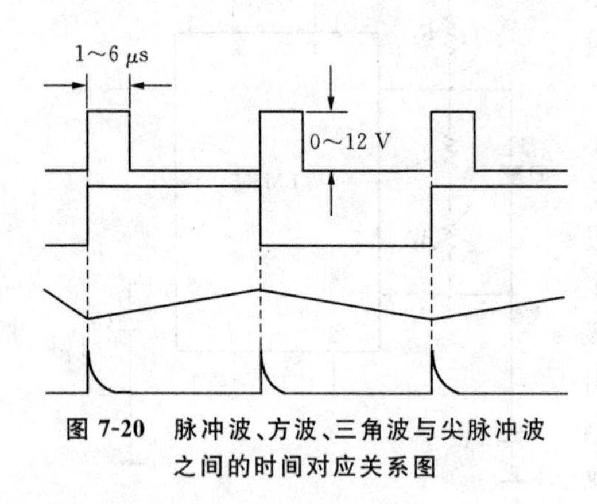

图 7-20 脉冲波、方波、三角波与尖脉冲波之间的时间对应关系图

四、实验提高内容

(1) 若希望频率连续可调的范围增大为0.5～1 000 kHz,对环行振荡器应采取什么措施? 请设计电路实现。

(2) 产生数字脉冲信号的另一种方法就是可以对模拟信号进行整形,假设输入信号是频率为1 kHz、峰峰值为5 V的正弦波,请设计电路实现将该正弦波转换为频率为500 Hz、幅度为0～5 V的方波,两波形对应关系如图7-21所示。

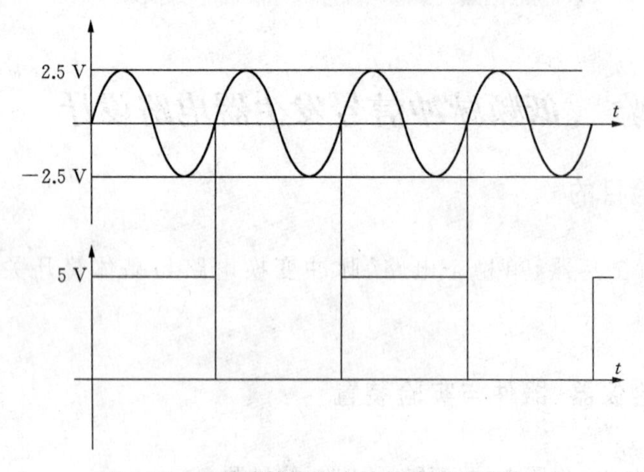

图 7-21 正弦波转换为方波的波形对应关系

(3) 实现环形振荡器输出信号的同步和异步四分频。

五、实验要点

(1) 利用数字门电路和 RC 延迟环节设计振荡器和单稳态电路是该实验的主要内容,因此必须了解数字门电路的开关特性、驱动能力和动态特性。为了掌握器件的外部特性,最好了解器件的内部电路结构和特点,特别是输入输出电路部分。理解数字门电路外接 RC 电路的限制条件,另外了解三极管的开关特性和加速电容的作用,也是该实验的另一个要点。

(2) 学会排查数字电路故障的方法,应先查电源和接地,再查输入输出逻辑关系,最后查时序关系。检查一个器件要先查阅器件手册,了解器件的性能特点、管脚排列,特别要着重关注对输入信号的要求以及输出驱动能力等。

(3) 振荡器不振荡以及积分和微分单稳态脉宽不能调节的问题,在排除器件损坏、连接错误和接触不良后,应着重关注 RC 环节,电阻电容是否选取不当,根据电路设计要求要进行定性估算。

六、思考题

(1) 解释以下几种门电路各自的特点:三态门,施密特门,OC 门,OD 门,CMOS 传输门,ECL 门。

(2) 门电路有哪些主要参数?比较 74LS 系列、4000 系列、74HC 系列门电路,在它们进行互连时应注意哪些事项?

第八单元　小型数字系统及综合实验

数字系统通常由输入接口、输出接口、数据处理器和控制器三部分组成，输入输出接口进行A/D、D/A转换，处理器和控制器则是实现数据处理并控制系统各个模块的工作。数字系统设计所用的方法有多种，如控制器设计、程序流程图设计以及HDL设计等。本单元只对一般小型数字系统中通过控制器设计的方法作一些讨论，以便为进行中、大型数字系统的设计打下初步的基础。

8.1　小型数字系统设计概述

8.1.1　小型数字系统的组成

在数字技术领域内，人们往往把一个由若干个数字电路或数字集成器件所构成的、能用于传递和处理各种数字信息的设备，称为数字系统。从功能的角度出发，可以把数字系统划分为数据处理和控制两大部分，再加上输入输出电路，其组成如图8-1所示。待处理的信号，在控制部分信号的作用下，经输入电路进入数据处理部分，数据处理部分则在控制信号的作用下对输入数据进行处理，处理过程包括传送、加工和存储三个方面的内容。在处理的过程中数据要来回传送，以便按预定程序一步步进行加工；加工过程中的某些中间结果以及经过加工后的最后结果

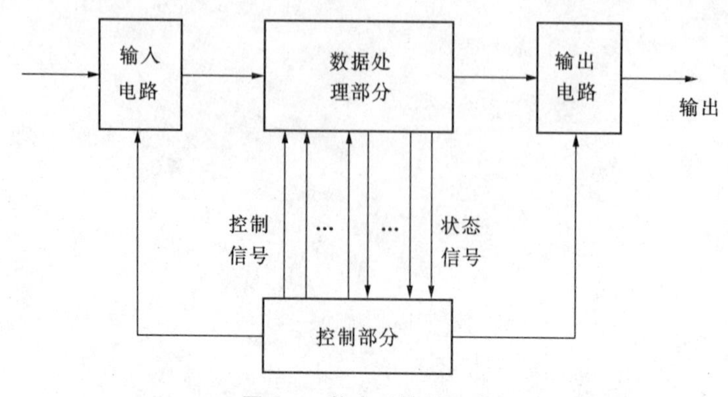

图8-1　数字系统的组成

都要送入存储器,以便随时取用。一旦数据处理部分对输入数据进行了传送、加工和存储以后,即发回状态信号至控制部分,告知控制部分数据处理的情况,以便控制部分作出进一步处理的决策。最后在控制部分输出信号的作用下,经输出电路输出处理结果。

对于图 8-1 所示数字系统中的每一个组成部分,都可以把它看作是一个子系统或若干个子系统的组合,所以数字系统可以被认为是由控制器把若干个子系统组合起来的一个总系统。对于简单的数字系统,图 8-1 中的输入、输出电路两个子系统可以省略,但数据处理部分的各个子系统和控制器是不可缺少的,从而简单数字系统(也可称为小型数字系统)的组成框图如图 8-2 所示,子系统的多少取决于数字系统规模的大小。各个子系统在控制器输出控制信号的作用下动作,并把动作的情况反馈给控制器。控制器根据"控制输入"信息及反馈信息,发出各种控制信号至子系统,使总系统有条不紊地动作。

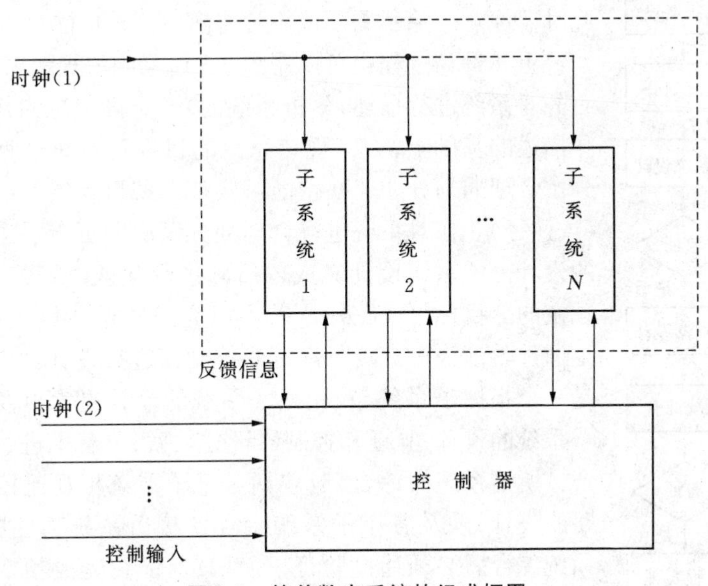

图 8-2 简单数字系统的组成框图

8.1.2 系统的设计步骤

对于小型数字系统的设计,由于外部输入变量和内部状态变量较少,可不用状态表和卡诺图法进行设计,而是根据总体要求选择合适的集成器件(在目前数字系统软件设计中相当于调用库文件)来构成,并采用控制器设计方法。所谓控制器的设计方法,即通过控制器把各个子系统组合成一个总系统的方法。对于图 8-2 所示小型数字系统,一般可按如下步骤进行设计。

首先,分析系统功能,确定总任务,并将系统要求完成的总任务分解成为一些功能性的分任务。其次,设计用于完成分任务所需的子系统。这些子系统可以是运算电路(加法器、比较器等),也可以是计数器、译码器、寄存器、移位寄存器等。一般可采用组合电路和时序电路的设计方法进行设计,也可采用中、大规模的集成逻辑组件来构成。对于每个子系统的输入、输出信号和时序要求,应十分明确。第三步,确定系统的控制程序,进行控制器设计。控制器也是一个子系统,而且是确定整个系统能否稳定可靠工作的重要部件,在控制器发出命令的控制下各个子系统协调动作,使整个数字系统完成所需求的总任务。控制器可简可繁,简单的控制器只有控制信号输出,并无时序波形产生,而复杂的控制器可循环产生复杂的时序控制波形。第四步,连接控制器与各子系统,完成总体设计。此时要注意排除不需要或不希望出现的异常信号。

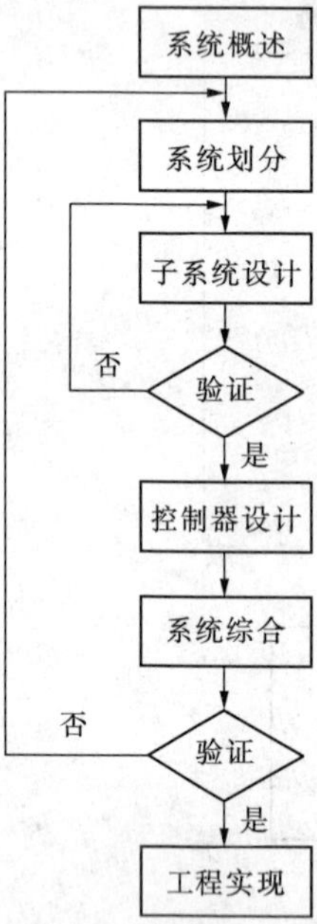

上述设计过程也可以用图 8-3 所示的流程图来加以说明。首先对系统进行描述,分析系统的功能,确定总的任务。在详尽描述的基础上,为实现该系统的目标对系统进行合理的划分。合理的划分才能获得能够实现系统目标较好的设计方案(或途径)。在对系统进行合理划分以后即可着手进行子系统的设计。子系统设计完成以后应进行验证,观察其能否完成预定的分目标(分任务)。若不能完成应返回修改原设计,直至通过验证为止。接下来可对控制器进行设计。由于控制器是一个指挥子系统,较一般子系统的设计更为重要。在完成子系统的设计、验证和控制器设计以后,可着手进行系统的综合。所谓系统的综合,应包括各个子系统相互连接时接口电路的设计,以及各个子系统相互连接后系统功能的验证等。系统综合后必须通过验证,即观察其能否完成预定的总目标(或总任务),而且要对完成的好坏进行评价,若不能通过验证应返回重新进行系统的划分,直至通过验证并且使工程得以实现为止。

系统概述 → 系统划分 → 子系统设计 → 验证(否:返回子系统设计;是)→ 控制器设计 → 系统综合 → 验证(否:返回系统划分;是)→ 工程实现

图 8-3 小型数字系统设计的流程图

在进行数字系统设计的过程中,系统的划分可以是各种各样的,设计的途径(或方法)也决不是唯一的。为实现一个数字系统所要求的目标,很可能得不到一个最优化的设计方案,但通过努力得到一个满意的方案还是可能的。为了找到这个满意的设计方案,往往需要通过设计→验证→再设计→再验证,直至满意,因此数字系统的设计往往是一个反复探索的过程。

8.1.3 系统设计中应予考虑的几个问题

在进行小型数字系统设计时,要注意对器件进行选择,并考虑器件的负载驱动能力以及各种不同类型器件之间的电平匹配问题。

1. 器件选择的依据

在进行系统设计时,器件的选择是很重要的,因为器件选择得是否合理,不但会影响到设计系统工作的稳定性,还会涉及成本、整机体积大小等其他问题。通常,器件选择应该依据设计任务中所要求的速度、功耗、抗干扰能力等指标,在满足指标要求的前提下再考虑降低成本和缩小体积等。下面就通过常用 TTL、COMS 电路的主要特性的比较,以供进行器件选择时参考。常用 TTL、COMS 器件的主要特性如表 8-1 所示,从表 8-1 可见 TTL 电路的速度最高,超高速的 TTL 电路其平均传输时间 t_{pd} 约为 10 ns(相当于 100 MHz),中速 TTL 电路也有 50 ns(相当于 20 MHz)的速度。若从功耗进行比较,TTL 功耗大,COMS 功耗最小。就负载能力而言,TTL 比 CMOS 要好。对输出电压来说,TTL 的输出幅度较低,COMS 的可调范围较大。若要求一定的输出电流,应选择 TTL 电路,一般该电路有 10~30 mA 的电流输出,功率门可输出电流 50 mA,COMS 只能输出几百 μA 电流。从抗干扰能力而言,COMS 比 TTL 好。因此,当需要高速时多选用 TTL 器件,需要低功耗时多选用 COMS 器件,其他情况则根据特殊需要进行考虑。由于集成技术的迅速发展,目前中、大规模的集成器件产品越来越多,功能也日趋完善。因此,在进行器件选择时,器件的规模和功能也应予以考虑。在可能的条件下,应尽量采用中、大规模的集成器件来构成系统,以降低成本、提高工作可靠性和缩短设计周期。

表 8-1 常用器件主要特性

电路类型	速度 t_{pd}	功 能	扇出数	输出电压(V)	输出电流(mA)	抗干扰能力(V)
TTL	10~50 ns	30~50 mW	≥8	≈3	10~50	≤1
CMOS	150~200 ns	<10 μW	≥15	4~15	≥0.3	2

2. 器件的负载驱动能力

负载驱动能力是指能接负载个数的多少。当负载过多时可将分割接至不同门的输出,这些不同门的输入则是相同的,如图 8-4(a)所示,也可采用晶体三极管电路组成的驱动器,如图 8-4(b)所示,图中 R_1 的大小可根据输入信号高电平进行计算,以注入电流不使三极管烧毁为限。

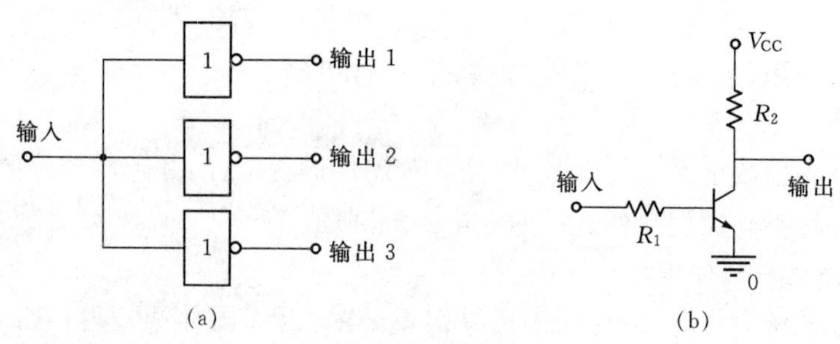

图 8-4 器件的负载驱动

3. 不同型号器件之间的匹配问题

当根据系统总的要求选用了几种不同类型的器件时,要注意各类器件之间的电平匹配。对于常用的 TTL、CMOS 系列器件,由于 TTL 输出低电平一般为 0.3～0.35 V,输出高电平一般为 2.8～3.2 V, CMOS 电路输出高电平约为 0.9 Vcc,而输出低电平约为 0.1 Vcc。CMOS 集成电路电源电压可以在较大范围内变化,因而对电源的要求不像 TTL 集成电路那样严格。

TTL 电平标准:

输出 L:<0.8 V; H:>2.4 V
输入 L:<1.2 V; H:>2.0 V

TTL 器件输出低电平要小于 0.8 V,高电平要大于 2.4 V 输入,低于 1.2 V 就认为是 0,高于 2.0 V 就认为是 1。

CMOS 电平:

输出 L:<0.1 Vcc; H:>0.9 Vcc
输入 L:<0.3 Vcc; H:>0.7 Vcc

因此当用 TTL 驱动 CMOS 时,可采用图 8-5 所示的办法,图 8-5(a)采用 TTL 集电极开路(OC)门办法,OC 门的输出管耐压一般在 20 V 以上,因此只要在 OC 门输出直接接一电阻 R 至 CMOS 电源即可,为此功耗小电阻 R 可取大些。

图 8-5(b)是采用晶体三极管电路组成的接口电路,只要三极管集电极采用 CMOS 电源电压即可。图 8-5 中的图(b)比图(a)具有更强的驱动能力和抗干扰能力。由于 CMOS 器件的电源电压允许在 3～18 V 范围内变化,因此也可采用单一+5 V 电源同时供 TTL 与 CMOS 器件使用。此时由于 TTL 输出电平仅为 3.2 V,不能满足 CMOS 输入电平 3.5 V 的要求,因此可在 TTL 器件输出与+5 V 之间接一电阻(称为上拉电阻)来提高 TTL 的输出高电平,如图 8-6 所示。

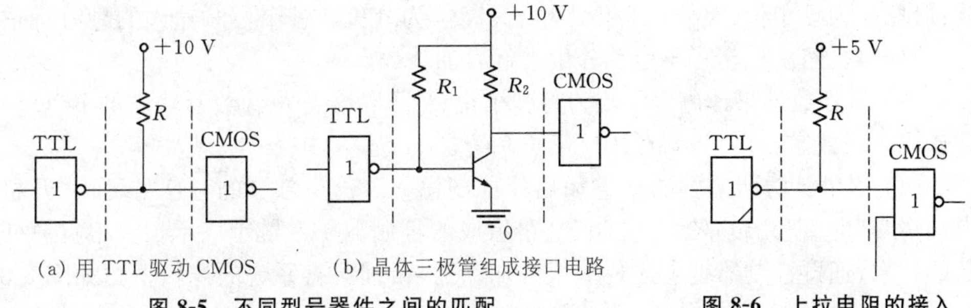

(a) 用 TTL 驱动 CMOS　　(b) 晶体三极管组成接口电路

图 8-5　不同型号器件之间的匹配

图 8-6　上拉电阻的接入

当用 CMOS 驱动 TTL 电路时可采用图 8-7 所示的方法。图 8-7(a)表示一种通过 CMOS 反相器并联使用进行电平转换的方法,图 8-7(b)则表示一种由晶体三极管组成的电平转换电路。

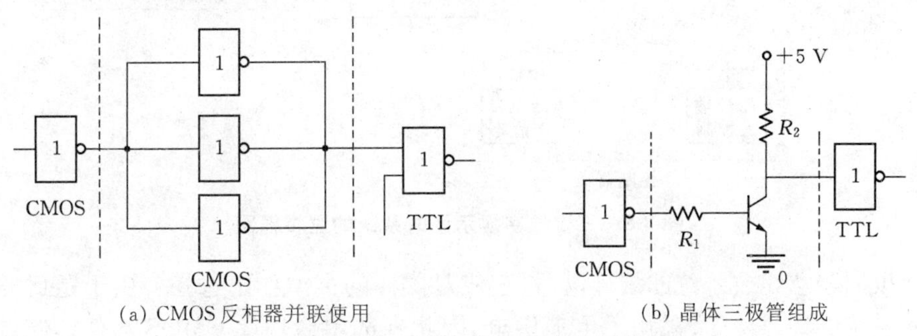

(a) CMOS 反相器并联使用　　(b) 晶体三极管组成

图 8-7　用 CMOS 驱动 TTL 的电平匹配方法

8.1.4　设计举例

这里举例说明在进行数字系统设计中应予考虑的问题和可供参考的设计方法。

例 8-1　试设计一个三位数字显示的时间计数系统,以供运动员比赛计时用。要求精确到秒,最大计时为 9 分 59 秒。

第一步　明确系统任务,画出逻辑框图

分析题意可知该系统总的任务是要实现可控制的计时。为实现这一总任务,必须完成如下的分任务:

(1) 提供计时所需要的时间标准,这可由振荡器产生固定的方波信号后再经分频器获得。为满足精确到秒的要求,分频器应能提供 1 秒的时标信号。

(2) 对时标信号进行计数。由于最大计时为 9 分 59 秒,因此应有三位计数电路，最低位为秒个位，次低位为秒十位，最高位为分位。秒个位对输入的秒时标信号进行计数，然后送至秒十位和分位进行累加计数。

(3) 将计数结果译码显示。为将秒个位、秒十位和分位计数器输出的 BCD 码翻译成 7 段数字予以显示，译码显示子系统是不可少的。

(4) 提供计时所需要的初态和启停控制输入。这一部分的分任务可由“开机自动清零”电路和“启停输入控制”电路组成的控制器子系统予以承担。根据总任务的要求，通过控制器把上述各子系统加以连接，则可得系统的逻辑框图如图 8-8 所示。

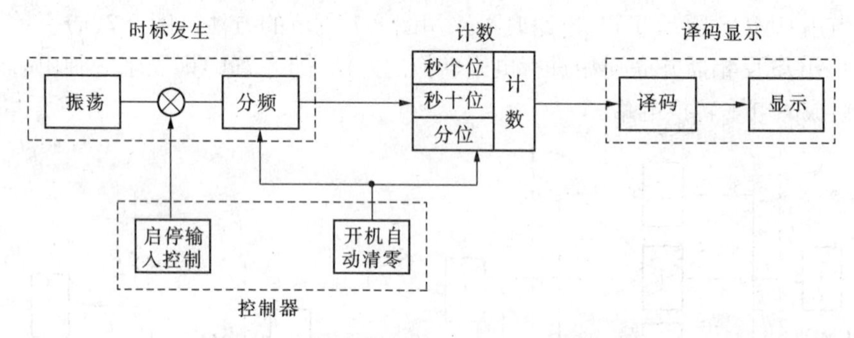

图 8-8 三位数字显示计时系统的逻辑框图

根据题意完成系统的划分以后，还应对器件的类型作出选择。由于题目要求技术系统供野外使用，采用干电池供电，因此宜选用低功耗 CMOS 器件。但对系统中的“启停输入控制”部分，为提高其速度可单独采用 TTL 器件。

第二步 设计具体单元电路

通过题意分析明确总任务和分任务，且画出逻辑框图后，即可着手以下第二、第三步的设计，把各个子系统赋予具体化的电路。此时应对设计中选用器件的功能、价格和体积大小作综合考虑。

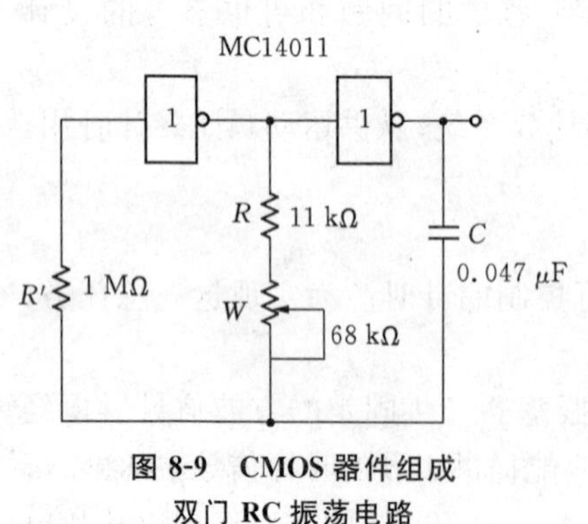

图 8-9 CMOS 器件组成双门 RC 振荡电路

(1) 振荡器。在数字系统中可采用与非门组成的晶体振荡器，也可采用由与非门组成的 RC 振荡器。由于题目对振荡器的要求不高(计时精确到秒)，因此可选用 RC 振荡电路形式。由 CMOS 器件组成的双门 RC 振荡电路如图 8-9 所示。电路振荡频率的选择，应考虑振荡本身的稳定性和经分频后可能引入的最大误差。选取 $f = 100$ Hz，于

是由

$$f = \frac{1}{2.3(R+W)C} \tag{8-1}$$

$$R' = (3 \sim 10)(R+W) \tag{8-2}$$

可得 $R = 11\ \text{k}\Omega$, $R' = 1\ \text{M}\Omega$, 选取 $W = 68\ \text{k}\Omega$, $C = 0.047\ \mu\text{F}$。

(2) 分频器。由于分频器输入为 100 Hz,输出为 1 Hz,因此要求分频器具有除以 100 的分频功能。此类分频电路一般都采用中、大规模集成器件。

(3) 计数器。秒个位、秒十位和分位计数器的作用在于对输入的秒信号进行累加计数,当秒个位计数到 9 时,一旦第 10 个秒脉冲到来即给秒十位以计数脉冲,使秒十位计 1,经译码后秒十位显示 10 秒;而当秒十位计数到 5,秒个位计数到 9,经译码显示 59 秒时,随着第 60 个秒脉冲的到来,秒个位送一计数脉冲到秒十位的同时,秒十位也送出一计数脉冲到分位,使分位计数器计 1,结果经译码后分位显示器显示 1 分时间。由上述可知,秒个位逢十进一,秒十位逢六进一,因最大显示时间为 9 分 59 秒,分位也要求逢十进一。为此只要设计两个十进制计数电路和一个六进制计数电路即可。可用小规模集成触发器设计出六进制或十进制计数电路,从器件手册可知,十进制计数电路有现成中规模集成器件 MC14518 可供选用,六进制计数电路由于无 CMOS 集成器件可供选用,因此选用 TTL 中规模集成器件 74LS92 予以代替。为使接口尽量简单,采用公共的 +5 V 电源。

(4) 译码器和显示器。为将计数器并行输出的 BCD 码转换成 7 段数字显示,必须经过译码。译码电路可采用组合逻辑的设计方法,由与非门组成,也可采用商品化中规模集成译码器。在选择集成译码器型号时应考虑所用 LED 显示器的类型。当选用 MC14511 BCD 7 段锁定/译码/驱动器时,应配合使用共阴极型 LED 显示器 2ES112。由于一片译码驱动器与一片显示器配套,而一片计数器又与一片译码驱动器配套,因此为完成图 8-8 所示的三位数字显示,应选用 3 块 MC14511 锁定、译码、驱动器和 3 块 2ES112 型共阴极 LED 显示器。LED 显示器有单块的,也有两块连在一起的,其管脚排列如图 8-10 所示。其中图(a)为 2ES112 或 CS513T 型 LED 显示器,图(b)为 CS8080 型 LED 显示器。它们的功能/价格比是不一样的,双 LED 显示器与两块 LED 显示器功能完全相同,但价格略低、体积略小一些,在选择显示器时应予考虑。在第六单元 FPGA 实验中介绍过的动态扫描数码管,其结构与图 8-10 不同,见 6.3.1 节。

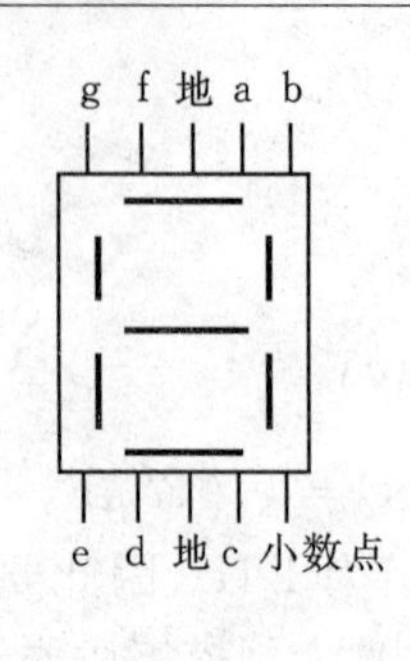

(a) 2ES112 或 CS-513T 型

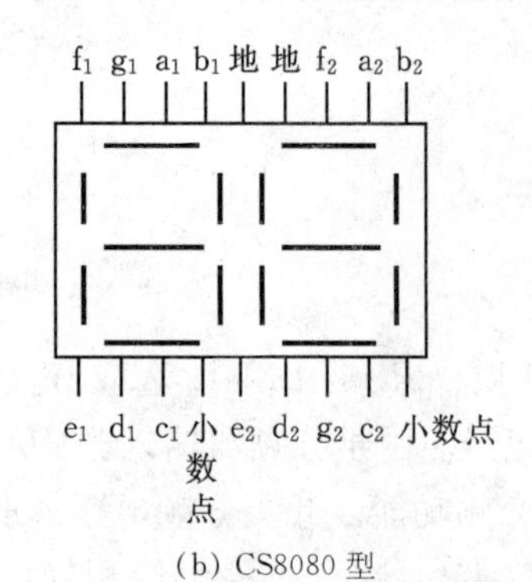

(b) CS8080 型

图 8-10 LED 显示器管脚排列图

(5) 开机自动清零电路。开机自动清零电路的作用在于,利用开机输出清零脉冲加至分频器与计数器复位端以使分频器和计数器所有输出皆为零,从而使经译码后的三位数字显示为零值,然后在此基础上开始计时。由于计数器 74LS92、计数器 MC14518 清零(复位)输入皆为高电平有效,因此设计的开机自动清零电路如图 8-11 所示。电路由 R、C 充电回路、施密特触发器(由门 1 和门 2 组成)和倒相器(门 3)组成,接通电源的瞬间由于电容两端电压不能突变,施密特触发器输出保持低电平,经倒相器门 3 则输出高电平;随着电源经 R 对 C 充电的进行,一旦 C 上电压上升到门 1 开门电平 V_{on} 将使门 1 输出为零,此时,由于门 2 输出跳至"1",门 3 输出回到"0"电平,使计数器和分频器为脉冲到来时的分频和计数作好准备。

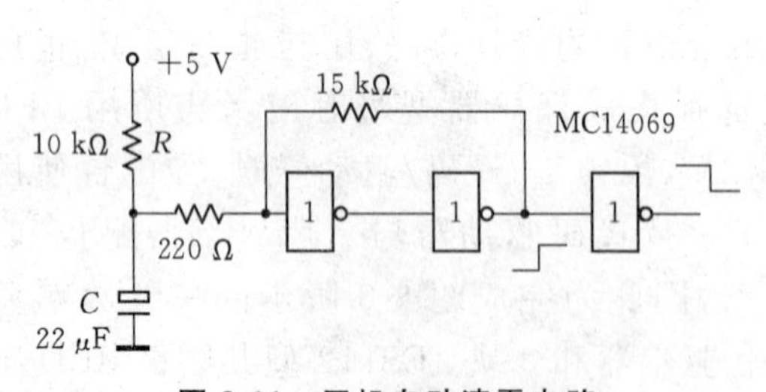

图 8-11 开机自动清零电路

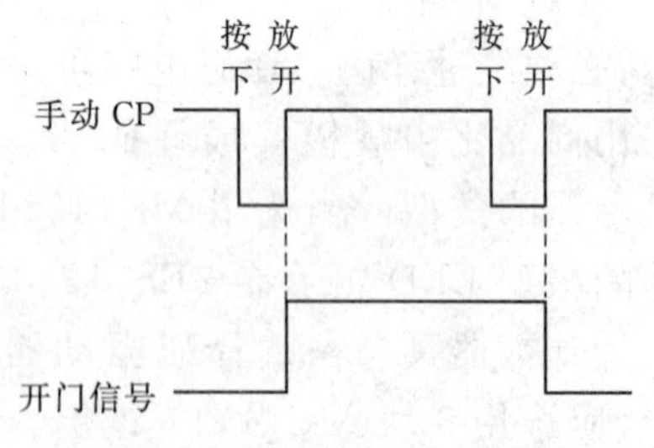

图 8-12 启停输入控制时序

第三步 采用启停输入控制

启停输入控制的作用在于控制整个电路何时开始工作何时停止工作,即何时有信号进入分频器,何时没有信号进入分频器。因此只要如图 8-12 所示,在振荡器与分频器之间加一控制电路即可。由于该计时电路是供运动员赛跑比赛用的,因此应在裁判喊"预备"时按下按钮,一旦"枪响"瞬即放开按钮使控制门打开(输入一正跳变开门信号）。此时，振荡信号才能源源不断进入分频器，并经分频后提供计数所需秒脉冲使计数器对1秒，2秒，3秒…不断计数。一旦运动员快到终点时，裁判员则再次按下按钮作好准备，并在运动员身体碰线的瞬间放开按钮使控制门关闭（开门信号降为低电平），计数器停止计数并显示出总的时间。上述裁判控制按钮所产生的手动CP信号与开门信号之间的时序关系如图8-12所示。

为获得图8-12所示的时序图，可采用图8-13所示的启停输入控制电路。一旦开机清零，由于 $Q=1$，$\overline{Q}=0$，控制门处于关闭状态。按下 K 再放开后由于上升沿作用，$Q=D=0$，$\overline{Q}=1$，控制门被打开，信号经分频器进入计数器。此时若再次按下 K 然后放开，则因 $Q=D=1$，而使 $\overline{Q}=0$，停止计数。

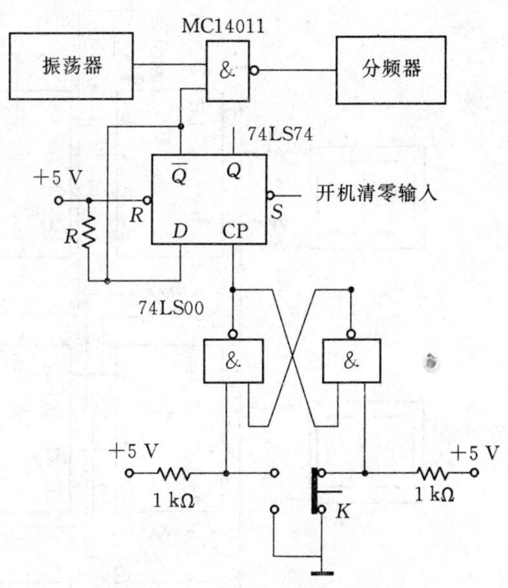

图8-13　启停输入控制电路

第四步　连接控制器与各子系统，完成总体设计

在把控制器与各个子系统进行连接完成总体设计时，要注意不同型号器件之间的电平匹配问题。图8-13中，D 触发器 Q 输出为TTL电平，驱动由CMOS器件MC14011组成的控制门动作，在公用+5 V电源情况下，TTL器件的输出应接一个上拉电阻 R 才行。同样，在设计计数译码显示电路时，计数器74LS92输出为驱动MC14518和MC14511，也应接入上拉电阻 R，另外，图8-13中 D 触发器置位输入信号由图8-11中CMOS器件MC14069输出提供，为使CMOS输出能推动TTL器件工作，应接入图8-7(a)所示的接口电路。考虑以上各点后，完成计时系统的总逻辑框图如图8-14所示。

第五步　安装调试

根据图8-14进行安装和调试，在调试中修改原设计不合理的地方。

第六步　编写说明书，写出详尽的实验报告

一般第五步、第六步可不列入，到第四步即可算设计告一段落，但真正完成设计应包括第五步、第六步的内容。

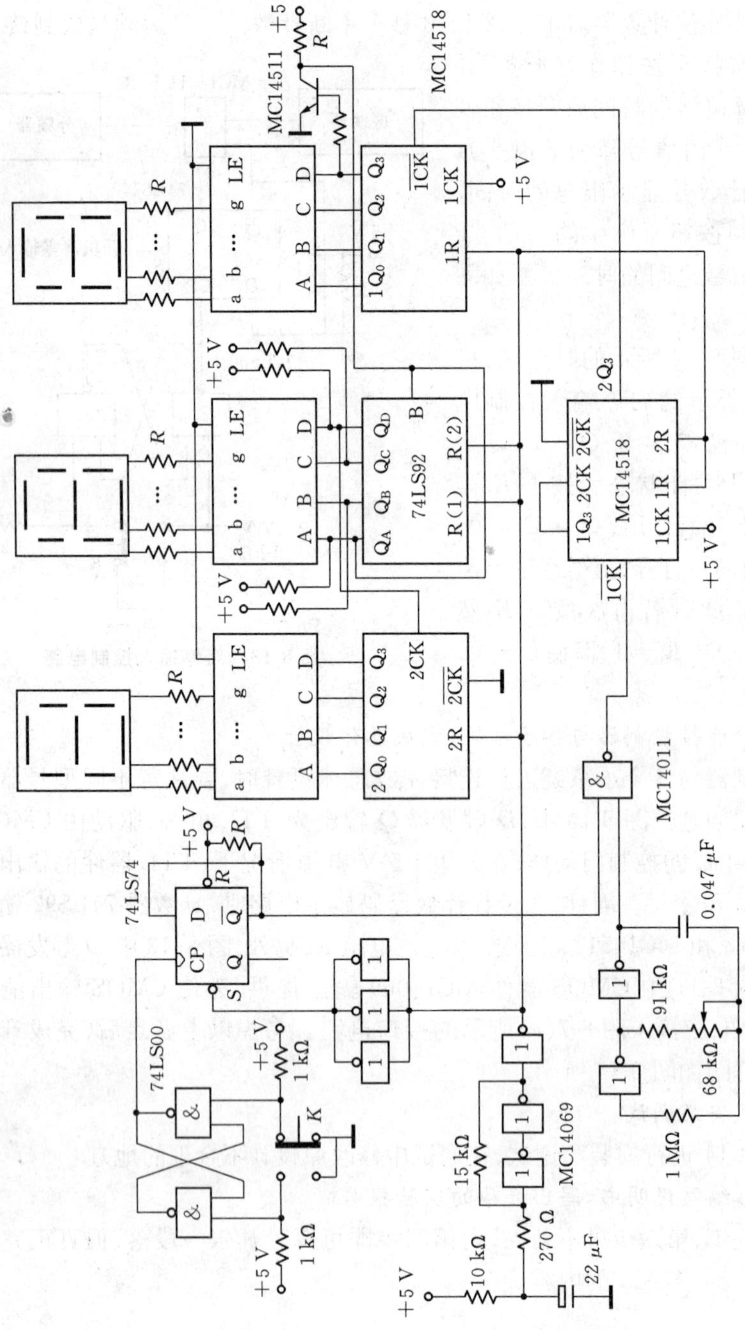

图 8-14 计时系统的总逻辑框图

8.2　小型数字系统控制器设计

8.2.1　概述

通常把数字系统中用于控制各个子系统协调动作的那一部分称为控制器,其框图如图 8-15 所示。控制器在时钟脉冲的驱动下动作,并受“控制输入”和“反馈输入”信号的控制。时钟脉冲在系统中起定时作用,整个系统的操作就是在时钟脉冲的作用下一步步完成的。若改变时钟周期和控制输入信号,控制器的控制输出将随之改变,从而可使整个系统完成不同的操作。子系统的反馈输入用于告知控制器子系统的执行情况,如“任务完成”、“忙”、“闲”等,简单的控制器也可以没有“反馈输入”信号。控制器本身可以是一个组合子系统,也可以是一个具有记忆部件的时序子系统。

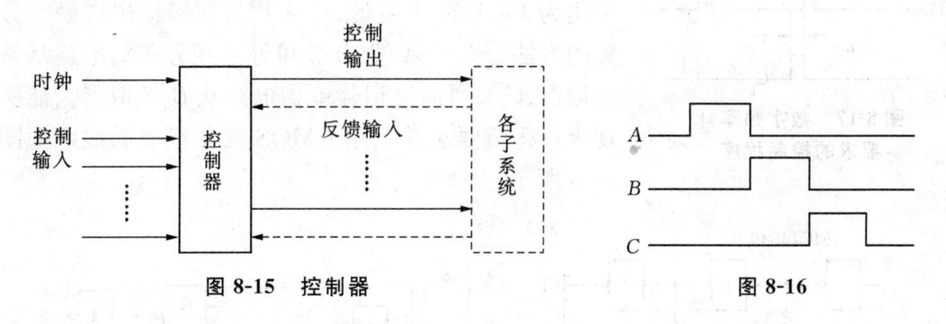

图 8-15　控制器　　图 8-16

控制器在时钟和控制输入信号作用下,可向各子系统发出时序的控制输出信号,这些控制信号可以是一些能从头到尾完成一个或组合任务的控制间隔。如图 8-16 所示,A、B、C 控制间隔中的每个间隔,即可用于控制相应的子系统完成一个或一个以上的子程序。在进行控制器设计时,可为每个控制间隔安排一个不同的状态,这样可以使控制时序能按从现时状态到下一状态的方式进行。通常,为寄存现时状态控制器多采用触发器来构成记忆部件。在时钟脉冲的作用下,控制器可正确地从一个控制间隔转入下一个控制间隔(控制间隔与时钟同步地开始和结束),而每一个控制间隔又将相应地启动一个或几个子系统的工作。

小型数字系统中常用的控制器有移位型和计数型两种类别,移位型控制器设计简单、修改容易,但仅适用于要求移位状态在 10 个以下的情况。计数型控制器的设计比较复杂,但允许的移位状态比较多。

在小型数字系统中,控制器是比较简单的,可根据系统要求的控制程序(或时序波形)来进行设计,采用组合电路或时序电路的设计方法加以实现,也可以采用移位寄存器组成移位型控制器和采用计数器组成计数型控制器,或者可以选用中规模集成器件来进行控制器的设计。

8.2.2 设计举例

控制器的设计,可根据要求实现控制程序(或时序波形)的简繁及不同的类型,选择不同的方法予以实现。

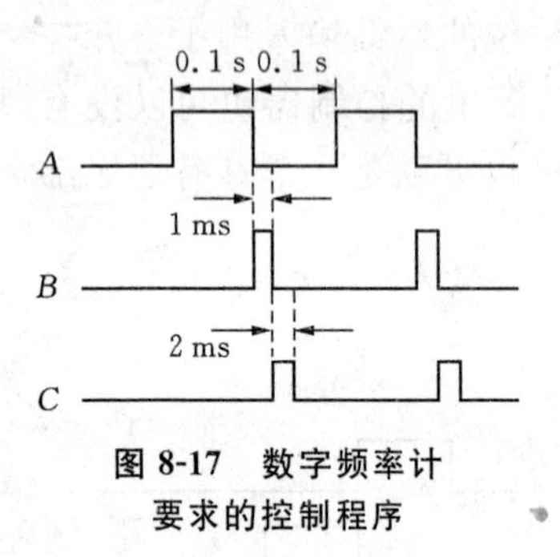

图 8-17 数字频率计要求的控制程序

例 8-2 数字频率计要求的控制程序如图 8-17 所示,试设计一控制器能重复实现该控制程序。

由于该程序较为简单,可采用组合电路的设计方法,用小规模集成器件予以实现。为获得图 8-17 中占空比为 1∶1 的 A 波形,可采用振荡器输出再经二分频的方法。有了 A 波,B 波可通过积分单稳电路从 A 波取得,C 波再通过积分单稳电路从 B 波取得。能实现上述逻辑要求并采用 CMOS 器件组成的线路如图 8-18 所示。

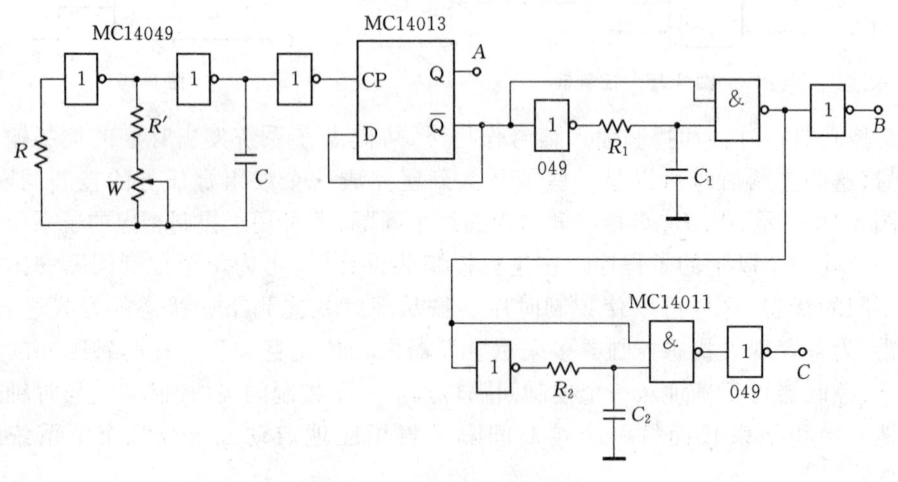

图 8-18 数字频率计控制器

对图 8-18 中各电路的元件值计算如下:

1. RC振荡器

为使振荡器输出 $f=\frac{1}{T}=10\ \text{Hz}$ 的频率，取 $C=0.47\ \mu\text{F}$，根据公式

$$f=\frac{1}{2.3(R'+W)C} \tag{8-3}$$

可得：

$$R'+W=\frac{1}{2.3\times10\times0.47\times10^{-6}}=97.7(\text{k}\Omega)$$

取 W 为 68 kΩ。为使振荡器输出可调范围大，工作稳定，计算

$$R'=97.9-\frac{1}{2}\times68=63.7(\text{k}\Omega)$$

实际可取 R' 为 62 kΩ。振荡电路中的 R 值可取(3～10)倍的 $R'+W$ 值，故取 R 为 1 MΩ。

2. 用于产生 B、C 波的积分单稳电路

取 $C_1=0.01\ \mu\text{F}$，$C_2=0.022\ \mu\text{F}$，则由 B 波的脉宽 t_{uB} 为 1 ms，C 波的脉宽 t_{uC} 为 2 ms，可得：

$$R_1\approx\frac{t_{\text{uB}}}{C\ln\frac{V_{\text{OH}}}{V_{\text{off}}}}=\frac{1\times10^{-3}}{0.01\times10^{-6}\ln\frac{4.7}{2}}=117(\text{k}\Omega)$$

$$R_1\approx\frac{t_{\text{uC}}}{C\ln\frac{V_{\text{OH}}}{V_{\text{off}}}}=\frac{2\times10^{-3}}{0.022\times10^{-6}\ln\frac{4.7}{2}}=106(\text{k}\Omega)$$

实际取 R_1 为 120 kΩ，R_2 为 110 kΩ。

当对 A 波的时间精度要求较高，如为 0.1 秒时，不能采用图 8-18 所示的 RC 振荡电路，而应另选用晶体振荡器再经多级分频取得 10 Hz 的振荡信号。

8.3　用中规模集成器件设计数字系统

上面介绍了用小规模集成器件(门电路和触发器)设计数字系统的方法。这种方法对于系统中的各个子系统，如振荡器、减法器、乘法器、分频器、计数器、寄存器、移位寄存器以及译码器等，都采取组合电路和时序电路的设计方法，且用门电路和触发器来构成，设计较为复杂，成本较高，体积也较大。随着集成技术的迅速发展，近年来功能性的组合器件和时序器件越来越多，诸如加法器、乘法器、分频

器、计数器、寄存器、移位寄存器以及译码器等都已有了集成化的组件,而且出现许多功能更强的中、大规模多模式器件。如具有左移、右移和并行送数功能的双向通用移位寄存器 74LS194,以及具有计数、锁存、译码三位一体的计数/锁存/译码驱动器 74LS142,就是两种多模式的器件。面对这种功能性器件迅速涌现的现状,应尽量采用中规模的集成器件来进行数字系统的设计。

采用中规模集成器件设计数字系统的步骤与采用小规模集成器件进行设计的步骤基本上相同,只不过前者是采用许多预先设计好的功能性部件,后者需要自行进行设计而已。采用中规模集成器件的构成方法,相对于用小规模集成器件进行数字系统设计要简单得多。在选择合适的中规模组件时,要注意集成器件的功能、搞清楚各管脚的用法,这样才能使所设计的系统接口简单、所附加的门也少。下面举例说明中规模集成器件设计数字系统的方法。

例 8-3 试用中规模集成器件设计一个四路彩灯显示系统。要求开机自动置入初态后即能按规定程序进行循环显示。程序由三个节拍组成,第一节拍时,四路输出 $Q_1 \sim Q_4$ 依次为 1,使第 1 路彩灯先亮,接着第 2、第 3、第 4 路彩灯点亮;第二节拍时,$Q_4 \sim Q_1$ 依次为 0,从而使第 4 路彩灯先暗,接着第 2、第 3、第 4 路彩灯变暗;第三节拍时,$Q_1 \sim Q_4$ 输出同时为 1 态 0.5 秒,然后同时为 0 态 0.5 秒,使 1 路至 4 路彩灯同时点亮 0.5 秒,而后同时灭灯 0.5 秒。共进行 4 次,第一、第二、第三节拍的费时皆为 4 秒,执行一次程序共费时 12 秒。

设计的第一步仍然是分析系统功能,明确总任务和完成总任务所要求的各个功能性分任务,并由此画出总逻辑框图。根据对四路彩灯显示系统的分析,画出总逻辑框图如图 8-19 所示。

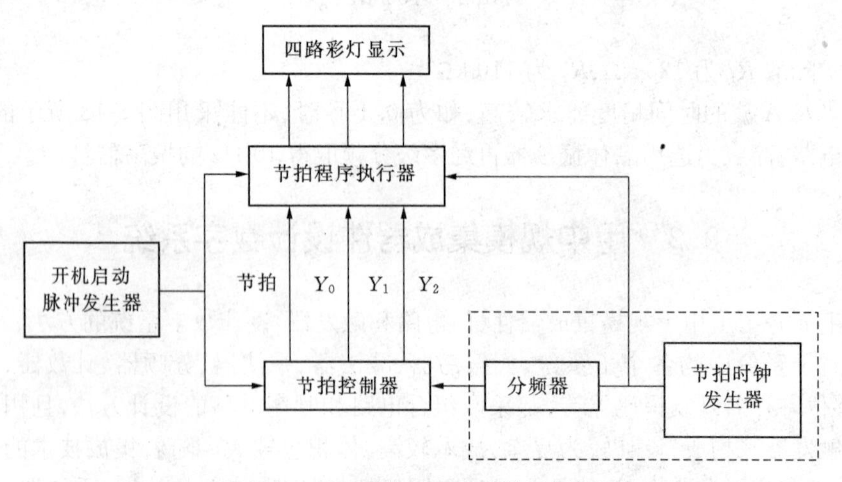

图 8-19 四路彩灯显示系统的逻辑框图

设计的第二步是分析各个功能性分任务，寻求具有所要求功能的中规模集成器件，并通过功能、价格、体积等的综合考虑，最后确定宜选用的器件型号。具体阐述如下：

(1) 通过分析可见，节拍程序执行器是一个关键性部件，在节拍控制器循环输出 Y_0、Y_1、Y_2 节拍的情况下，由于节拍程序执行器能随输入节拍状态(Y_0、Y_1、Y_2)变化而执行不同的程序，才使四路彩灯系统具有不同的显示。在节拍状态为 Y_0、Y_1 和 Y_2 情况下执行的各程序如表 8-2 所示。由表 8-2 可见，为执行程序 1，要求功能器件具有右移功能，为执行程序 2，要求功能器件具有左移功能，而且左移、右移输入可为“0”也可为“1”；为执行程序 3，要求功能器件具有并行置数功能。根据上述可考虑选用中规模多模式集成器件——一种具有左移、右移和并行置数功能的通用移位寄存器 74194。这种双向移位寄存器具有并行输入端 A、B、C、D，并行输出端 Q_A、Q_B、Q_C、Q_D，右移输入端 R，左移输入端 L 和模式控制输入端 S_1、S_0，以及一个直接无条件清除输入端 CLR，它是一种 16 脚的双列直插(J、N)封装器件。模式控制输入 S_1、S_0 有 00、01、10、11 四种组合，分别表示双向移位寄存器所具有的四种功能：禁止、右移、左移和并行送数。当 $S_1S_0 = 00$ 时，时钟被禁止；当 $S_1S_0 = 01$ 时，由于时钟上升沿的作用，右移输入数据将被同步右移；当 $S_1S_0 = 10$ 时，由于时钟上升沿的作用，左移输入数据被同步左移；要使并行输入数在时钟上升沿的作用下同步传送至 Q_A、Q_B、Q_C、Q_D，则必须使 $S_1S_0 = 11$。

(2) 通过查阅器件手册，了解集成器件上述功能和各管脚的用法之后，可根据节拍程序执行器的要求，着手考虑集成器件的应用。由表 8-2 可知，74194 的右移输入 R 应为 1，而左移输入应为 0，并行输入 A、B、C、D 要求 0、1 交替，为此可输入 0、1 保持时间相同的方波信号。为使开机时集成器件输出初态 $Q_A = Q_B = Q_C = Q_D = 0$，可将 74194 的无条件直接清除端接至开机启动脉冲发生器输出。剩下的问题是集成器件的模式控制 S_1、S_0 与节拍控制器输出节拍状态 Y_0、Y_1、Y_2 如何匹配的问题。为了使 $Y_0Y_1Y_2 = 100$ 时 $S_1S_0 = 01$（集成器件执行右移功能），当 $Y_0Y_1Y_2 = 010$ 时 $S_1S_0 = 10$（集成器件执行左移功能），当 $Y_0Y_1Y_2 = 001$ 时 $S_1S_0 = 11$（集成器件执行并行送数功能），S_1、S_0 与 Y_0、Y_1、Y_2 间的匹配电路如图 8-20 所示。74194 的时钟输入由节时钟发生器提供，考虑以上各点后的系统节拍程序执行器线路如图 8-21 所示，只需一块中规模集成器件 74194 和一块二入四或非门 74LS02 即可。

表 8-2 节拍程序执行

说明	输出			
	Q_1	Q_2	Q_3	Q_4
开机状态	0	0	0	0
程序 1	1 →	1 →	1 →	1
程序 2	0 ←	0 ←	0 ←	0
程序 3	1 0 1 0 1 0 1 0	1 0 1 0 1 0 1 0	1 0 1 0 1 0 1 0	1 0 1 0 1 0 1 0

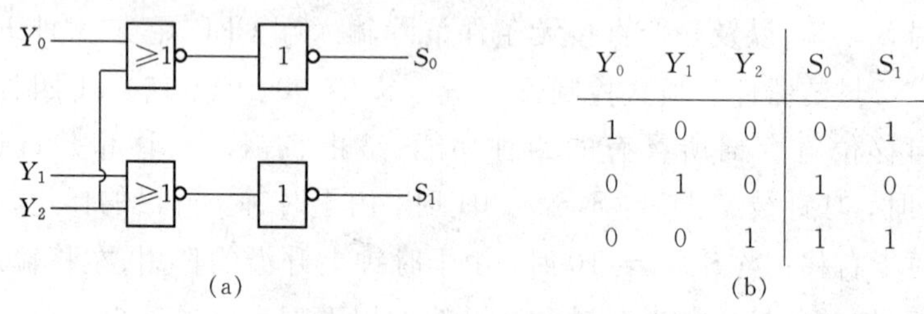

Y_0	Y_1	Y_2	S_0	S_1
1	0	0	0	1
0	1	0	1	0
0	0	1	1	1

(b)

图 8-20 由 Y 到 S 的译码电路

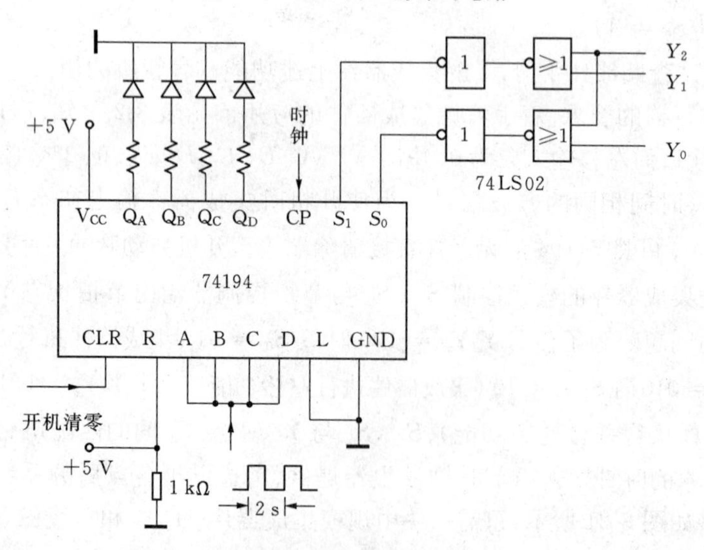

图 8-21 用多模式器件实现的节拍程序执行器

(3) 由图 8-19 可见，系统的节拍控制时钟发生器是由节拍时钟发生器和分频器组成的。分频器可以由一块小规模双 D 触发器构成，为完成 4 分频功能也可选用中规模集成器件 74LS93（四位同步计数器）来构成，二者体积相同，但 74LS93 却比 74LS74（双 D 触发器）昂贵，因此宜采用小规模器件 74LS74。对于系统中的另外几个子系统（振荡器、开机启动脉冲发生器以及节拍控制器等），一是没有合适的中规模集成器件可以选用，二是从功能、体积、价格而论也无特别可取之处，所以仍采用小规模集成器件进行设计。因此，最后定型的系统逻辑图如图 8-22 所示。

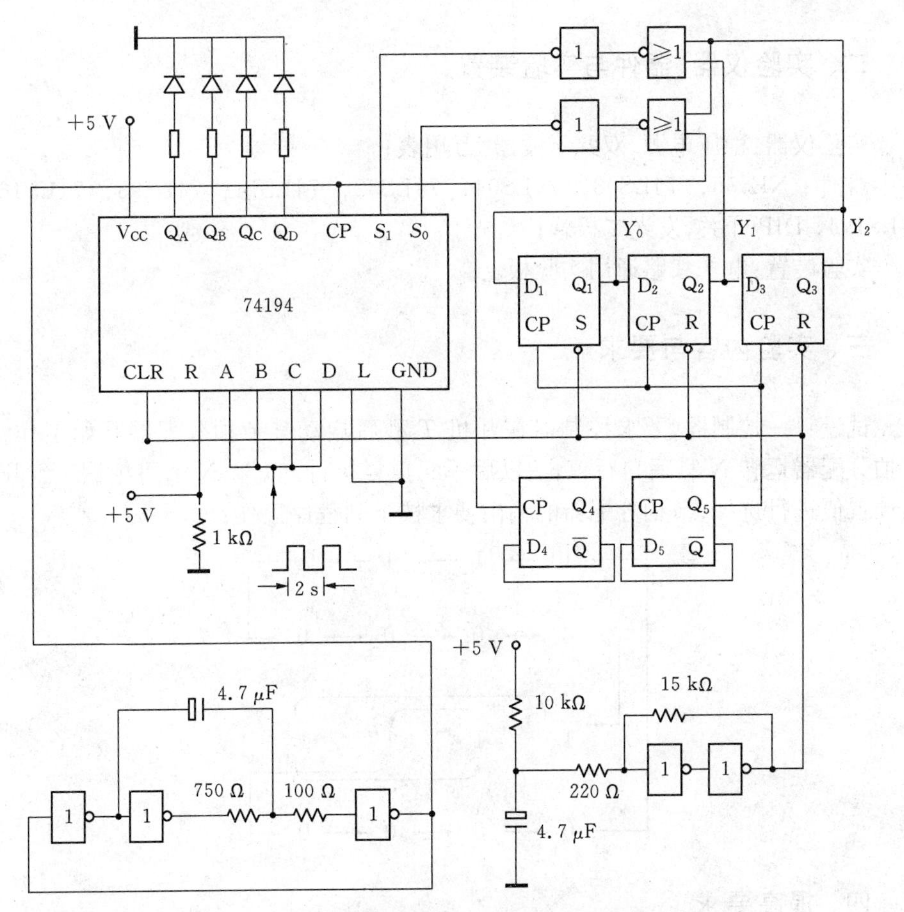

图 8-22　用中规模集成器件实现的四路彩灯显示系统

8.4 实验题目

实验 8-1 计数型控制器设计

一、实验目的

了解用中规模集成器件设计控制器的方法。

二、实验仪器、器件与实验装置

实验仪器:稳压电源、双踪示波器、万用表;

器件: NE555, 74LS08, 74LS04, 74LS32, 74LS74, 74LS93, 74LS161, 74LS194, DIP 开关,发光二极管;

实验装置:电子线路通用实验板。

三、实验内容与要求

试设计一控制器,要求控制器在开机 T 秒后启动某节拍分配器开始工作,在节拍分配器运转 N 秒后自行停止,以后不断重复执行。T 和 N 值可根据一组开关的预置值进行选择,节拍分配器的输出要求按下列程序工作:

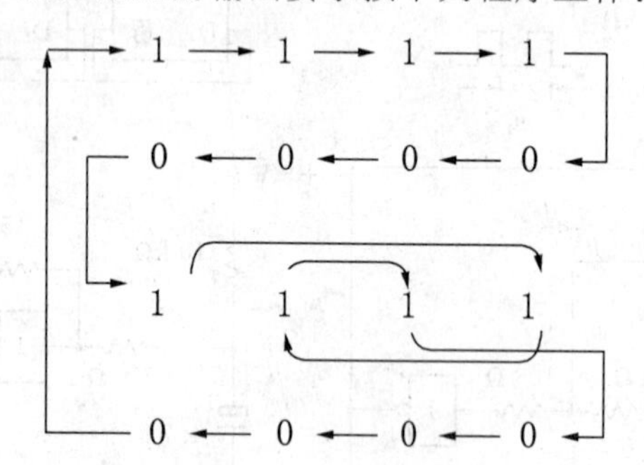

四、提高要求

如何才能使计数器在完成预置进制的计数后实现自动预置?自动预置所用脉

冲又如何从计数结果中予以扣除？

实验 8-2　智力竞赛抢答计时系统设计

一、实验目的

培养对简单数字系统进行独立设计和独立实验的能力。

二、实验仪器、器件与实验装置

实验仪器：稳压电源、双踪示波器、万用表；

器件：74LS04，74LS74，74LS390，74LS20，NE555，74LS32，74LS249，74LS75，74LS32，DIP 开关，共阴极数码管 3 个，排阻；

实验装置：电子线路通用实验板。

三、实验内容与要求

试设计一个智力竞赛抢答和计时系统，要求抢答电路能允许 3 组同学同时参加竞赛，在宣布题目后，只要 3 组同学要求答题（通过开关）的时间差在 100 ns 以上，电路应能予以判别，一旦某组抢到了答题权利，其他两组的抢答权利即被自动取消。电路能给出谁首先抢到了答题权利的闪光显示信号。抢答所用时间由计时电路告知，要求计时电路显示时间精确到秒，最大显示时间为 3 分钟。一旦时间大于等于 3 分钟，电路自动停止计数，并取消所有同学的抢答权利。计时和抢答电路既受裁判控制，也受智力竞赛抢答获胜者控制。

四、思考题

为了实现抢答时间差在 100 ns 以上电路能予以判别，对所选用器件有何要求？

实验 8-3 三位数字频率计系统设计

一、实验目的

熟悉数字频率计的构成原理,并通过实验进一步培养对小型数字系统进行设计和独立实验的能力。

二、实验仪器、器件与实验装置

实验仪器:稳压电源、双踪示波器、信号发生器、万用表;

器件:74LS00, 74LS04, 74LS123, 74LS74, 74LS390, 74LS49, 74LS75,10 MHz晶振,共阴极数码管 3 个,排阻;

实验装置:电子线路通用实验板。

三、实验内容与要求

试设计一个三位数字显示频率计系统,要求测频范围为 0.1～99.9 kHz,三位数字显示末位为四舍五入显示(误差≤±0.05 kHz)。当被测频率 $f>99.9$ kHz时,电路应能给出小数点闪光的溢出显示。

四、提高要求

如果要求频率计系统具有自动量程转换功能,又应如何修改原设计方案?

实验 8-4 六位 ADC 系统设计

一、实验目的

熟悉模数转换器(ADC)的构成原理,通过实验培养对小型数字系统进行设计和独立实验的能力。

二、实验仪器、器件与实验装置

实验仪器:稳压电源、双踪示波器、信号发生器、万用表

器件:74LS00，74LS04，74LS74，74LS76，DAC0832，LM353，74LS194,发光二极管,按钮开关

实验装置:电子线路通用实验板

三、实验内容与要求

试设计一个逐次比较型六位 ADC 系统,要求能将 0～3.2 V 的模拟量转换成数字量输出(以发光二极管的亮暗表示)。精度为 6 bit,分辨率为 0.05 V,转换速度为 1～5 ms。

提示　DAC0832 实现单极性二进制数字到模拟电压转换的接线方法如图 8-23 所示。

逐次比较型 ADC 系统组成如图 8-24 所示,由比较器、数模转换器和数字系统三大部分构成,本实验仅要求设计能满足要求的数字系统部分。数字系统时钟频率 f 与精度及转换速度 T 之间的关系由公式 $f = n(\text{bit})/T(\text{ms})$ 表示。

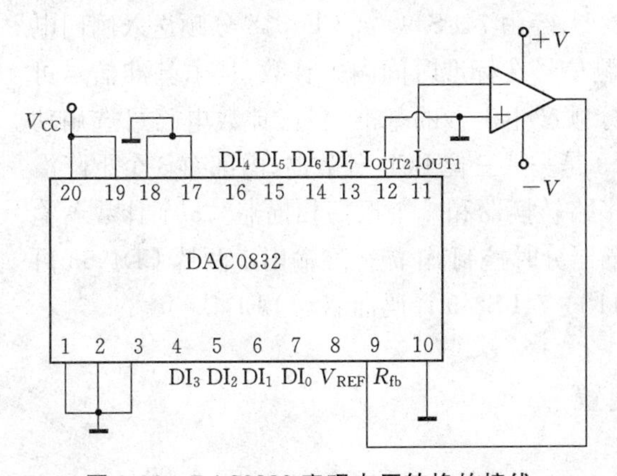

图 8-23　DAC0832 实现电压转换的接线

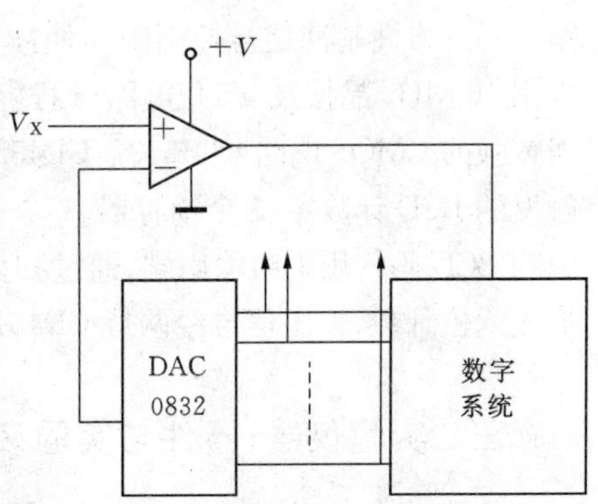

图 8-24　逐次比较型 ADC 系统

四、思考题

如果所设计的系统出现竞争与冒险,应如何加以排除？如果出现振荡,又应如

何加以排除?

实验 8-5 六位频率计系统设计

一、实验目的

本实验室使用宽带放大器、TTL及CMOS电路构成一个较为实用的六位频率计。

二、实验原理

六位频率计系统设计的大致原理如图8-25所示。

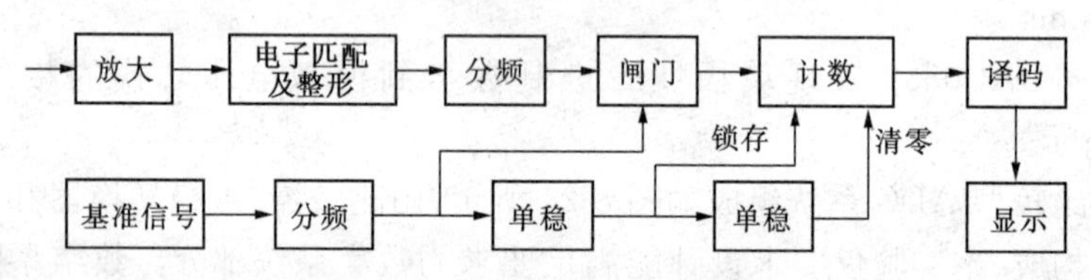

图 8-25 六位频率计的原理框图

输入信号通过uA733宽带放大、整形,经由74LS390或CD4518分频送入闸门电路。另一方面基准信号控制闸门使被测信号在标准时间内去计数,其中基准信号可采用10 MHz晶振及TTL电路,通过分频产生1秒的基准信号,计数电路可选用功能较强的CMOS电路CD4553。CD4553是一片三位BCD计数器,内部有3个下降沿触发的BCD计数器、3个锁存器、1个多路转换器和1个振荡扫描器。3个计数器输出的BCD码共用1组输出端,通过扫描器分时控制,轮流循环输出。两片CD4553可形成六位计数,输出信号经两片CD4511或74LS249译码而驱动LED。

三、实验仪器、器件与实验装置

实验仪器:稳压电源、双踪示波器、万用表、信号发生器;

器件:74LS04, 74LS32, 74LS75, 74LS74, 74LS390, 74LS123, 74LS249, CD4553, CD4518, uA733, 74LS14, 9018, 9012(三极管),10 MHz晶振,共阴极数码管6个,排阻;

实验装置:电子线路通用实验板。

四、实验内容与技术指标要求

设计并实现模拟信号的六位频率计,要求如下:

输入信号幅度:大于 200 mV

测量频率范围:100 Hz～20 MHz

五、附 CD4553 内部电路及功能简介

CD4553 的内部电路详见图 8-26。

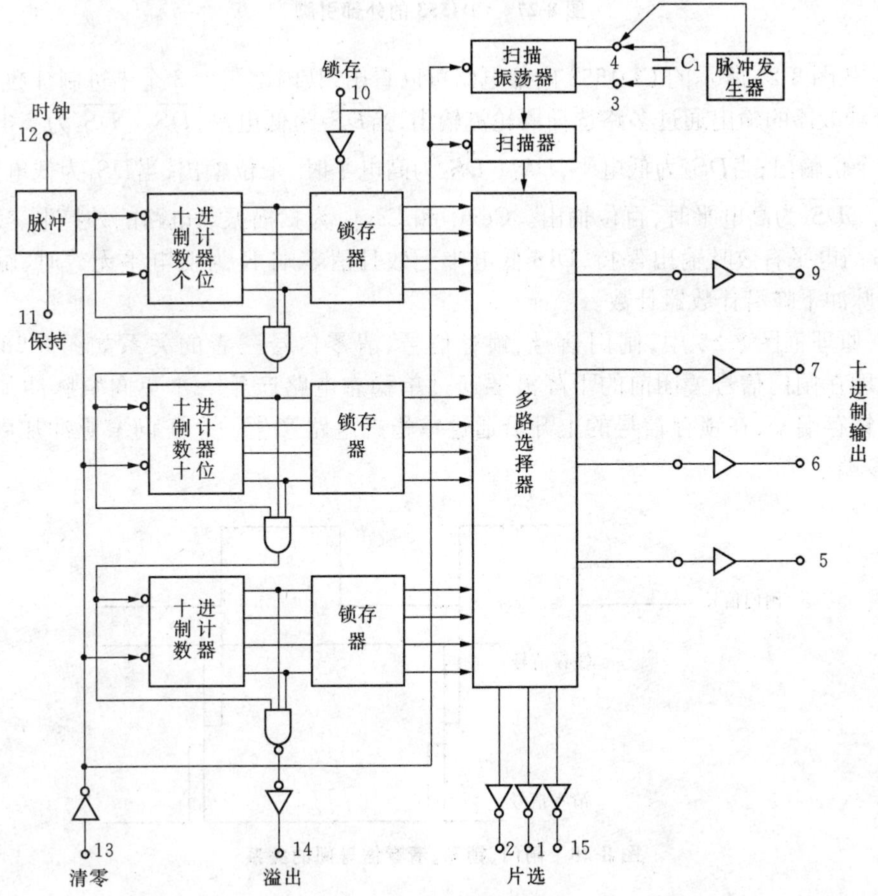

图 8-26　CD4553 的内部电路

CD4553 的外部引脚如图 8-27 所示。

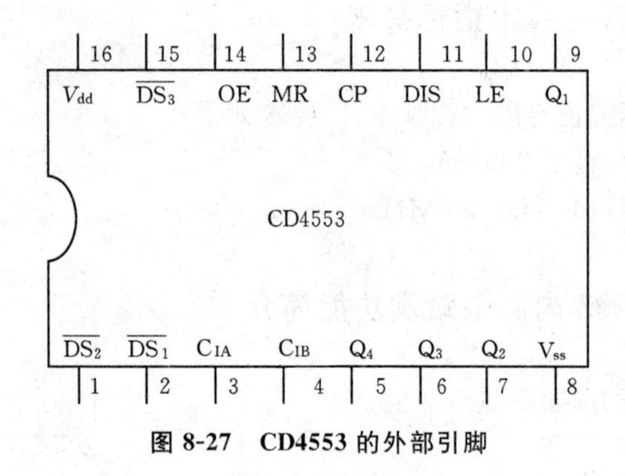

图 8-27　CD4553 的外部引脚

从图 8-26 所示的 CD4553 内部电路可以看出,其内部包含 3 个十进制计数器,3 个计数器的输出通过多路选择器轮流输出,当$\overline{DS_1}$为低电平,$\overline{DS_2}$、$\overline{DS_3}$为高电平时,个位输出;当$\overline{DS_2}$为低电平,$\overline{DS_1}$、$\overline{DS_3}$为高电平时,十位输出;当$\overline{DS_3}$为低电平,$\overline{DS_1}$、$\overline{DS_2}$为高电平时,百位输出。$Cext_1$ 和 $Cext_2$ 为扫描振荡电路的外接电容端,DIS 高电平有效时输出保持,DIS 低电平无效且清零端 R 为低电平无效时,输入 CP 脉冲下降沿计数器计数。

原理框图 8-25 中,闸门信号、锁存信号、清零信号三者的关系如图 8-28 所示,即在闸门信号关闭前的下降沿要通过单稳态电路产生一个负向窄脉冲加到 LE 锁存端子,在锁存信号的上升沿通过单稳态电路产生一个正向窄脉冲加到 R 清零端子。

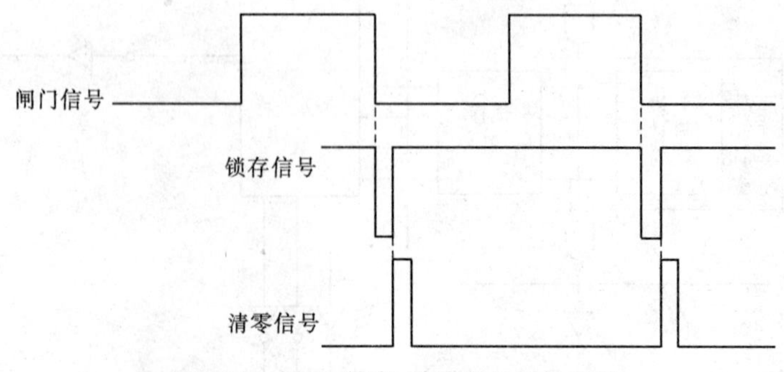

图 8-28　闸门、锁存、清零信号间的关系

六位频率计中,CD4553 的连接电路可参见图 8-29。

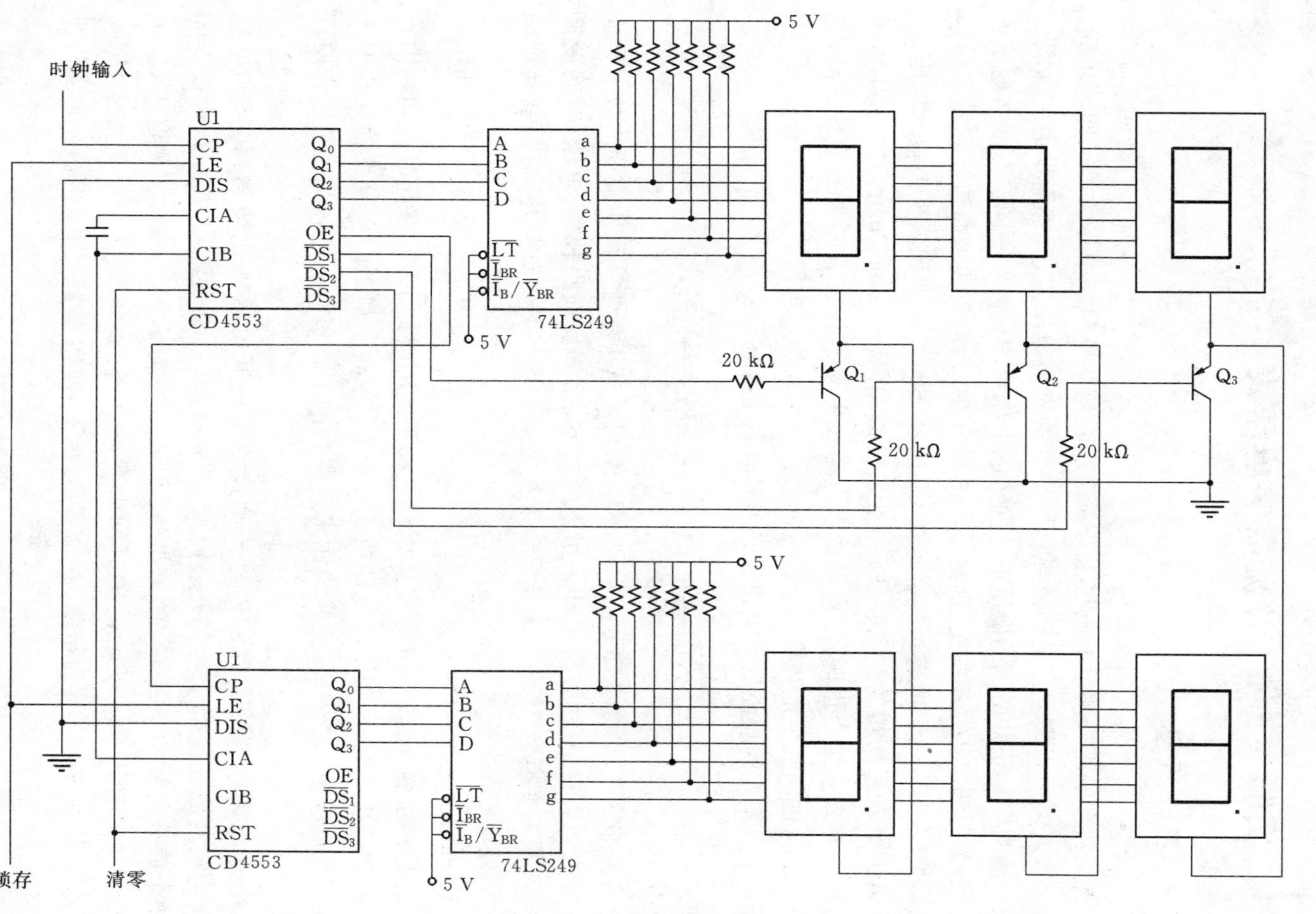

图 8-29　CD4553 的连接电路

实验 8-6 直流数字电压表

一、工作原理

直流数字电压表测量电压与指针式电压表测量电压在显示方式上明显不同，前者是以通常所习惯的十进制数显示所测到的直流电压值，后者则是通过读取指针偏转的刻度数获知所测的电压值。两者的工作原理也截然不同。对数字电压表来说，因为所测电压是模拟量，而显示却是数字量，因此首先要将电压模拟量转换成数字量(A-D)，然后再进行数字计数，所记录下的值 n 即代表模拟输入电压量，一般 A-D 转换后所得的数字编码形式为二进制编码(Analog-Binary)，但数字电压表的显示方式须是十进制数，所以数字电压表中除了具有 A-D 转换系统之外，还要包含将二进制数字量转换为十进制的转换电路及显示电路。

一个最基本的直流数字电压表必须具有以下 4 部分：

A/D ⟶ 计数 ⟶ 译码 ⟶ 显示

这 4 部分中，后面 3 部分的实现很简单，可以从市场上买到所需要的数字集成器件完成。实现 A-D 转换可以采用不同的方法，如反馈比较型、电压-时间变换型、电压频率变换型、电荷平衡及复合变换型等。现将其中的电压-时间变换型和电荷平衡型方式的基本原理叙述如下。

1. 积分式电压-时间变换

它是将被测直流电压 U_X 变换成与之成正比的时间间隔，在此时间间隔内对标准时钟脉冲计数，所记下的脉冲数应等于 U_X 值，所以电压-时间变换又称 V-T 变换。下面以单积分 V-T 变换为例来说明它的工作过程，图 8-30 为其工作原理框图。

一个斜率已知的积分波形与被测直流电压同时输入比较器，将被测电压变换为与其成正比的受控门开放时间 T(ms)，电子计数器在 T 时间内计下的脉冲个数表示被测电压 U_X 的模拟量，积分斜率为 K(V/ms)，被测电压 $U_X = KT$，如果时钟周期为 T_{cp}，在 T 时间内测得 N 个脉冲，则 $T = NT_{cp}$，故 $U_X = KNT_{cp}$。因为 K、T_{cp} 均为常数，若令 $KT_{cp} = 1$，则 N 值就是 U_X 值。波形图可见图8-31。

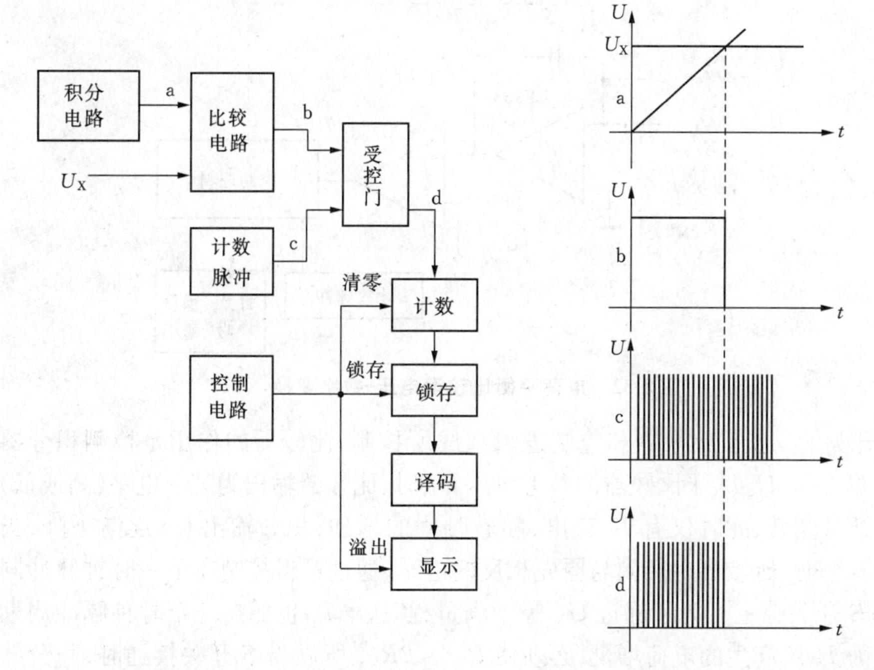

图 8-30　单积分 *V-T* 变换　　　图 8-31　单积分 *V-T* 变换的积分波形

单积分式数字电压表的测量精度主要取决于 *V-T* 的变换精度，而 *V-T* 的变换精度取决于积分电路的线性度。理想积分电路的 K 为常数，实际积分电路不能达到理想程度，原因在于实际集成运放的开环增益、输入阻抗、带宽都不是无穷大，偏置电流、失调电压、失调电流及温漂也不为零，再加上电容的漏电阻和吸附效应都影响积分的线性度，另外比较器的灵敏度也对测量精度会有影响，再有第三个因素来自于时钟脉冲的长期频率稳定度和精度。单积分式的 *V-T* 变换是将被测电压在采样时的瞬时值与积分电压相比较，显然当外界干扰恰在此时叠加在被测电压上，则直接影响比较器的工作，造成测量误差。

2. 电荷平衡比较型电压-数字变换

图 8-32 为原理图，图中 U_X 是被测电压，它与积分器输入端连接，$-U_{ref}$ 是基准电压，取 $|-U_{ref}|$ 等于满量程电压。积分器对连续输入电流 I_X ($I_X = U_X/R_2$) 在固定时间 T 内连续积分 ($T = NT_{cp}$)，N 等于电压表以基本分辨率为单位的满量程读数值的两倍。基准电压 $-U_{ref}$ 所产生的输入电流 $-I_{ref}$ 在 T 时间内由 S 开关进行脉冲式积分。显而易见，T_X 对电容 C 充电使积分器输出 U_0 下降，而 $-I_{ref}$ 对 C 放电使积分器输出 U_0 上升。

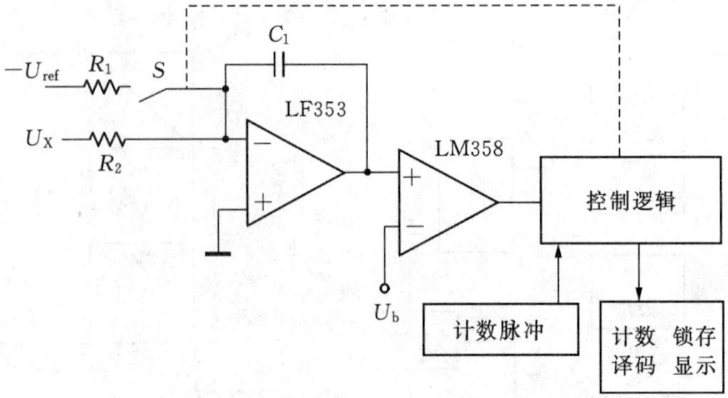

图 8-32 电荷平衡比较型电压-数字变换

S 开关的切换受比较器和控制逻辑组成所控制，比较器的作用是检测积分器的输出 U_0。当 U_0 大于比较器的参考电压 U_b 时，比较器输出为某一电平（高或低）去控制开关断开，此时仅有 I_X 充电，随着时间的增加，积分输出 U_0 逐渐下降，当 U_0 小于 U_b 时，比较器翻转到与原先相反的电平，通过逻辑控制在下一时钟脉冲同步下使 S 开关合上。为了保证 U_X 等于满量程时，$-I_{ref}$ 也能在一个时钟脉冲周期内去平衡 I_X 所产生的电荷增量，必须使 $R_2 = 2R_1$，所以当 S 开关接通时，积分器输出 U_0 能在一个时钟脉冲周期 T_{cp} 内从小于 U_b 上升到大于 U_b，等下一脉冲到来时就切断开关，所以每次接通恰好是一个时钟脉冲周期，这样积分器输出 U_0 不断地上升、下降，通过比较器输出去控制开关的切换。开关断开时，I_X 对 C 单独充电，开关接通时，I_X 对 C 充电和 $-I_{ref}$ 对 C 放电同时进行，$-I_{ref}$ 向积分器提供负电荷增量，以平衡 I_X 充电所产生的正电荷，在固定的转换时间 T 内维持电荷平衡所需的次数（即开关接通的次数）被计数器记下，此计数值就是输入电压的值。图8-33 为积分器的输出波形和开关脉冲。

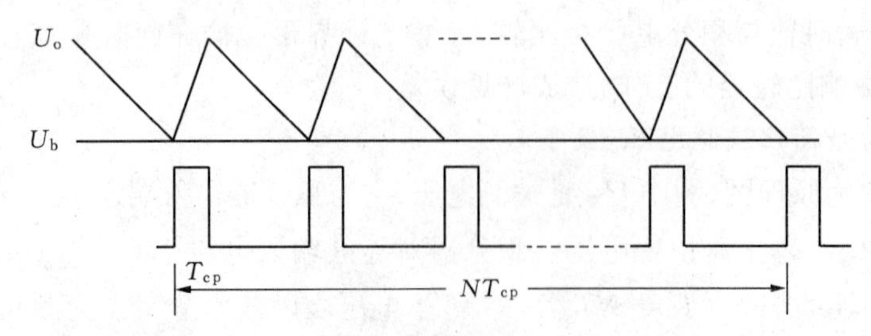

图 8-33 积分器的输出波形和开关脉冲

对电荷平衡的变换关系表达式进行推导如下：

在固定的转换时间 T 内，连续输入电流 I_X 所产生的电荷为

$$Q=\int_0^T \frac{U_X}{R_2}\mathrm{d}t$$

其中，$T=NT_{cp}$（N 为固定数），上式可写成

$$Q=NT_{cp}\int_0^{NT_{cp}} \frac{U_X}{NT_{cp}R_2}\mathrm{d}t=\frac{NT_{cp}}{R_2}\int_0^{NT_{cp}} \frac{U_X}{NT_{cp}}\mathrm{d}t=\frac{NT_{cp}}{R_2}U_X$$

而每次开关接通 $-I_{ref}$ 所产生的电荷增量为

$$-q=\int_0^{NT_{cp}} -I_{ref}\mathrm{d}t=\frac{-U_{ref}}{R_1}T_{cp}$$

n 次接通后，负电荷的总增量与 Q 平衡，即 $Q=nq$，从而得到：

$$U_X=n\frac{R_2}{R_1}\cdot\frac{U_{ref}}{N}=n\frac{2U_{ref}}{N}$$

可见，$\frac{2U_{ref}}{N}$ 为分辨率，其值为 0.01 V，则开关接通次数 n 等于 U_X 值。

二、实验内容

设计一个直流数字电压表，要求如下：

(1) 用三位十进制数显示，量程为+5.00 V。

(2) 分辨率为 0.01 V。

(3) 测量精度为±两个字。

(4) 测量速度 50 次/秒。

(5) 溢出显示：当被测直流电压超过量程时，三位数字全部灭灯，同时三个小数点全亮。

三、参考电路

图 8-34 给出使用 CD4553 和 74LS249 分别作计数、译码的参考电路，CD4553 的内部电路及功能简介可参见六位频率计实验（实验 8-5）中的说明。

四、提供元件

74LS04，74LS00，74LS74，74LS75，74LS32，74LS390，CD4553，74LS249，74LS123，LM358，9012（三极管），10 MHz 晶振，共阴极数码管 3 个，排阻。

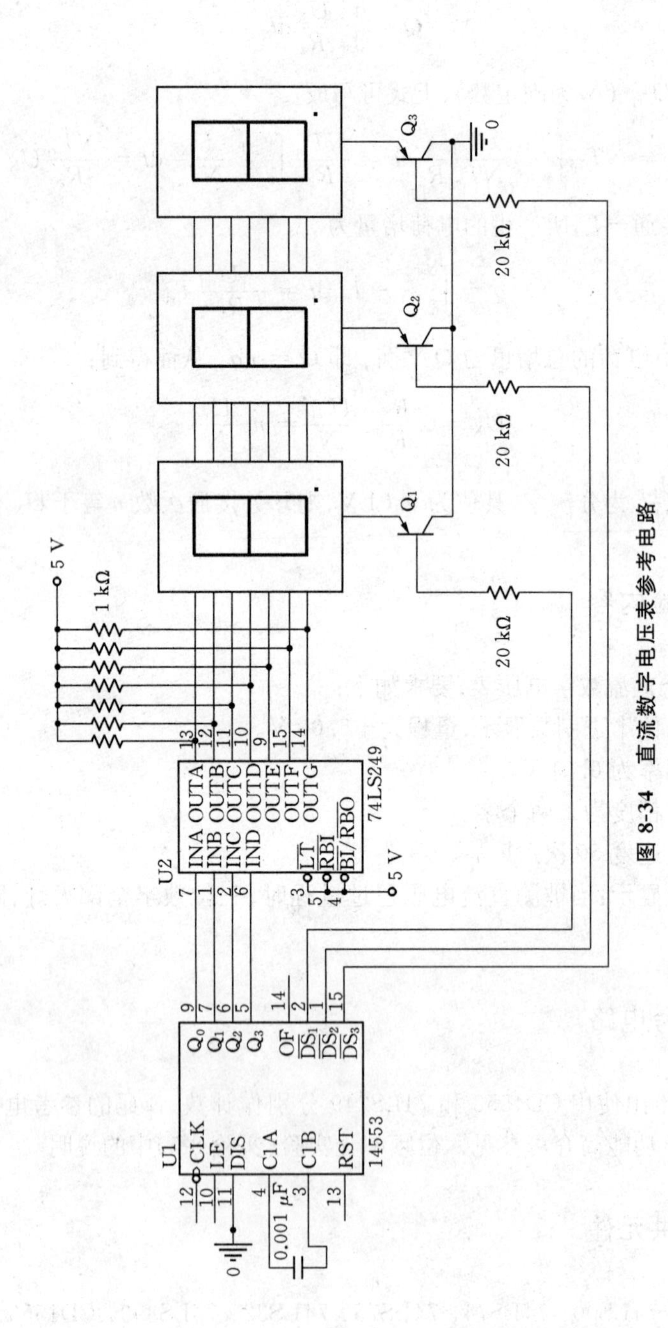

图 8-34 直流数字电压表参考电路

实验 8-7　D类功放

一、脉宽调制型 D 类功放的原理

音频输入信号(20 kHz 以下,如 1 kHz 正弦信号)调制在载频(根据采样定理应是 20 kHz 的 2 倍以上),如为 200 kHz 的等幅方波上,得到脉宽随音频(1 kHz)幅度变化而载波幅度不变的 200 kHz 脉宽调制波,通过功率放大后,由 LC 构成的低通无源滤波器滤去载波及高次谐波,就可得到功率放大了的音频信号。

这是非线性电路在大功率放大上的一种应用,效率可达 85%以上。

影响效率的几个主要方面是:

(1) 功率管应处于饱和或截止状态,它的饱和压降越小,效率越高。

(2) 载波(方波)的上升时间、下降时间越小,即 $V*I$ 乘积功耗较大时所占的时间比例越小,效率也越高。

(3) 无源低通滤波器只滤除载波及谐波,对音频信号衰减越小则效率越高,因此要求适当选取 LC 无源滤波器的转折频率,而且组成 L 的直流电阻要尽量小。

获得线性调宽的电路可有多种,一种由 555 构成的脉宽调制电路如图 8-35 所示。

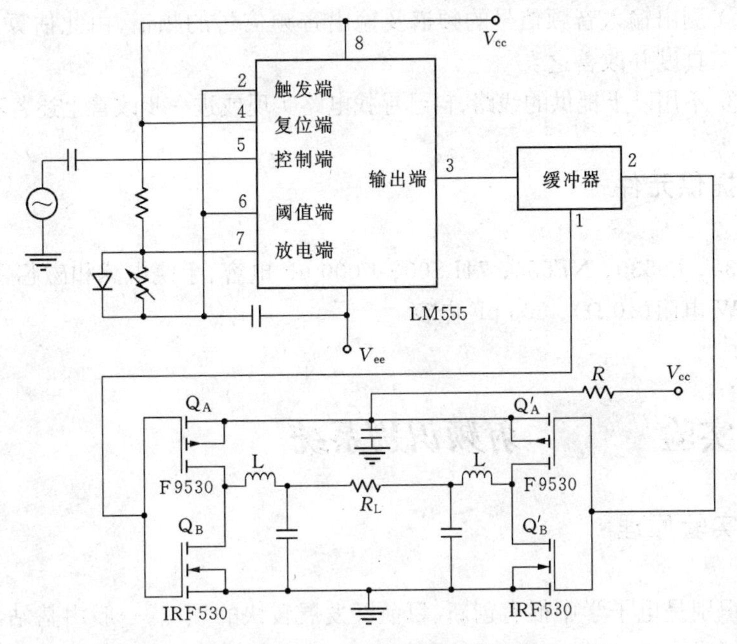

图 8-35　555 构成的脉宽调制电路

功率放大可由大功率增强型 MOS 场效应管组成，如图 8-35 所示，左边两场效应管 Q_A、Q_B 的控制极 G 所加的方波与右边 $Q_{A'}$、$Q_{B'}$ 所加的方波刚好反相。当载波输出高电平时，Q_B 导通且由于所加方波电压足够大，使 Q_B 的饱和压降足够小，同理 $Q_{A'}$ 与 Q_B 同处于深饱和状态，而此时 Q_A、$Q_{B'}$ 为截止；当载波输出低电平时，变为 Q_A 与 $Q_{B'}$ 饱和、$Q_{A'}$ 与 Q_B 截止。如果方波的占空比为 50%，即：未加音频调制，在负载上滤除高频载波及谐波后输出为零；当有音频调制时，负载上得到功率放大的音频信号。在 LM555 调制波输出与大功率桥式 D 类功放之间可插入足够的驱动级。

二、实验内容

(1) 当大功率管的电源电压为 5 V 时，在负载 10 Ω 上得到效率为 60%以上、频率为 1 kHz 的正弦信号(失真小)。

(2) ① 作出频率为 200 Hz～2 kHz、输出为满功率的 80%(不失真)的效率曲线。
② 作出上述最大效率时，对应频率的不同输出电压的效率曲线。

(3) 提高要求：
① 怎样进一步提高效率并实现改进。
② 测出输入音频信号的频谱及输出音频信号的频谱，由此估算信号的失真度并改善之。
③ 不用以上提供的线路，自己寻找电路实现或进一步改善上述各项指标。

三、提供元件

IRF530, F9530, NE555, 74LS00, 1 000 uF 电容，手绕电感和磁芯，1 W 电阻(1 Ω), 2 W 电阻(10 Ω), 500 pF 电容。

实验 8-8 射频识别系统

一、实验原理

射频识别是电子学中很有创新、目前又发展较快的领域，一般由基站与应答器两个部分组成。

在大多数应用中，应答器(IC 卡)由基站(发射及识别部分)发射的磁场提供能量，IC 卡可以是免维修的(无需电缆与电池)。本实验就是要用中小规模器件来简单实现这种系统的一些基本原理，通过对这种系统的设计、调试，掌握以下的一些射频识别系统的基本原理。

(1) 射频电路的振荡与调谐

(2) "负载调制"与解调

(3) 数字信号的简单编码与解码

(4) 磁场能量的获得及提供作为电源的方法

进一步提高电路的设计调试能力以及对电路的性能，特别是对调谐电路、器件对电路的影响以及功耗等有进一步的认识。

射频识别系统由IC 卡(应答器)和基站(发射能量与信号)组成，图 8-36 是它的原理框图。右面是一个应答器，由线圈(调谐)接收基站的信号，通过计数器并可由开关控制多路选择器选择某一分频来实现对数字信号的一个简单的编码，然后用这一分频信号控制一个三极管的导通与截止，这样当三极管导通时，它的集电极所接电阻就加到应答器的线圈两端，由于阻抗下降包络的幅度就随着下降，形成幅度调制，并反射至初级的基站发射线圈两端，同样形成幅度调制。这就是所谓的"负载调制"原理。在图的左面是一个 10 MHz 晶振电路，通过功率放大而加至一个调谐回路的线圈上，并产生较大的发射功率。在初级线圈上通过二极管包络检波，获取"负载调制"的包络并加以放大，用单稳态电路产生解调所需的清零与锁存信号。因此可对不同包络宽度(调制)所含的 10 MHz 时钟进行计数并锁存与清零，然后经译码显示不同包络宽度的状态(提示：包络宽度应大于 100 个载波周期，这样易于解调)。

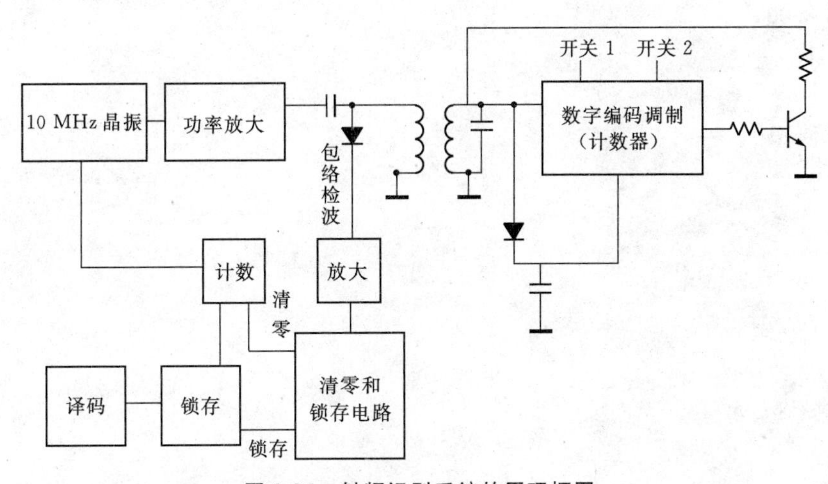

图 8-36　射频识别系统的原理框图

二、实验内容

(1) 基本实验

在应答器部分用2个开关表示4个状态,在基站部分能用发光二极管表示检测到的4个状态,在应答器部分插入一级低功耗的CMOS电路,其电源用接收到的能量。

(2) 提高要求

如何才能加大发射功率?并使应答器在几厘米之外能够稳定地检测到?(为了稳定地检测,可在解调处加上抗干扰的施密特电路。)

三、提供元件

74LS163, 74LS153, 74LS04, 74LS86, 74LS175, MC14027, LF353, 10 MHz晶振,发光二极管,漆包线(做电感),面包条,DIP开关。

参 考 文 献

[1] 陆廷璋、宋万年、马建江编著.模拟电子线路实验.上海:复旦大学出版社,1990
[2] 陈振新、关绮玲、陶金龙编著.脉冲与数字电路实验教程.上海:复旦大学出版社,1990
[3] 孟宪元编著.可编程 ASIC 集成数字系统.北京:电子工业出版社,1998
[4] 童诗白、华成英主编.模拟电子技术基础(第四版).北京:高等教育出版社,2006
[5] 阎石主编.数字电子技术基础(第五版).北京:高等教育出版社,2006
[6] 叶君平主编.电子线路基础实验.北京:高等教育出版社,1985
[7] 蓝鸿翔、陈瑞涛主编.电子线路基础(上、下册).北京:人民教育出版社,1983
[8] D·E·约翰逊、J·R·约翰逊,李国荣译.有源滤波器精确设计手册.北京:电子工业出版社,1984
[9] 周子文主编.模拟相乘器及其应用.北京:高等教育出版社,1983
[10] D·E·约翰逊、J·L·希尔伯恩,潘秋明译.有源滤波器的快速实用设计.北京:人民邮电出版社,1983
[11] 雍新生主编.集成数字电路的逻辑设计.上海:复旦大学出版社,1987
[12] 〔美〕Stanley G. Burns　Paul R. Bond,黄汝激译.电子电路原理(第二版).北京:机械工业出版社,2001

图书在版编目(CIP)数据

模拟与数字电路实验/王勇主编. 一上海:复旦大学出版社,2013.2(2022.3 重印)
(复旦博学·电子学基础系列)
ISBN 978-7-309-09473-2

Ⅰ. 模… Ⅱ. 王… Ⅲ. ①模拟电路-实验-高等学校-教材②数字电路-实验-高等学校-教材 Ⅳ. ①TN710-33②TN79-33

中国版本图书馆 CIP 数据核字(2013)第 016760 号

模拟与数字电路实验
王 勇 主编
责任编辑/梁 玲

复旦大学出版社有限公司出版发行
上海市国权路 579 号 邮编:200433
网址: fupnet@ fudanpress. com http://www. fudanpress. com
门市零售: 86-21-65102580 团体订购: 86-21-65104505
出版部电话: 86-21-65642845
江苏句容市排印厂

开本 787 × 960 1/16 印张 12.75 字数 224 千
2022 年 3 月第 1 版第 2 次印刷

ISBN 978-7-309-09473-2/T · 467
定价: 39.00 元

复旦　电子学基础系列

模拟电子学基础	陈光梦	编著
数字逻辑基础	陈光梦	编著
高频电路基础	陈光梦	编著
模拟与数字电路基础实验	孔庆生	主编
模拟与数字电路实验	王　勇	主编
微机原理与接口实验	俞承芳　李　丹	主编
近代无线电实验	陆起涌	主编
电子系统设计	俞承芳　李　丹	主编
模拟电子学基础与数字逻辑基础学习指南	王　勇　陈光梦	编著